ハヤカワ文庫 NF

〈NF487〉

〈数理を愉しむ〉シリーズ

偉大なる失敗

天才科学者たちはどう間違えたか

マリオ・リヴィオ

千葉敏生訳

早川書房

7937

BRILLIANT BLUNDERS

From Darwin to Einstein—
Colossal Mistakes by Great Scientists
That Changed Our Understanding of
Life and the Universe

by

Mario Livio

Translated by
Toshio Chiba
Published 2017 in Japan by
HAYAKAWA PUBLISHING, INC.
This book is published in Japan by
arrangement with
the original publisher
SIMON & SCHUSTER, INC.
through JAPAN UNI AGENCY, INC., TOKYO.

ノガとダニエルに捧ぐ

目次

偉大なる失敗

天才科学者たちはどう間違えたか

序文

本書の執筆中、数週間に一回は必ず、「どんな内容の本なのか」と誰かに訊《たず》ねられた。そこで、私はお決まりの回答を編み出した。「過ちを描いた本ですよ。といっても、自伝じゃありませんけどね！」。こう言うと、何回かは笑ってくれ、時には「ずいぶんと面白いアイデアですね」と褒めてくれることもあった。私の目的は単純だった。科学的な大発見は成功話に充《み》ち満《み》ちているという誤解を解くことだ。いやむしろ、これ以上に真実からかけ離れた考えはない。大成功への道は過ちで踏み固められているだけでなく、目標が大きければ大きいほど、起こりうる過ちも大きくなるのだ。

ドイツの偉大な哲学者、イマヌエル・カントは、こう記したことで有名だ。「私たちが頻繁に絶え間なく熟考すればするほど、ますます新たな驚嘆と畏敬の念で心がいっぱいになる物事がふたつある。それはわが上にある星空と、わが内にある道徳律である」。彼が一七八八年に『実践理性批判』を刊行してからというもの、前者に対するわれわれの理解は目覚ましく進歩してきた。しかし、後者に対する理解は、私のささやかな意見を申し上げれば、それと比べると遅々《ちち》として進んでいない。生命や心を理解するのは、それよりもずっと難しいように思える。それでも、生命科学全般、特に人間の脳の働きに関する研究は、どんどんスピードを増していっている。とすれば、進化を通じて知覚を持つ種《しゅ》が生まれた理由を完全に理解できる日がいつか来るというのも、あながち考えられない話ではないのかもしれない。

本書は、生命や宇宙の謎を解明しようとする注目すべき研究活動の一部を取り上げたものだが、どちらかといえば目的地というよりも旅の過程にスポットライトを当てている。偉人たちの功績そのものではなく、むしろ発見に至るまでの思考プロセスや障害に着目するよう試みた。

執筆の過程では、多くの人々が手を貸してくれた。時には本人も知らないうちに。地質学関連の話題について議論してくれたスティーヴ・モイジッシュと横地玲果《よこちれいか》に感謝したい。また、化学や生物学、特にライナス・ポーリングの研究について会話してくれたジャック・ダニッツ、ホレース・フリーランド・ジャドソン、マット・メセルソン、エヴァンゲロス・モウドリアナキス、アレクサンダー・リッチ、ジャック・ショスタク、ジム・ワトソンもありがとう。さらに、天体物理学や宇宙論、フレッド・ホイルの研究に関して、有益な議論をしてくれたピーター・エグルトン、ジョン・フォークナー、ジェフリー・ホイル、ジャヤント・ナーリカー、マーティン・リース卿《きょう》にお礼を申し上げる。

また、本書のために貴重な資料を提供してくださったすべてのみなさまにも感謝を述べたい。特に、アダム・パーキンスとケンブリッジ大学図書館の職員のみなさん（ダーウィンとケルヴィン卿に関する資料の提供）、ケンブリッジ大学天文学研究所のマーク・ハーン（ケルヴィン卿とフレッド・ホイルに関する資料の提供）、ケンブリッジ大学天文学研究所のアマンダ・スミス（フレッド・ホイルに関する資料の提供とワトソンとクリックに関連する写真の現像）、オレゴン州立大学特別所蔵課のクリフォード・ミードとクリス・ピーターセン（ライナス・ポーリングに関する資料の提供）、カリフォルニア工科大学アーカイブのロマ・カークリンス（ライナス・ポーリングに関する資料の提供）、ネイチャー・パブリッシング・グループのサラ・ブルックス（ロザリンド・フランクリンに関する資料の提供）、ボブ・カースウェルとピーター・ヒングリー（王立天文学会のジョルジュ・ルメートルに関する資料の提供）、ジョルジュ・ルメートル・アーカイブのリリアン・モエンス（ジョルジュ・ルメートルに関する資料の提供）、ケンブリッジ大学セント・ジョンズ・カレッジのキャスリン・マッキー（フレッド・ホイルに関する資料の提供）、そしてアルベルト・アインシュタイン・アーカイブのバーバラ・ウォルフ、アインシュタイン論文プロジェクトのダイアナ・コルモス・バックウォルド、アーカンソー大学のダニエル・ケネフィック、レオ・ベック研究所のマイケル・シモンソン、プリンストン大学のクリスティーン・ラッツ、プリンストン高等研究所のクリスティーン・ディ・ベラ（以上、アインシュタインに関する資料の提供）に感謝したい。

参考文献に関して常にサポートしてくれた宇宙望遠鏡科学研究所のジル・ラガーストローム、エリザベス・フレイザー、エイミー・ゴニガムと、ジョンズ・ホプキンス大学図書館の職員のみなさんにも厚くお礼を申し上げる。印刷用の原稿を準備するうえでプロフェッショナルなサポートをしてくれたシャロン・トゥーラン、一部の図を見事に描いてくれたパム・ジェフリーズ、一部の図をきれいにしてくれたザック・コンカノンもありがとう。いつもながら、妻のソフィーは、私にとっていちばん我慢強く献身的なパートナーでいてくれた。

最後に、絶えず応援してくれたエージェントのスーザン・ラビナー、入念なコメントをくれた担当編集者のボブ・ベンダー、編集中にサポートしてくれたロレッタ・デナー、本書の制作中ずっと献身的に仕事をしてくれたジョアンナ・リーにもお礼を言いたい。

第１章　間違いと過ち

重大な過ちは往々にして、太い縄《なわ》と同じで、無数の糸からできあがっている。その縄の糸の一本一本を手に取り、結果を左右するすべての小さな要因を個別に確かめ、ひとつずつ解《ほど》いていくと、「これだけか」と思う。ところが、それらの糸を編んでより合わせていくと、いつの間にか巨大になるのだ。

——ヴィクトル・ユゴー『レ・ミゼラブル』

ボビー・フィッシャーは、おそらくチェスの歴史上もっとも有名なチェス・プレイヤーといえるだろう。その気まぐれ者のフィッシャーが、一九七二年の夏、アイスランドのレイキャビークで行なわれた世界選手権にようやく姿を見せると、チェス界では、まるでチェーンソーでぶった切れるのではないかと思うほど厚い期待が集まった。(1) 対戦相手は世界チャンピオンのボリス・スパスキー。それまでチェスに興味のなかった人々も、「世紀の一戦」と呼ばれる対局を、かたずを飲んで見守った。ところが、第一局の二九手め、引き分け間違いなしと目《もく》される局面で、フィッシャーはアマチュアでも直感的に間違いだと判断して却下するような手を指した。これは「チェスにおける見損じ（chess blindness）」と呼ばれるものの典型例だったのかもしれない。つまり、チェスの棋譜で「??」と表記される悪手《あくしゅ》だ。近所のチェス・クラブに五年も通っているようなプレイヤーが指せば、赤っ恥をかくような手だった。特に驚きなのは、この間違いを犯したのが、世界の一流プレイヤーを相手に驚異の二〇連勝を達成し、ロシア人のスパスキーとの挑戦手合いまでのぼり詰めた男だったという事実だ（世界のトップ・クラスの大会ではたいてい、勝負が決するよりも引き分けになるケースが多い）。この種の〝見損じ〟は、チェスの世界だけで起こるものなのだろうか？　それとも、ほかの知的活動でも同じような驚くべき間違いは起こりうるのか？

オスカー・ワイルドはかつて、「経験とは、誰もが自分の間違いに付ける名前である」と記した。実際、私たちはみな日常生活で数々の間違いを犯している。自動車の車内にキーを忘れる。投資する銘柄を間違う（あるいは、銘柄は適切でも、投資のタイミングを間違う）。自分の並行作業《マルチタスク》の能力を過信する。そうして、災難の原因をまったく的外れなもののせいにすることが多い。このような的外れな理由づけこそ、私たちがめったに間違いから教訓を学ばないひとつの理由なのだ。もちろん、どの場合も、間違いだったことに気づくのは間違いを犯したあとだ。だからこそ、ワイルドは「経験」をあのように定義しているわけだ。さらに、私たちは自分自身よりも他者を分析するほうがずっと得意だ。ノーベル経済学賞を受賞した心理学者のダニエル・カーネマンはこう述べている。「私は自分の考え方を変える人間の能力については、あまり自信を持っていないが、他者の間違いを見つける人間の能力については、かなり自信を持っている」

刑事司法制度のプロセスがそうであるように、どれだけ注意深く入念に作られたプロセスであっても、たまには綻《ほころ》びが生じる。時には痛々しいほどに。たとえば、アリゾナ州フェニックスに住むレイ・クローンは、自分の犯してもいない凶悪な殺人で二度も有罪判決を受け、一〇年以上も塀の中で過ごし、死刑の恐怖と直面した。(2) 結局、DNAの証拠によって彼の潔白が完全に証明された(そして、真犯人の存在が浮かび上がった)。

しかし、本書のテーマはこの種の間違いではない。たとえ、それがどれだけ重大な間違いであってもだ。本書のテーマは重大な科学的過ちだ。私のいう「科学的過ち」とは特に、科学の理論や構想全体を台無しにしかねないような、または少なくとも原理的に科学の進歩を遅らせかねないような、深刻な考え方の誤りを意味している。

人類の歴史を見渡してみると、実に幅広い学問分野に、途方もない過ちの物語が潜んでいる。こうした重大な誤りの中には、聖書やギリシャ神話にまでさかのぼるものもある。

たとえば、『創世記』で、全人類の聖書上の母であるイヴは、何よりもまずずる賢いヘビにそそのかされ、禁断の果実を食べてしまう。この重大な判断ミスによって、アダムとイヴはエデンの園から追放されてしまった。そして、少なくとも一三世紀の神学者のトマス・アクィナスによれば、人間は絶対的な真理に永久に到達できなくなったのである。ギリシャ神話では、パリスがスパルタ王の美人妻、ヘレネーと駆け落ちするという間違いを犯したことがきっかけで、トロイアの都市は滅亡した。しかし、これらは氷山の一角にもならない。歴史全体を見渡せば、高名な軍司令官であれ、有名な哲学者であれ、革新的な思想家であれ、重大な過ちと無縁ではなかった。一八一二年、ナポレオンはロシアに攻撃を仕掛けて失敗したが、ドイツの陸軍元帥であるフェードア・フォン・ボックは第二次世界大戦中、愚かにも同じ失敗を繰り返した。どちらの将軍も、「冬将軍」、つまり長くて厳しいロシアの冬の絶大な力を見くびり、情けないくらい準備を怠っていたのだ。イギリスの歴史家であるA・J・P・テイラーはかつて、ナポレオンの数々の災難についてこうまとめている。「歴史を学ぶほとんどの人々と同じように、彼［ナポレオン］もまた、過去の間違いから新しい間違いを犯す方法を学んだのだ(3)」

哲学の分野でいえば、かの偉大なアリストテレスは、資本主義がもうすぐ崩壊するというカール・マルクスの間違った予言と同じくらい、物理学について的外れな誤解をしていた（たとえば、あらゆる物体はそれにとって〝自然〟な場所に向かって動くという考え）。

同じように、ジークムント・フロイトの精神分析学的な推測の多くは、控えめに言っても、痛々しいくらい間違っていた。たとえば、人間は生命発生以前の平穏な状態に回帰したいという衝動を持つという「死の欲動」説や、女性の神経症において幼児期のエディプス・コンプレックスが果たす役割などがその一例だ。

あなたはこう思っているかもしれない。「いいだろう。確かに人間は間違いを犯してきた。でも、二度のノーベル賞を受賞したライナス・ポーリングや、かの偉大なアルベルト・アインシュタインのように、過去二世紀でもっとも優秀な科学者なら、きっと話は別だ。少なくとも彼らのいちばん有名な理論に関しては、間違いを犯していないじゃないか。なんといっても、現代が知的な隆盛を極めているのは、科学が実証的な学問として確立し、誤りの起こりえない数学が基礎科学の〝言語〟として確立したからではないのか？」と。だとすれば、先ほど挙げたような一流の頭脳の持ち主や、彼らに匹敵する思想家たちは、深刻な過ちとはいっさい無縁だったということだろうか？　とんでもない！

本書の目的は、真に偉大な数人の科学者にスポットライトを当て、その意外な過ちの一部を詳しく紹介しながら、その過ちがもたらした予期せぬ影響を追っていくことだ。と同時に、そうした過ちの潜在的な原因を分析し、その過ちと人間の頭脳の性質や限界との興味深い関係を、できるかぎり解き明かしてみたい。しかし、最終的には、発見や革新へとつながる道が、過ちという想定外の道筋で作られることもあるのだと証明したいと思っている。

これから見ていくように、私が本書で詳しく探っていくすべての過ちを束ねているのは、「進化」という名の繊細な糸である。つまり、本書で紹介するのは、地球上の生命の進化、地球そのものの進化、そして宇宙全体の進化の理論に関する重大な過ちなのだ。

進化の過ちと過ちの進化

オックスフォード英語大辞典で「進化（evolution）」という単語を調べてみると、定義のひとつとしてこう載っている。「生物にたとえることのできる任意のものが、その内在的な性質にしたがって発生または成長すること。また、任意のものが、具体的な作為《さくい》によって生成されるのとは異なり、自然な発達によって進歩または発生すること」。これは、この単語の本来の意味ではなかった。ラテン語でevolutioといえば、巻物《まきもの》の形をした本を広げ、読むことを意味していた。この単語が生物学に普及しはじめた当初も、胚《はい》の成長を表わすのにしか用いられなかった。「進化」という単語が、新しい種ができることという文脈で初めて用いられたのは、一八世紀のスイスの博物学者、シャルル・ボネの書物の中である。彼は神が自身の創造した最初の生命体の胚の中に、新しい種の誕生をあらかじめ組み込んでいたと主張した。

二〇世紀にかけて、「進化」という単語はダーウィンの名前ときわめて密接に関連づけられるようになったため、こう言うとにわかには信じがたいかもしれないが、ダーウィンは一八五九年刊行の名著『種の起源』の初版の中で、「進化（evolution）」という単語をいちども使っていない！　それでも、『種の起源』の最後を締めくくる単語は「発展した（evolved）」である〔訳注：evolution は動詞 evolve（発展する、進化する）の名詞形〕。『種の起源』の刊行から時がたつにつれて、進化という単語は、先ほど挙げたような幅広い意味を持つようになった。現在、私たちは実に多様なものの進化について語ることがある。たとえば、英語、ファッション、音楽、世論、社会文化、ソフトウェアの進化だ（「ヒップスター〔訳注：社会の主流を拒絶し、流行のファッションをしたり音楽を聴いたりする若者〕の進化」を専門に扱うウェブサイトだけでも無数にある）。第二八代アメリカ大統領のウッドロウ・ウィルソンはかつて、進化を通じてアメリカ合衆国憲法を理解するのが正しい道だと説いた。「政府は機械ではなく生き物である。……（中略）……ニュートンではなくダーウィンの原理にしたがって理解されるべきなのだ」[4]

　本書では、生命、地球、宇宙の進化に絞って話を進めているが、過ちが犯されてきた科学分野がこれだけだと勘違いしてはならない。私が生命、地球、宇宙の進化をテーマに選んだのには、主にふたつの理由がある。ひとつめに、偉人と聞いてほとんどの人が真っ先に思い浮かべるような学者たちの犯した過ちを、批評的《クリティカル》に考察してみたかった。こうした偉人たちの過ちは、過去一世紀のものだけを取ってみても、今日《こんにち》の科学者（そしてすべての人間）が抱える疑問ときわめて密接に関連している。そうした過ちを分析することで、面白いだけにとどまらず、科学的な活動から倫理的な行動まで、幅広い分野の行動指針として使える生きた知識体系を築けることを証明したいと思っている。ふたつめの理由は単純だ。生命、地球、宇宙の進化という話題は、文明の幕開け以降、科学者だけでなく全人類の興味を掻《か》き立て、人類の起源や過去を明らかにするための飽くなき探求活動を刺激してきたからだ。こうした話題に対する人間の知的好奇心は、少なくとも部分的に、宗教的な信条、創造に関する神話、哲学的な探求の根源になってきた。と同時に、この好奇心のより実証的な側面、証拠に基づく側面こそが、やがて科学を生み出した。人類はこれまで、生命、地球、宇宙の進化にかかわる複雑なプロセスの解明に向けて、前進を遂げてきた。これはまさに奇蹟としかいいようがない。にわかには信じがたいが、人類はわれわれの宇宙が誕生してから一秒にも満たない時代まで、宇宙の進化をさかのぼれると考えている。それでも、未解決の疑問は山積《さんせき》している。そして、進化という話題は、今もなお相変わらず非常にデリケートな問題なのだ。

私は、読者のみなさんをこの知的で実践的な深海の旅にいざなうにあたって、どの大科学者を加えるべきかでしばらく悩んだ。しかし最終的には、五人の過ちを紹介するという結論に至った。その驚くべき〝過ち〟を犯した人物とは、著名な博物学者のチャールズ・ダーウィン、物理学者のケルヴィン卿《きょう》（彼の名にちなんだ温度単位もある）、歴史上もっとも有力な化学者のひとりであるライナス・ポーリング、イギリスの著名な天体物理学者で宇宙論学者のフレッド・ホイル、そしてアルベルト・アインシュタインだ（こちらは紹介不要だろう）。いずれの人物についても、ふたつのまったく異なる（とはいえ互いに補いあう）視点から、主題に挑みたいと思っている。一方では、五人の偉大な学者たちの理論の一部や、その理論同士の興味深い関係性について、その欠点や時には不備という、ふつうとは違った視点から考察していきたいと思う。もう一方では、過ちのさまざまなタイプについて簡単に考察し、その心理的な（できれば神経科学的な）原因を突き止めてみたいと思っている。これから見ていくように、ひとつとして同じ過ちはない。私の紹介する五人の科学者の過ちは、性質という点でまるきり異なる。ダーウィンは、ある仮説の持つ意味合いを十分に理解していなかったことで過ちを犯した。ケルヴィンは、予期せぬ可能性を無視したことで過ちを犯した。ポーリングは、かつての成功が生んだ過信のせいで過ちを犯した。ホイルは、科学の主流とは逆の説をいつまでも支持しつづけたことで誤りを犯した。アインシュタインは、審美的な簡潔さについて誤解したことで間違いを犯した。しかし、要点は別のところにある。これからお話しするように、過ちは避けられないものであるだけでなく、科学の進歩にとって欠かせない一部でもあるのだ。科学の発展とは、真実へと向かって一直線に行進するようなものではない。出だしでつまずいたり、行き詰まりに陥ったりしなければ、科学者はあまりにも多くの間違った道をあまりにも長く歩みつづけるはめになるだろう。本書で説明している過ちはいずれも、何らかの形で、大発見への橋渡し役を果たした。だからこそ、「偉大なる失敗《ブリリアント・ブランダー》」と呼んでいるわけだ。科学の進歩というのはふつう、小さなステップの連続だ。そこにときおり、飛躍的な進歩が訪れる。五人の犯した過ちは、科学の進歩をさえぎっていた霧を振り払う、きっかけのような役割を果たしたのである。

本書の構成は次のとおりだ。まず、各科学者について、その科学者のもっとも有名な理論の要点について説明する。その目的は、それぞれの理論について徹底的に説明することではなく、偉人たちの考え方や、彼らが過ちを犯した正確な文脈を紹介することにある。そのため、理論のごく簡単な概要だけを説明する。また、それぞれの学者たちが長いキャリアの中で犯した可能性のある過ちを洗いざらい考察する代わりに、ひとりにつきひとつの重大な過ちに話を絞ることにした。まずは、一八八二年四月二一日の《ニューヨーク・タイムズ》紙の死亡記事で、「著作を読まれることも多かったが、話の種《たね》になることのほうが多かった」と紹介された男の話から始めよう。

第2章　起　源

生命はもともといくつかの能力とともに数種類またはひとつの形態に吹き込まれたものであり、この地球が不変の重力法則に従って回転しつづけるあいだに、実に単純な始まりからきわめて見事で驚異的な形態が果てしなく発展し、今も発展しつづけているという見解には、まことに崇高なものがある。

――チャールズ・ダーウィン

地球上の生命に関してもっとも特筆すべき点は、その並外れた多様性である。春の午後、ぶらりと散歩に出ただけでも、数種類の鳥、たくさんの虫、時にはリス、何人かの人間（中には犬を散歩させる人も）、さまざまな植物を見かけるだろう。もっとも見分けのつきやすい性質、たとえば大きさ、色、形、生息場所、食べ物、能力だけを取ってみても、地球上の生物はそれぞれ異なる。長さ一万分の一センチにも満たない細菌がいるかと思えば、体長三〇メートルを超えるシロナガスクジラもいる。数千種が知られているウミウシという海生軟体動物の多くは、平凡な見た目をしているが、地球上の生物の中でもとりわけ派手な色をしているものもある。鳥は地球の大気中の驚くべき高度を飛ぶことができる。一九七五年一一月二九日、西アフリカのコートジボワールの一万一五〇〇メートル上空で、一四の巨大なワシがジェット・エンジンに吸い込まれたこともあるくらいだ[1]。渡りの最中のインドガンやオオハクチョウは、日常的に七〇〇〇メートルを超える高度を飛ぶ。深さを基準にすれば、海の生物も負けてはいない。一九六〇年一月二三日、数々の記録を打ち立てた探検家のジャック・ピカールとアメリカ海軍大尉《たいい》のドン・ウォルシュは、バチスカーフと呼ばれる特殊な潜水調査艇に乗り、太平洋のグアムの南に位置するマリアナ海溝の最深地点へと向かって、ゆっくりと下降していった[2]。そして、とうとう新記録となる深さ約一万〇九〇〇メートルの海底に到達すると、びっくりすることに、海底に棲《す》む新種のエビが周囲に見つかった。エビは一平方センチメートルあたり約一二〇〇キログラムという水圧をものともしていないようだった。二〇一二年三月二六日には、映画監督のジェームズ・キャメロンが、特別に設計された潜水艇に乗り、マリアナ海溝の最深地点に到達。彼は月面と同じくらい荒れ果てたゼラチン状の風景が広がっていたと表現した。しかし、体長二～三センチ程度の小さなエビのような生き物を見たとも報告した。

現在、地球上にどれくらいの種が存在しているのかは、誰も断定はできない。二〇〇九年九月に発行された最新のリストによれば、およそ一九〇万の種について、正式な説明と名前が掲載されている。(3) しかし、ほとんどの生物は微生物や微小な無脊椎動物なので、その多くは実物にあたる機会が非常に少なく、種の総数の推定の大半は、知識に基づく推測に毛が生えた程度にすぎないのが現状なのだ。一般的には、五〇〇〇万〜約一億種と推定されているが、五〇〇〇万〜一〇〇〇〇万あたりが妥当だろうと見られている(最新の調査では、八七〇〇万種と予測されている)。(4) 私たちの足下にあるたったスプーン一杯分の土の中に、無数の細菌種が存在しうることを考えると、推定値にずいぶんと幅があるのも無理はない。(5)

多様性に加えて、地球上の生物のふたつめの驚くべき特徴は、植物と動物の両方が示す、信じられないような「適応」の度合いである。アリクイの筒状の鼻から、カメレオンのすばやく動く長い舌(およそ三万分の一秒で獲物をとらえられる!)、キツツキの特徴的な形の強力なくちばし、魚の眼の水晶体まで、生物は生き残るうえでの必要性を完璧に満たすようできているように見える。ハチの体は、花を付けた植物の内部にすんなりと収まり、蜜を吸えるようできているが、それだけではなく、植物自身も、ハチの訪れを自分自身の繁殖に利用している。ハチの体や脚に付いた花粉は、ほかの花々へと運ばれるわけだ。

この「私の背中を掻《か》いてくれれば、お返しにあなたの背中を掻きましょう」という驚くべき相互関係、つまり「共生関係」のもとで生きている生物学的種は、山ほどある。たとえば、カクレクマノミ(6)は、刺胞《しほう》を持つセンジュイソギンチャクの触手《しょくしゅ》のあいだに隠れて暮らしている。カクレクマノミは触手で敵から守ってもらうお返しに、イソギンチャクを餌とするほかの魚から、センジュイソギンチャクを守るのだ。カクレクマノミの体から分泌される特殊な粘液が、イソギンチャクの有毒な触手からカクレクマノミを守ることによって、この適応はいっそう完璧な調和をなしている。細菌と動物のあいだにも、パートナー関係が生まれている。たとえば、海底の熱水噴出孔では、水素の豊富な液体に浸《つ》かったイガイは、水素を消費する体内の細菌群と支えあうことでうまく暮らしていることがわかった。同じように、あるリケッチア属の細菌は、シルバーリーフコナジラミにとって生存上の利点があることがわかった。巡り巡って、自分自身の生存にも。

ちなみに、驚きの共生関係として非常に有名なある例は、おそらく虚構にすぎない。多くの書物では、ナイルワニとナイルチドリという小鳥のあいだに共生関係があると説明している。ギリシャの哲学者、アリストテレスによれば、ナイルワニがあくびをすると、ナイルチドリが「口の中に飛んでいき、歯を掃除する」のだという(7)。こうしてナイルチドリは餌を手に入れ、ナイルワニは「安らぎと快適を得る」わけだ(8)。同じような記述は、一世紀の自然哲学者、大プリニウスの名著『博物誌』にも見受けられる。しかし、現代の科学文献には、この共生関係の記述はまったくなく、そのような行動を記録した写真もいっさい存在しない。大プリニウスの記録が疑わしいことを考えれば、そう驚くことでもないのかもしれない。というのも、彼の科学的主張の多くは結局のところ誤りだったのだ！

生物の豊かな多様性と、驚くべき数の生物が織りなす複雑な調和や適応を目《ま》のあたりにして、一三世紀のトマス・アクィナスから一八世紀のウィリアム・ペイリーまで、多くの自然神学者たちが、地球上の生物は偉大なる造物主《ぞうぶつしゅ》の手によって作られたに違いないと確信した。このような考え方は、紀元前一世紀に早くも現われた。古代ローマの有名な弁論家、マルクス・トゥリウス・キケロは、自然界は何らかの神の「理性」によって生まれたに違いないと訴えた。

> かりにもし宇宙のすべての部分が、有用性の点でこれ以上よくはありえず、また視覚的にもこれ以上美しくありえない形で組み立てられているのなら、……（中略）……もし技術によって完成されたものより自然によって完成されたもののほうが優れているというのなら、あるいはまた、技術は理性なしには何も生み出すことはないというのなら、自然が理性を欠いていると考えるべきではない[9]。

また、時計職人の比喩を初めて想起させたのもキケロだ。時計職人の比喩は、のちに〝インテリジェント・デザイン〟というものの存在を支持する人々にとって絶好の主張となった。

あなたは、立像や絵画を見ると、そこになんらかの技術が施された跡を認めるであろうし、遠く離れたところから船の進んだ軌跡を眺めるとき、その動きが理性と技術の結果であると信じて疑わないであろう。また、日時計や水時計を見るとき、偶然ではなく技術によって時間が示されていることを理解するであろう。では、宇宙にかんして――そこには、いま述べたさまざまな技術に加え、それを用いる技術者やその他いっさいが含まれている――、どうしてそれが思慮や理性を欠いていると考えることができようか。

およそ二〇〇〇年後、ウィリアム・ペイリーもまったく同じ推論を用いた。[10] デザインの跡があるところにデザイナーがいるのと同じで、作為《さくい》の跡があるところには作為者がいるという理屈だ。ある精巧な時計の存在は、時計職人の存在を実証している、とペイリーは主張した。したがって、生物というきわめて精巧にできているものに対しても、同じように結論づけるべきではないかと。「時計に存在したような、あらゆる作為の跡、デザインの印は、自然の造形物の中にも存在する。唯一の違いは、自然のほうがずっと巨大で、数が多いという点である。それはあらゆる計算を凌駕《りょうが》するほどの規模なのだ」と彼は記している。〝デザイナー〟の存在は絶対に欠かせないというこの熱烈な訴えは、一九世紀初頭ごろまで、多くの自然哲学者たちを納得させてきた（唯一の代案は、自然が偶然や運によって作られたというものだが、これは受け入れられなかった）。

デザイン説には、もうひとつ暗黙の信条があった。種は絶対的に不変であると考えられていたのだ。永遠の存在という概念は、永久不変とおぼしき実体が存在するという、脈々と続く信念が発端となっている。たとえば、アリストテレス哲学では、恒星天球は絶対に侵《おか》すことのできないものと考えられていた。ガリレオの時代になってようやく、〝新しい〟星（実際には「超新星」、つまり年老いた恒星の爆発）が発見され、この考え方は完全に廃《すた》れたのである。しかし、一七〜一八世紀にかけての物理学と化学の目覚ましい進歩によって、ほかのものよりも基本的で恒久的な何らかの本質的実体が存在することや、そのうちのいくつかのものは現実的にいってほとんど永久不変であることがわかった。たとえば、酸素や炭素のような化学元素の基本的性質は、（少なくとも人類の歴史というスパンで考えれば）不変であることがわかった。ユリウス・カエサルが吸った酸素は、アイザック・ニュートンが吐き出した酸素とまったく同じだった。同じように、ニュートンが定式化した運動や重力の法則は、落下するリンゴから惑星の軌道まで、あらゆる場所で成り立ち、完全に不変であるように見えた。しかし、自然界の量や概念のうち、どれが本当の意味で基本的でどれがそうでないのかを判断する明確な指針がなかったため（ジョン・ロック、ジョージ・バークリー、デイヴィッド・ヒュームなどの経験主義哲学者たちの勇敢

図1

な努力にもかかわらず）、一八世紀の博物学者たちの多くは、永久不変の理想的な種という古代ギリシャの考え方をそっくりそのまま受け入れることを選んだのだ。

これらは、生命に関する当時の一般的な思想の潮流だった。そのすべてを変えたのが、ひとりの男だ。彼は膨大な量の個々の手がかりを紡ぎ合わせ、ひとつの巨大で複雑な全体像を作り上げるだけの大胆さ、先見の明《めい》、そして深い洞察力を持っていた。その名もチャールズ・ダーウィンである（図1は晩年のダーウィン）。彼の壮大な統一概念は、人類史上もっとも想像を掻き立てる非数学的理論となった。ダーウィンは、地球上の生物に対する考え方を、神話から科学へとまさに一変させたのである。

革命

ダーウィンの著書『種の起源』の初版は、一八五九年一一月二四日、ロンドンで出版された[11]。その日を境に、生物学は永久にその姿を変えてしまった（図2は初版のタイトル・ページ。ダーウィンは刊行に際して、自身の著書を「私の子」と呼んでいる）。しかし、『種の起源』の中心的主張について探る前に、この本で議論されていない内容について理解しておくことは重要だ。ダーウィンは、生命の実際の起源だとか、宇宙全体の進化などというものについては、一言も述べていない。さらに、一般に考えられているのと反して、彼は人間の進化についてはまったく論じていない。唯一、本の終わり近くの段落に、予言

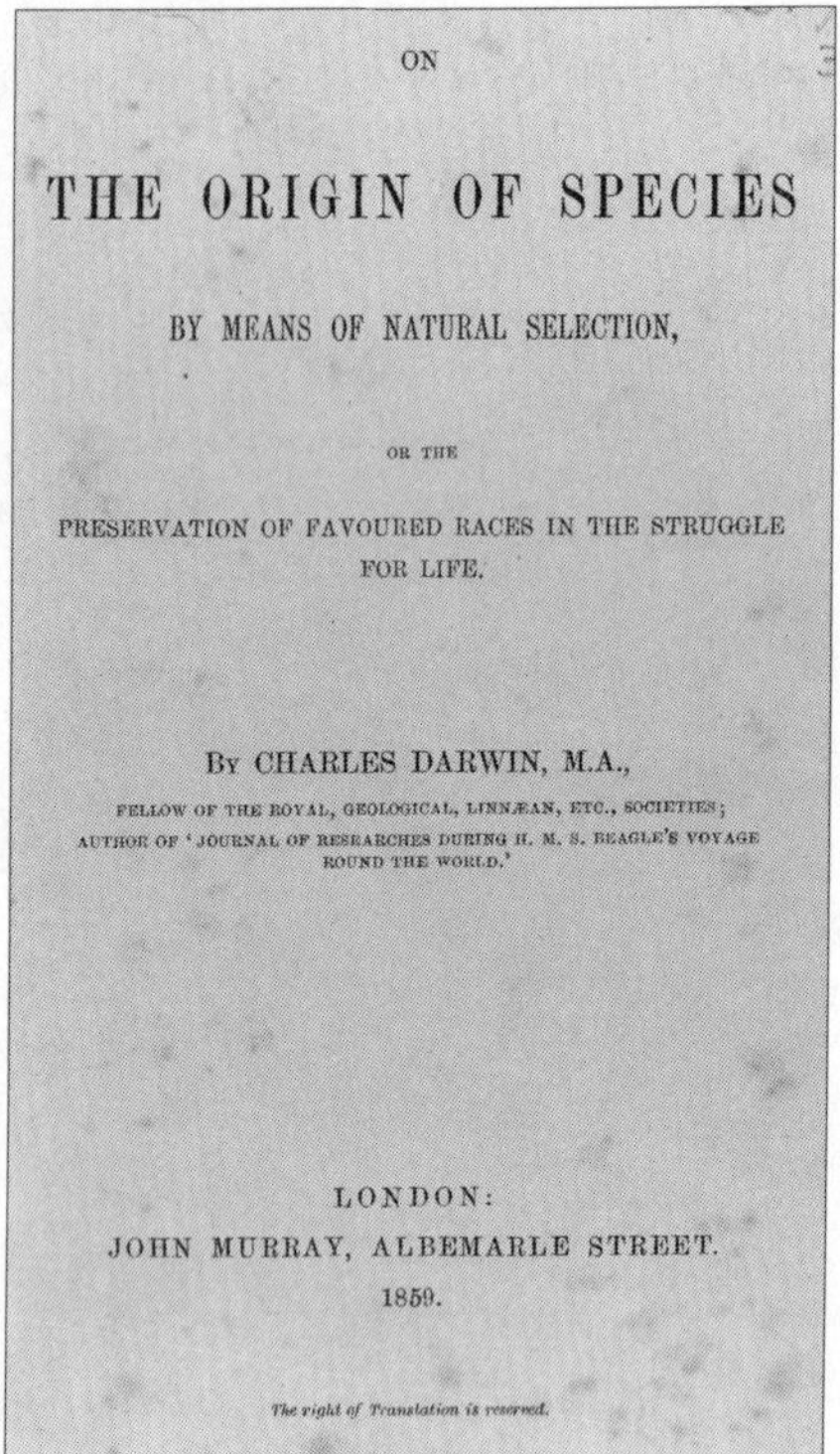
ON

THE ORIGIN OF SPECIES

BY MEANS OF NATURAL SELECTION,

OR THE

PRESERVATION OF FAVOURED RACES IN THE STRUGGLE FOR LIFE.

By CHARLES DARWIN, M.A.,

FELLOW OF THE ROYAL, GEOLOGICAL, LINNÆAN, ETC., SOCIETIES;
AUTHOR OF 'JOURNAL OF RESEARCHES DURING H. M. S. BEAGLE'S VOYAGE ROUND THE WORLD.'

LONDON:
JOHN MURRAY, ALBEMARLE STREET.
1859.

The right of Translation is reserved.

図2

めいた楽観的な記述があるだけだ。「遠い将来を見通すと、さらにはるかに重要な研究分野が開《ひら》けているのが見える。心理学は新たな基盤の上に築かれることになるだろう。それは、個々の心理的能力や可能性は少しずつ必然的に獲得されたとされる基盤である。やがて人間の起源とその歴史についても光が当てられることだろう(12)」

その後、『種の起源』からおよそ一二年後に刊行された著書『人間の進化と性淘汰』の中でようやく、ダーウィンは自身の進化説が人間にも成り立つはずだという見解を明確にした。いや、実際にはそれよりももっと突っ込んでいる。彼は人間がおそらく〝旧世界〟（アフリカ）の木々の中で暮らしていたサルのような生き物から自然に派生した子孫なのだと結論づけている。

こうしてわれわれは、人間が、尾ととがった耳を持ち、おそらく樹上性で旧世界に住んでいた、毛深い四足獣の子孫であると考えることができる。この生物は、博物学者がその全体の構造を調べたならば、四手類のなかに分類され、旧世界ザルと新世界ザルとの、さらに古い共通祖先であると考えられるだろう。(13)

とはいえ、進化に関する知的重労働の大部分は、すでに『種の起源』で達成されていた。ダーウィンはたった一撃で、デザイン説を葬り去り、種が永久不変であるという考えを一蹴し、適応と多様性を実現するメカニズムを提唱したのだ。

単純にいえば、ダーウィンの理論は、ひとつの驚異的なメカニズムによって支えられる四本の主な柱で成り立っている。(14) その四本の柱とは、「進化」「漸進説《ぜんしん》」「共通祖先」「種分化《しゅぶんか》」だ。そのすべての原動力であり、それぞれの要素を結びつけて連携させている重要なメカニズムというのが、「自然選択」である［訳注：自然選択（natural selection）は「自然淘汰《とうた》」と訳されることも多いが、本書では「自然選択」とした」。今日《こんにち》では、自然選択は、進化論的変化のその他のいくつかの手段によって、部分的に補われていることがわかっているが、その中には当時のダーウィンには知りえないものもあった。

　ここで、ダーウィンの理論のそれぞれの構成要素について、ごく簡単に説明しておこう。ただし、修正の施《ほどこ》された現代版の考えではなく、主にダーウィン自身の考えを追いながら説明していきたい。それでも、いくつかの箇所では、ダーウィンの時代以降に蓄積された証拠について説明を避けるのはまず無理である。しかし、次章で説明するように、ダーウィンは自身のもっとも重大な洞察、つまり自然選択に関する洞察を台無しにしかねないような、致命的な誤りをひとつ犯した。とはいえ、その誤りの責任はダーウィンにあったわけではなかった。一九世紀に遺伝学を理解していた者はひとりもいなかったからだ。しかし、ダーウィンは、自身の用いていた遺伝理論が、自然選択という概念に致命傷を及ぼすとは気づいていなかった。

　ダーウィンの理論のひとつめの中心的要素は、進化の理論そのものだった。進化に関するダーウィンの一部の考えには、実は由来があった。しかし、先人であるフランスやイギリスの博物学者たち（特に傑出しているのは、ピエール＝ルイ・モロー・ド・モーペルテュイ、ジャン＝バティスト・ラマルク、ロバート・チェンバース、そしてダーウィンの祖父のエラズマス・ダーウィン）は、進化の起こる方法について、説得力のあるメカニズムを提唱できなかった。[15]ダーウィン自身は、進化についてこう説明している。「個々の生物種は個別に創造されたという見解は、大半の博物学者が受け入れ、私自身もかつては受け入れていたが、誤りである。種は不変のものではなく、同じ属とされる種はほかの種、それもたいていは絶滅している種の直系の子孫なのだと私は確信している」。つまり、現在、私たちが見かける種は、ずっと存在していたわけではないということだ。むしろ、すでに絶滅した過去の何らかの種の子孫なのだ。現代の生物学者の多くは、「小進化」と「大進化」を区別している。[16]小進化は、比較的短期間にわたって進化のプロセスが働いたことによって生じる小さな変化であり（たとえば、細菌にときおり見られる変化など）、ふつうは地域個体群の内部での変化を指す。一方、大進化は、長期にわたる進化の結果を指し、一般的には種と種のあいだで起こる。また、恐竜を消滅させたような、大量絶滅につながる出来事を含む場合もある。『種の起源』の出版以来、進化の考え方は、生命科学のあらゆる研究を導く原理となった。一九七三年、二〇世紀最高の進化生物学者のひとりであるテオドシウス・ドブジャンスキーは、『進化の観点から考えないかぎり、生物学の何事も意味をなさない（Nothing in Biology Makes Sense Except in the Light of Evolution）』と題する論文を発表したほどである。[17]この論文の最後で、ドブジャンスキーは、二〇世紀フランスの哲学者でイエズス会の司祭であるピエール・テイヤール・ド・シャルダンについて、こう述べている。「彼は創造論者だったが、この世界では進化によって創造が実現することを理解していた創造論者だった」

ダーウィンの二本めの柱に表われているアイデア、つまり漸進説のアイデアは、主にふたりの地質学者の研究から発想を得たものだった。ひとりは一八世紀の地質学者のジェームズ・ハットン。もうひとりはダーウィンと同時代の人物であり、のちに彼の親友となったチャールズ・ライエルだ。地質記録は、広大な地理的範囲にわたって水平方向の縞模様《しま》を示していた。この事実は、縞模様によって発見される化石が異なることと考え合わせると、変化が段階的に進んだことを示唆していた。ハットンとライエルは、「斉一説《せいいつ》」という近代理論の確立に大きな役割を果たした(18)。斉一説とは、浸食や堆積《たいせき》といった過程の進行する速度が、現在と過去で変わらないとする考え方だ(斉一説については、第4章のケルヴィン卿《きょう》に関する議論でもういちど触れる)。ダーウィンは、地質的な作用がゆっくりとはいえ着実に地球を形作るのと同じで、進化上の変化は数十万世代におよぶ転換の結果として起こると主張した。したがって、数万年にも満たない時間で、劇的な変化が見られると期待してはいけない。ただし、細菌のように、非常にすばやく増殖する生物なら話は別だろう。今日では、細菌が非常に短い時間で抗生物質に対する耐性を身に付けられることがわかっている。しかし、斉一説に反して、進化上の変化の速度はふつう、ひとつの種の中でも時間的に均一とはいえないし、種によっても異なる場合がある。あとで説明するように、主に進化がどれくらいの速さで表われるかを決めるのは、自然選択が及ぼす圧力

（選択圧）だ。たとえば、顎《あご》がなく漏斗《じょうご》のような形の口を持つ海生脊椎動物、ヤツメウナギのように、〝生きた化石〟と呼ばれる生物の中には、三億六〇〇〇万年でほとんど進化を遂げていないように見えるものもある。(19)面白い余談だが、段階的な変化という考え方は、経験主義哲学者のジョン・ロックが一七世紀に提唱している。彼はこんな鋭い一節を記した。「人間が種の分類に用いている種の境界は、人間が作るものだ」(20)

ダーウィンの理論の三本めの柱は、「共通祖先」という概念である。共通祖先の概念は、現在のような形になると、生命の起源を追究する現代のあらゆる活動の主な原動力となった。ダーウィンは当初、任意の分類学的分類に属するすべての生物（たとえばすべての脊椎動物など）は、間違いなく共通祖先を持つと訴えた。しかし、ダーウィンは共通祖先の概念に関して、さらに想像を働かせた。彼が理論を提唱した時代には、すべての生物がDNA分子、少数の種類のアミノ酸、エネルギー産生の通貨の役割を果たす分子といった共通の特性を持つという事実は、まだ知られていなかった。にもかかわらず、ダーウィンは大胆にもこう宣言した。「類推を働かせれば、もう一歩深くまで踏み込める。つまり、すべての動物と植物は、あるひとつの原型に由来していると信じられるのだ」。さらに、「類推は誤りへといざなうこともある」と用心深く前置きしつつも、「地球上にこれまで生息したすべての生物はおそらく、最初に生命が吹き込まれたあるひとつの原始的な生物の子孫であろう」と結論づけている。

しかし、こう思うかもしれない。地球上のすべての生物がたったひとつの共通祖先から生じたのだとすれば、この驚くべき多様性はいったいどのようにしてもたらされたのか？なんといっても、多様性こそ、われわれがずっと説明を求めてきたひとつめの生物の特徴なのだ。ダーウィンは一歩もひるまず、この難問に真っ向から挑んだ。そして、彼の著書のタイトルに「種」という単語が入っていたのも、偶然ではなかった。ダーウィンは多様性という問題を解決するために、もうひとつの独創的なアイデアを思いついた。それが種の枝分かれ、つまり種分化である。(21) 木に一本の幹《みき》があるのと同じように、生命もひとつの共通祖先から始まる、とダーウィンは推論した。幹が枝を伸ばし、枝が小枝へと枝分かれしていくように、〝生命の木〟も枝分かれや分岐といった出来事を数多く繰り返し、枝分かれのたびに別の種を生み出しながら、進化していく。(22) こうして生まれた種は、木の枝が死んで折れるのと同じように、多くが絶滅してしまう。しかし、枝分かれのたびに、同じ祖先を持つ子孫の種の数は倍になるので、種の数は劇的に増加しうるのだ。では、種分化はいったいいつ起こるのか？ 現代の考えによれば、主に特定の種に属する個体の集団が、地理的に隔離されたときである。たとえば、ある集団は山脈内の雨の多い側へと移動し、残りの種は乾燥した丘陵地帯に残るかもしれない。すると、時間がたつにつれ、この大きな環境の違いによって異なる進化の道筋が生まれる。最終的に、ふたつの個体群は互いに交配できなくなる。つまり、別の種になるわけだ。もっとまれなケースでは、ふたつの種の交雑《こうざつ》によって、新しい種が生まれることもある。イタリアスズメはその一例だと考えられている。(23)二〇一一年、イタリアスズメは遺伝学的にスペインスズメとイエスズメの中間であることがわかった。イタリアスズメとスペインスズメは別の種のようにふるまうが、イタリアスズメとイエスズメは「交雑帯」を形成している。交雑帯とは、ふたつの種が交雑を起こしている場所のことだ。

面白いことに、一九四五年、『ロリータ』や『青白い炎』で知られる作家のウラジーミル・ナボコフは、ヒメシジミと呼ばれるチョウの一群の進化について、大胆な仮説を立てた。(24)生涯を通してチョウに魅せられたナボコフは、ヒメシジミが数百万年をかけてアジアから新世界［訳注：アメリカ大陸のこと］へと断続的にやってきたと推測した。驚いたことに、二〇一一年、ある科学者チームが遺伝子のシーケンシング技術を用いてナボコフの予想が正しいことを確認した。彼らの発見によれば、新世界の種にはおよそ一〇〇〇万年前に生きていた共通祖先が存在したものの、新世界の種の多くは、近隣のチョウよりも旧世界のチョウと関係が深かった。

ダーウィンは、種分化の概念が自身の理論にとって重要であることを十分に理解していたようで、生命の木の略図を『種の起源』に含めている（図3に示すのは、彼の一八三七年のノートに書かれたオリジナルの図）。それどころか、これは『種の起源』の中にある唯一の図なのだ。面白いことに、ダーウィンはページ冒頭に「私が思うに（I think）」と

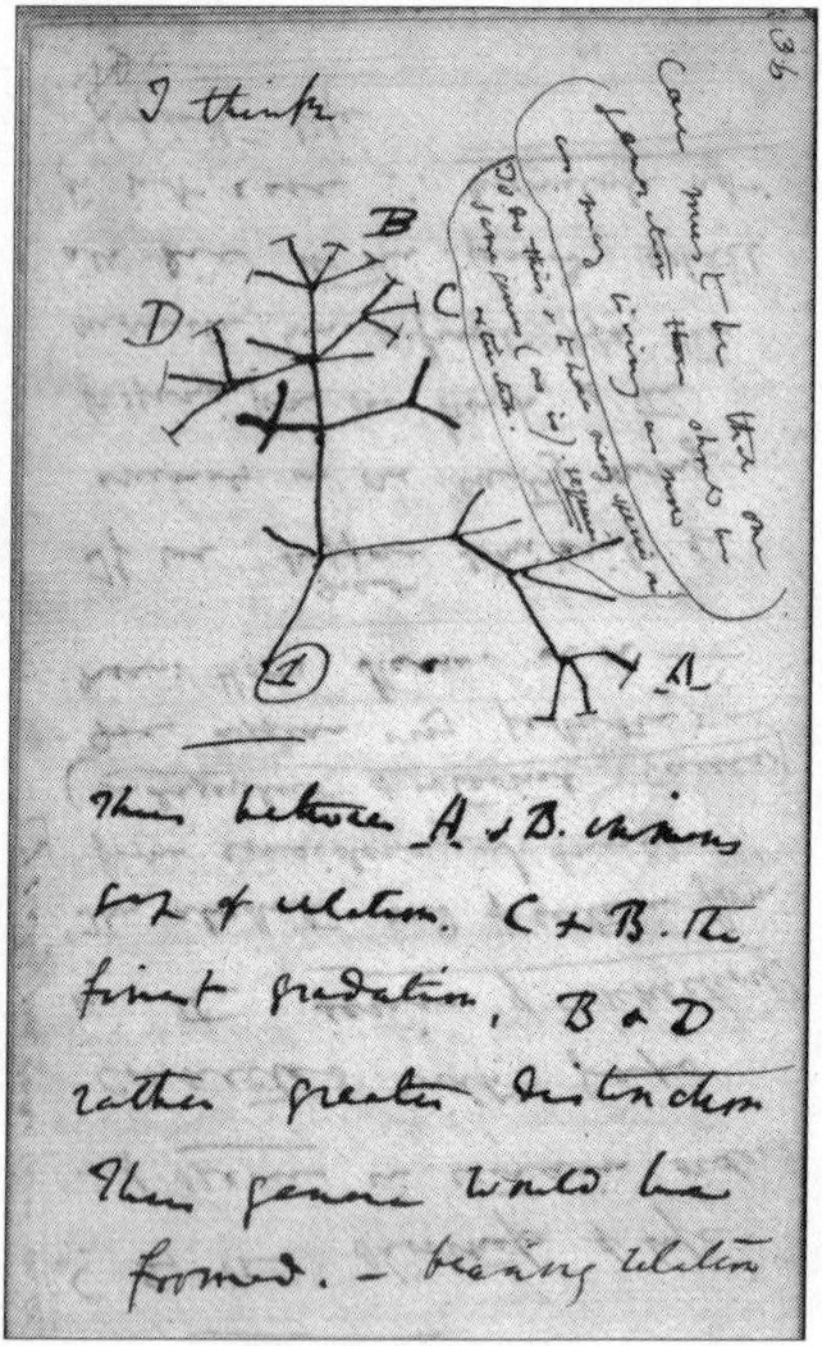

図3

いう注意書きを入れている！

多くの場合、進化生物学者たちは、種分化の中間段階の大半を突き止めることができている。たとえば、つい最近ひとつの種から分かれたと思われるふたつの種や、今まさに分化しようとしているふたつの種などだ。より詳しいレベルでいえば、分子データと化石データを組み合わせることで、たとえば現存する哺乳類と最近絶滅した哺乳類のすべての科《か》について、なかなか精密で、年代の詳しく特定された系統樹を作ることに成功している。[25]

ここでどうしても言っておきたいことがある。これは私見だが、共通祖先や種分化の概念には、ダーウィンの理論を真に特別なものにしているもうひとつの側面があると思う。私は約一〇年前、『加速する宇宙（*The Accelerating Universe*）』の執筆中、宇宙に関する物理理論を科学者の目から見て〝美しい〟ものにしている要素とは何なのか、突き止めようとしていた。[26] 結局、私は絶対不可欠な要素がふたつあると結論づけた。ひとつは「簡潔さ」で、もうひとつは「コペルニクス原理」と呼ばれるものだ（物理学の場合、「対称性」が三つめの要素）。私のいう「簡潔さ」とは、ほとんどの物理学者が理解している意味でいう還元主義だ。[27] つまり、なるべく少ない法則でなるべく多くの現象を説明できるとする立場である。簡潔さは昔も今も、現代物理学の目標だ。たとえば、原子の内部の世界に対してきわめて有効な理論（量子力学）がひとつあり、宇宙全般について同じくらい有効な理論（一般相対性理論）がひとつある、という状況に物理学者は満足できない。何もかも説明できる統一的な〝万物《ばんぶつ》の理論〟がひとつだけあるほうが望ましい、と考えるからだ。

コペルニクス原理の名称は、ポーランドの天文学者、ニコラウス・コペルニクスに由来する。彼は一六世紀、地球を「宇宙の中心」という特別な位置から引きずり下ろした。コペルニクス原理に従う理論は、たとえ人間がなんら特別な場所を占めなくても有効に機能する。コペルニクスは、地球が太陽系の中心ではないことを教えてくれた。そして、その後の天文学の発見はみな、物理学的に見れば人間は宇宙でなんら特別な役割を果たしているわけではないという認識をひとえに強化してきたのだ。人間はごく平凡な恒星の周囲を回る小さな惑星で暮らしている。そして、われわれの銀河には、似たような恒星が数千億個もある。人間が物理学的にどれだけちっぽけなのかを示す証拠は、それだけではない。観測可能な宇宙にはおよそ二〇〇〇億個の銀河が存在するだけでなく、通常の物質（人間や、全銀河の全恒星やガスを構成している物質）は宇宙の全エネルギーのわずか四パーセント強にすぎない。つまり、人間などまったく特別な存在ではないのだ（ただし第11章では、コペルニクス原理をあまり謙虚に受け入れすぎるべきでないという考え方について少しお話しする）。

還元主義とコペルニクス原理は、ダーウィンの理論の真の特徴といえる。ダーウィンは、生命の起源を除いて、地球上の生物に関するほとんどすべてのものを、ひとつの統一的見解で説明した。これ以上の還元主義はないだろう。と同時に、ダーウィンの理論は骨の髄《ずい》までコペルニクス原理そのものだった。人間はほかの生物とまったく同じように進化したというのだから。木にたとえていえば、若い芽はすべて中心にある幹《みき》から分かれたものだ。枝分かれする節《ふし》も芽と同じくらいある。唯一の違いは、枝分かれする方向だけだ。同じように、ダーウィンの進化の図式では、現存するすべての生物は、人間も含めて、これと似たような進化の道筋をたどった結果なのだ。この図式の中では、人間は決して例外的な地位や特別な地位を占めているわけではない。人間は万物の霊長《れいちょう》などではなく、先祖たちが地球で適応や発展を遂げてきた結果にすぎないのだ。これは「絶対的な人間中心主義」の終焉《しゅうえん》を意味していた。地球上の生物はどれもひとつの巨大な家族の一員なのである。有力な進化生物学者、スティーヴン・ジェイ・グールドの言葉を借りるなら、「ダーウィン流の進化は、やぶであって、はしごではない」のだ。一五〇年以上、ダーウィンの反対派を駆り立ててきたのは、たいがいの場合この考え方がはらむ恐ろしさにほかならない。進化論によって、人間が自らのぼり詰めた地位から引きずり下ろされることへの恐怖だ。ダーウィンは世界や人間の性質について再考しはじめた。面白いことに、〝適者〟のみが生存するという枠組みの中では（適者生存については、このあとすぐ自然選択のところで説明する）、昆虫のほうが人間よりも明らかに勝《まさ》っていると論じることもできる。昆虫のほうが圧倒的に多いからだ。実際、イギリスの遺伝学者のJ・B・S・ホールデンは、生命の誕生に関する研究で創造主について何かわかったことはあるかと神学者たちに訊《き》かれると、こう答えたといわれる（真偽は不明だが）。「神は甲虫を溺愛《できあい》している」(28)。信じがたい話だが、今日では、ゲノム（遺伝情報全体）のサイズという観点からいっても、人間はポリカオス・ドゥビウムという淡水アメーバの一種よりはるかに劣ることがわかっている(29)。六七〇〇億のDNA塩基対《えんきつい》を持つといわれるポリカオス・ドゥビウムのゲノムは、人間のゲノムよりも二〇〇倍以上も大きいともいわれているのだ！

したがって、ダーウィンの理論は、真に美しい理論のふたつの条件（もちろん、いくぶん主観的ではあるが）を十分に満たしている。そう考えると、『種の起源』がひとつの科学論文としてもっとも劇的な思想の変化をもたらしたことは、不思議ではないのかもしれない。

さて、理論そのものに話を戻そう。ダーウィンは進化上の変化や多様性の生じる方法について主張するだけでは満足できなかった。こうした過程がどのように進行してきたのかを説明するのが、自分の最大の任務だと考えていたのだ。この目標を成し遂げるため、ダーウィンは自然界に見られるデザインの痕跡について、創造論に代わる有力な理論を打ち立てなければならなかった。そうして考えたのが、タフツ大学の哲学者、ダニエル・C・デネットが「人類史上最高のアイデア」と称する自然選択のアイデアだった。

自然選択

進化の概念が投げかけた難問のひとつといえば、適応に関するものだった。種は環境と完璧に調和しているように見える。また、体の部位や生理的過程といった生物の形質同士が互いにうまく適応しあっている。この謎は、ダーウィン以前の博物学者、しかも進化論に肯定的な人々まで混乱させた。種がこれほど見事に適応しているなら、いったいどうやって適応を保ちつつ進化していけるのか？　ダーウィンはこの難問にちゃんと気づいていた。そして、自然選択の原理がその満足のいく答えになると確信していた。

自然選択の根底にある基本的な考え方は、かなり単純だ（ひとたび指摘されてみればの話だが！）[30]。生まれるべくして生まれた発見に関してはたまにあることだが、物理学者のアルフレッド・ラッセル・ウォレスもほぼ同じころ、独自にきわめて似た考えを打ち立てていた。それでも、ウォレスは最大の功労者が誰なのかについて、非常に明確な考えを持っていた。彼はダーウィンに宛てた一八六四年五月二九日付の手紙で、次のように記した。

> 自然選択の理論そのものは実のところ貴殿のものであり、貴殿だけのものであると私はずっと訴えていくつもりです。貴殿は私が自然選択に一筋の光明《こうみょう》を見出すずっと前に、私が思いつきもしなかったほど細かい点まで自然選択を理解していたのです。私が論文を発表したとしても、誰も納得させることなどできなかったでしょうし、せいぜい独創的な考察とみなされるのが関の山だったでしょう。一方で貴殿の本は、博物学の研究に革命を巻き起こしたのです。[31]

ここで、ダーウィンの一連の思考を追ってみよう。まず、ダーウィンは、多くの種がとうてい生存しきれないほどの数の子孫を生む、という点に着目する。次に、特定の種に属する個体であっても、みなまったく同一だというわけではない点に注目する。一部の個体が、苛酷な環境への対応能力という点で何らかの優位性を持っているとし、しかもその優位性が遺伝可能であり、子孫に受け継がれるものだと仮定すれば、次第にその個体群は少しずつ適応を増していくだろう。ダーウィン自身は『種の起源』の第3章で、こう記している。

> そのような生存闘争により、いかにわずかな変異であろうとも、いかなる原因で生じた変異であろうとも、その種の個体にとっていくらかでも利益になるものなら、他の生物や自然環境との微妙な綾の中でその個体の生存を助け、子孫に受け継がれることになる。その変異を受け継いだ子孫も、そのことで生存の機会を高めることだろう。なぜなら、どの種でも定期的に多数の個体が誕生するものの、生き残れる個体は少数だからである。この原理、すなわちわずかな変異でもそれが有用なものならば保存されるという原理を、私は……（中略）……自然淘汰の原理と呼んでいる。[32][33]

現代の遺伝子の用語を使えば（もちろん、ダーウィンはまったく知らなかったが）、自然選択は次のように単純に言い換えられる。（生存や繁殖の面で）より〝よい〟遺伝子を持つ個体のほうが、より多くの子孫を残せる。そして、それらの子孫のほうが（相対的に見て）よりよい遺伝子を持つ。別の言い方をすれば、多くの世代を経るにしたがって、有利な突然変異体は生き残り、不利な突然変異体は消滅する。こうして、適応度が増すような方向へ進化が起こるわけだ。たとえば、容易にわかるように、足の速さは捕食する側にとってもされる側にとっても有利になりうる。だからこそ、東アフリカのセレンゲティ平原では、自然選択によって地球最速の動物が何種類も生まれたのだ。

自然選択では、いくつかの要素が絶妙に組み合わさって、完璧な全体像を作り出している。ひとつめに、自然選択は個体ではなく「個体群」、つまり特定の地理的場所において互いに交配しあう個体の集団の中で起こる。ふたつめに、個体群の持つ生殖能力は、何らかの歯止めがかからないかぎり、指数関数的に個体の数が増えることになるほど高いのが一般的である。たとえば、マンボウのメスはいちどに三億個もの卵を産む。仮に、このうちの一パーセントの卵が受精して大人まで生き残れば、海はたちまちマンボウだらけになるだろう（大人のマンボウの平均体重は九〇〇キログラムを超える）。幸い、餌をめぐる種の内部の競争、捕食者との戦い、苛酷な環境のせいで、どの種のマンボウも、一組の親から生まれる子孫のうち、生き延びて子孫を残すのは平均二匹だけだ。

この説明からはっきりとわかるとおり、ダーウィンの自然選択説における「選択」という言葉は、自然が擬人《ぎじん》的に選択を行なうという意味ではない。どちらかといえば、（生存や繁殖の観点からいって）個体群の中の〝弱い〟個体が消滅するプロセスを指している。

たとえていうなら、自然選択のプロセスは、巨大なふるいをかけるようなものだと考えればいい。大きな粒《つぶ》ほどふるいの中に残り（つまり生存し）、ふるいを通り抜けた粒は消滅する。このふるいを振る役目を果たすのが、環境である。そういうわけで、ウォレスはダーウィンに宛てた一八六六年七月二日付の手紙で、自然選択の名称を変えるよう提案している。

そういうわけで、私はこの誤解の種《たね》をきれいさっぱり取り除く方法を提案したいのです。……（中略）……そして、スペンサー氏の用語を使えば（彼が「自然選択」よりも好んでよく使っている用語です）、難なく、しかもとても効果的に誤解を取り除けると思います。それが「適者生存」です。この言葉は事実をそのまま表現しています。「自然選択」はこの言葉の比喩的な表現であり、やや回りくどく、正確性に欠けています。なぜなら、仮に自然を擬人化するとしても、自然が特別な変異を選択するというよりも、もっとも不利な変異を絶滅させると言ったほうが正しいからです。(34)

ダーウィンは、博学者のハーバート・スペンサーが一八六四年に考えたこの表現を、『種の起源』の第五版で自然選択の同義語として採用した。しかし、現代の生物学者はめったにこの用語を用いない。というのも、この言葉は、強い個体や健康な個体だけが生き残るという誤解を与えかねないからだ。実際、「適者生存」はダーウィンにとって「自然選択」とまったく同じ意味だった。つまり、選択的に有利であり遺伝可能な特徴を持つ生物こそが、その特徴をもっとも効果的に子孫に伝えることができるという考え方である。そういう意味では、ダーウィンは政治経済学者のトマス・マルサスのような哲学的な過激派の考え（自由競争の世界におけるある種の生物学的経済学）に刺激を受けたことを認めてはいるものの、両者には重要な違いが存在するのだ[35]。

自然選択について述べておかなければならない三つめのきわめて重要なポイントは、自然選択は実際にはふたつの順を追ったステップからなるという点だ。ひとつめは主にランダム性や偶然からなるステップであり、ふたつめはまったくランダム性のないステップである。ひとつめのステップでは、遺伝可能な「変異」が生じる。現代の生物学の言葉でいえば、ランダムな突然変異、遺伝的組み換え、そして有性生殖や受精卵の形成に関連するあらゆる過程によって引き起こされる遺伝的変異である。次に、ふたつめのステップの「選択」では、同じ種の個体同士の競争、別の種の個体との競争、そして環境への対応能力という点で、個体群の中でもっとも競争能力の高い個体が、より高い確率で生き延び、生殖を行なう。自然選択に関して誤解されがちな点だが、ふたつめのステップでは、みなが思うよりも運の果たす役割はずっと小さい。それでも、選択のプロセスに運の要素がまったくないわけではない。たとえば、どれだけ遺伝子が優秀でも、巨大な隕石が地球に衝突すれば、恐竜の種が絶滅することは避けられないだろう。したがって、要するに進化とは、言ってみれば長期間における遺伝子頻度の変化なのである。

自然選択と「デザイン説」の考え方を分ける特徴は主にふたつある。ひとつめに、自然選択には長期的な〝戦略計画〟のようなものや最終目標はない（つまり目的論的ではないということ）。完璧というある種の理想状態に向かって突き進むものではなく、世代を重ねるごとに適応度の低い個体が消滅していく試行錯誤のプロセスなのである。その過程で、方向を変えることもしょっちゅうだし、時にはひとつの系統がまるまる絶滅することもある。これは偉大なるデザイナーの仕業《しわざ》とは考えにくい。ふたつめに、自然選択はすでに存在するものにしか作用しないので、実現できる結果には限りがある。自然選択は、種を一から設計し直すのではなく、一定の状態まですでに進化した種を修正することによって始まる。これは、ファッション・メーカーのヴェルサーチに新しい服をデザインしてもらうというよりも、仕立屋に古い服を直してもらうのと似ている。したがって、自然選択はデザインという観点からするとかなり物足りないわけだ（三六〇度をカバーできる視野や四本の手があったら便利ではないだろうか？　それから、歯に神経があったり、前立腺が尿道を完全に囲っていたりしたらすばらしくないだろうか？）。したがって、ある特徴が適応上有利だったとしても、その結果を実現するような遺伝的変異がないかぎり、自然選択ではそのような特性を生み出すすべがないのだ。要するに、完璧でないことこそ、自然選択の決定的な特徴なのである。

もうお気づきかもしれないが、ダーウィンの進化の理論は、その性質からして、直接的な証拠からは証明しにくい。進化は一般的にきわめて長時間かかって作用するので、草の成長を観察するのは、進化を観察するのと比べれば、目の回るようなアクション映画を観ている感覚に近いのだ。ダーウィン自身も、一八六一年四月二〇日、地質学者のフレデリック・ウォラストン・ハットンに宛ててこう記している。「私はある種が別の種に変化する証拠を提示するつもりはないとみんなに説明するのに、もううんざりしている。だが、この見方の大筋は正しいと信じている。この見方であまりにも多くの現象を分類し、説明できるからだ」[36]。それでも、生物学者、地質学者、古生物学者たちはこれまで、進化に関する状況証拠の山を築いてきた。とはいえ、ダーウィンの過ちとは直接関連がないため、その大半は本書では紹介しない。ただ、次の事実だけは述べさせてほしい。化石記録は、単純な生命から複雑な生命への紛れもない進化の痕跡を示しているのだ。具体的にいえば、数十億年にわたる地質時代［訳注：文書による記録が残っている有史時代よりも前の時代。つまり、地球誕生後のほとんどの時代を指す］において、化石の発見される地層が古くなればなるほど、種は単純になっていくわけだ。

自然選択説を裏づける証拠をいくつか簡単に挙げておくことは重要だ。というのも、進化の目的地がなくても、生命が進化や多様化を遂げうるという考え方は、ダーウィンの時代の人々にとって、進化論のもっとも由々しき側面だったからだ。本書ではすでに、自然選択が現実に起こることを示すひとつの手がかりを紹介した。さまざまな病原体が身に付ける薬物耐性だ。たとえば、黄色《おうしょく》ブドウ球菌と呼ばれる細菌は、ブドウ球菌感染症という感染症の最大の原因となっている。アメリカでは毎年五〇万もの人々がブドウ球菌感染症で病院を受診する。(37) 一九四〇年代初頭、黄色ブドウ球菌のすべての既知の株に対して、ペニシリンが有効だった。しかし、次第に、耐性を生み出す突然変異と自然選択によって、黄色ブドウ球菌のほとんどの株がペニシリンに対する耐性を身に付けた。この場合、進化のプロセス全体が劇的に短縮されている。なぜか？ 細菌の寿命は非常に短いうえ、個体の数が膨大だからだ（人間がもたらした選択圧も一因である）。一九六一年以降、MRSA（メチシリン耐性黄色ブドウ球菌〔Methicillin-Resistant *Staphylococcus Aureus*〕の略）という黄色ブドウ球菌株は、ペニシリンだけでなく、メチシリン、アモキシシリン、オキサシリンなど、多数の抗生物質に対する耐性も獲得してきた。これは自然選択が実際に作用していることを示すこれ以上ない例といえる。

もうひとつ、自然選択の興味深い（とはいえ賛否の分かれる）例がある。蛾の一種であるオオシモフリエダシャクの進化だ。(38) 産業革命の前、白い体色を持つオオシモフリエダシャク（生物学者のあいだでは *Biston betularia betularia morpha typica* と呼ばれる）は、コケや樹木といった生息環境の背景にうまく身を隠していた。しかし、イギリスで起きた産業革命の影響で、汚染が著しく進み、コケは死に絶え、多くの樹木は煤《すす》で黒くなった。その結果、白い体色を持つオオシモフリエダシャクは突然、大量に捕食されるようになり、絶滅寸前に追いやられた。と同時に、黒い体色を持つオオシモフリエダシャク（*carbonaria*）は、カモフラージュ能力が格段に増したため、一八四八年ごろから増えはじめた。ところが、厳しい環境基準が採用されたとたん、まるで〝エコ〟の重要性を物語るかのように、白い体色を持つオオシモフリエダシャクが再び現われはじめた。オオシモフリエダシャクとこの現象（「工業暗化」）に関する研究の一部は、数々の創造論者から批判を浴びてきた。そうした批判者の中には、工業暗化が自然選択の明確な実例であることは認めつつも、それが進化の証拠にはならないと主張する者もいる。この最終結果は、単にある種類のオオシモフリエダシャクが別の種類に変化したということであって、まったく新しい種へと変わったということではないからだ。

自然選択に対するもうひとつのよくある反論は、より哲学的なものだ。ダーウィンの自然選択の定義は循環論、つまり「トートロジー」であるという指摘だ。簡単にいうと、反論の内容は次のようなものだ。自然選択とは「適者生存」を意味する。では、「適者」はどう定義するのか？ もっとも生存能力の優れている個体である。よって、この定義はトートロジーである。この議論は誤解から生じるものであり、完全に誤っている。ダーウィンは生存する個体を指して「適者」という言葉を使っているわけではない。むしろ、同じ種のほかの個体と比べて、環境に対する適応度が高いために、生存する可能性が高いと考えられる個体を指している。ここで重要なのは、ある生物の変化しうる特徴と、その生物の置かれた環境とのあいだの相互作用である。生物は限られた資源をめぐって競争するため、生存する個体とそうでない個体が生じる。さらに、自然選択が作用するためには、適応的な特徴が遺伝可能でなければならない。つまり、遺伝的に子孫に伝えられなければならないということだ。

意外にも、カール・ポパーほど有名な科学哲学者までもが、自然選択による進化にトートロジーの疑問を呈した（先ほどよりはもっと複雑な指摘だが）[39]。基本的に、ポパーは次の主張に基づいて、自然選択の説明能力に疑問を投げかけた。ある種が存在するということは、その種が環境に適応していたということである（適応していない種は絶滅したはずなので）。言い換えれば、適応とは存在を保証する性質として定義されているにすぎず、この定義からは何も除外されていない。ところが、ポパーがこの主張を発表すると、何人もの哲学者がその誤りを指摘した。実際、ダーウィンの進化論では、むしろ除外されているシナリオのほうが多い。たとえば、ダーウィンによれば、祖先を持たない新しい種が誕生することはありえない。また、ダーウィンの理論では、段階的に実現可能でないような変異はすべて除外される。現代の用語でいえば、「実現可能」とは、分子生物学や遺伝学の法則が支配するプロセスによって実現可能、という意味になるだろう。ここで重要なのは、適応の統計学的な性質だ。個体については何も予言できるわけではない。予言できるのは確率についてだけだ。まったく同じ双子がいたとして、必ずしも同じ数の子孫を残すわけではないし、両方とも生存するともかぎらないのだ。ちなみに、ポパーは後年、自らの誤りを認め、こう明言している。「私は自然選択の検証可能性と論理性に関して、考えを改めた。考えを撤回する機会が得られてうれしく思う」(40)

最後に、完全を期すために言っておくと、自然選択は進化の主な要因ではあるが、ほかにも進化上の変化をもたらしうるプロセスはある。そのひとつの例が（ダーウィンには知る由《よし》もなかったことだが）、現代の進化生物学者たちのいう「遺伝的浮動」だ。(41)遺伝的浮動とは、偶然やサンプリング誤差によって、集団内の遺伝子の変異体（「対立遺伝子」）の相対頻度が変化することを指す。この効果は、小さな集団内では大きくなる可能性がある。次の例で説明しよう。コインを投げると、およそ五〇パーセントの頻度で表《おもて》が出る。つまり、一〇〇万回コインを投げれば、表の出る回数は五〇万回に近くなる。しかし、コインを四回しか投げなければ、すべて表が出る確率は無視できないくらいある（約六・二パーセント）。こうなると、期待値から大きく逸脱する。ここで、ある島に非常に巨大な生物の集団があるとしよう。この集団では、ふたつの変異体（対立遺伝子）XとZのうち、どちらか一方の遺伝子のみが表われるとする。集団内でのこの対立遺伝子の頻度は同じである。つまり、XとZの頻度はそれぞれ二分の一である。しかし、この生物が生殖する前、巨大な津波が島を襲い、四つの個体を除いてみな死滅してしまった。このとき、生き残った四つの生物の対立遺伝子の組み合わせは、XXXX、XXXZ、XXZX、XZXX、ZXXX、XXZZ、ZZXX、XZZX、ZXXZ、XZXZ、ZXZX、XZZZ、ZZZX、ZXZZ、ZZXZ、ZZZZの一六通りが考えられる。お気づきのように、一六通りのうち一〇通りは、対立遺伝子Xの数が対立遺伝子Zの数と異なる。言い換えれば、生き残った集団の中では、津波が来る前と同じ頻度が保たれる可能性よりも、遺伝的浮動、つまり対立遺伝子の相対頻度の変化が起きる可能性のほうが高いのだ。

遺伝的浮動は、自然選択とは別に、小さな集団の遺伝子プール内で比較的急速な進化をもたらすことがある。よく挙げられる遺伝的浮動の一例として、ペンシルベニア州東部のアーミッシュ・コミュニティがある〔訳注：アーミッシュは、アメリカやカナダに住むスイス系移民の宗教集団。電気、自動車、電話などの現代技術を拒絶し、伝統的な自給自足の生活を送っているといわれる、一種の隔離された集団である〕。アーミッシュのあいだでは、多指《たし》症（手や足の指が多いこと）がアメリカの一般的な集団よりも数倍多い。これはエリス・ファンクレフェルト症候群という珍しい病《やまい》のひとつの表われである[42]。エリス・ファンクレフェルト症候群のような劣性遺伝病の場合、劣性遺伝子がふたつなければ、病気は起こらない。つまり、両親ともにその劣性遺伝子の保有者でなければならないのだ。アーミッシュ・コミュニティでこの遺伝子が通常よりも多く見られるのは、アーミッシュがアーミッシュとしか結婚しないうえに、アーミッシュ集団そのものが二〇〇人ほどのスイス系移民に起源を持つからだ。アーミッシュ・コミュニティは少人数なので、研究者たちはエリス・ファンクレフェルト症候群の起源をたった一組の夫婦にまでさかのぼることができた。一七四四年に移住してきたサミュエル・キングとその妻だ。

遺伝的浮動に関して、強調しておくべき点が三つある。ひとつめに、遺伝的浮動が原因で起こる進化上の変化は、完全に偶然やサンプリング誤差の結果として起こる。自然選択の圧力(選択圧)には左右されない。ふたつめに、遺伝的浮動は適応を生み出せない。適応は完全に自然選択の領域なのだ。実際、遺伝的浮動はまったくランダムなので、遺伝的浮動でなければ説明のつかないような、有用性の非常に疑わしい進化が起こることもある。最後に、遺伝的浮動は明らかにどの集団でもある程度は起こるものだが(すべての集団の規模は有限なため)、その影響がもっとも顕著なのは、隔離された小さな集団である。

これらは、非常に簡単にいえば、ダーウィンの自然選択による進化理論の重要なポイントである。ダーウィンはふたつの大きな意味で、生物学の考え方に革命を巻き起こした。彼は何世紀も信じられてきた考えが誤っているかもしれないと気づいただけでなく、事実を丹念に集め、その事実同士を結びつける理論に関して大胆な仮説を立てることで、科学的真実に到達できることを証明したのだ。お気づきのように、彼の理論は、地球上の生物がこれほど多様な理由や、今のような特徴を持つに至った理由を、ものの見事に説明している。一九世紀イギリスの女性参政権活動家で植物学者のリディア・ベッカーは、ダーウィンの功績を見事にこう表現している。(43)

餌となる蜜を探して花々に出入りする虫の動きなど、どれだけ些細《ささい》に見えるだろうか！　そんな虫をひたすら観察し、その動きを興味津々に書き留めている男を見たら、こう思ってもしかたがないかもしれない。「面白いのはわかるけれど、あんなどうでもいいものを観察して楽しんでいるなんて、なんと贅沢で無駄な時間の過ごし方だろう」と。この思い込みがどれだけ間違っていることか！　この羽をたずさえた小さな使者は、哲学にふける博物学者の心に、未解明の謎の数々を届けてくれるのだから。そして、ニュートンが落ちるリンゴに重力の法則を見出したように、ダーウィンは虫と花の関係の中に、生物の特定の形態の変化に関する自説を裏づける、非常に重大な事実を見出したのだ。

実際、一九世紀におけるダーウィンは、一七世紀におけるニュートン、二〇世紀におけるアインシュタイン的存在だった。ダーウィンの進化《エボリユーシヨン》の理論が、科学史上もっとも劇的な革命《レボリユーシヨン》を巻き起こしたというのは、なんとも面白い事実である。生物学者で科学史家のエルンスト・マイヤーの言葉を借りれば、進化論は「ルネサンス期の科学の復興以来、どの科学進歩よりも大きく人類の思想を激変させた」といえよう。そうなると、残る疑問はこうだ。ダーウィンの犯した過ちとは？

第3章　そう、この地上に在《あ》るいっさいのものは、結局は溶け去る

人生とはおそらく
人間があきらめるのを躊躇する唯一の難問だ！
——ウィリアム・シュベンク・ギルバートの喜歌劇
『ゴンドラの船頭たち（*The Gondoliers*）』より

本章のタイトルは、ウィリアム・シェイクスピアのロマンス劇『テンペスト』の一節だが、すぐにわかるように、この文章はダーウィンの過ちの本質を詩的にとらえている。ダーウィンの過ちの根源には、一九世紀に流布《るふ》していた遺伝理論に根本的な欠陥があるという事実があった。ダーウィン自身も既存の理論の欠点に気づいていたらしく、『種の起源』で素直にこう打ち明けている。

遺伝を司る法則についてはまったくわかっていない。同種の別個体、あるいは別種の個体間に見られるまったく同じ特徴が遺伝したりしなかったりする理由は誰にもわかっていないのだ。生まれた子の特徴が、親ではなく祖父母やさらに遠い祖先に似る、いわゆる先祖返りがしばしば生じる理由もわかっていない。片方の性に見られた特徴が両方の性に伝わったり、片方の性だけに伝わったり、それもたいていは同じ性に伝わったりする理由もわかっていない。(1)

遺伝の法則について「まったくわかっていない」というのは、おそらく『種の起源』の中でもっとも目につく控えめな表現だろう。というのも、ダーウィンは、両親の特徴がペンキを混ぜ合わせるように融合して子に伝えられるという、当時の一般的な考え方のもとで教育を受けていたからだ。この〝ペンキ入れ理論〟では、それぞれの祖先の遺伝的な寄与の度合いは一世代を経るごとに半分になると予測され、どのつがいから生まれた子も、両親の中間になると考えられていた。(2)ダーウィン自身も、「一二世代を経た時点での、いわゆる祖先との血の濃さは、わずか二〇四八分の一でしかない」と記している。(3)つまり、ジン・トニックと同じように、ジンにトニックを混ぜ合わせていけば、最終的にはジンの味はしなくなるということだ。ダーウィンはこの薄まりが避けられないことについては理解していたようだが、それでも自然選択が働くと考えていた。たとえば、ダーウィンはシカを捕食するオオカミを例に取り、「一頭のオオカミの習性か形態に、わずかだけその個体の利益になる生まれつきの変化が起こったとしよう。すると、その個体は生き延びて子孫を残す可能性が高くなる。そしてその子どもの一部にも、同じ習性なり形態が遺伝することだろう。この過程が繰り返されていけば、オオカミの新しい変種が形成されるかもしれない」と結論づけている。しかし、遺伝の融合説という仮定のもとでは、その期待はまったく的外れであるという単純な事実に、ダーウィンは気づかなかった。この矛盾を最初に指摘したのは、スコットランドの電気技術者のフリーミング・ジェンキンだった。

ジェンキンは、通りがかりの人の肖像画を描いたり、海底ケーブルの設計を行なったりと、実にマルチな才能を発揮した人物だった。[4] 彼のダーウィン批判はかなり直接的なものだった。ジェンキンは、単一の変異（偶然によって起こるまれな出来事。彼は変種〔sport〕と呼んだが、現代の言葉でいえば突然変異〔mutation〕のこと）を〝選択〟するのに自然選択はまったく役立たないと主張した。というのも、そのような変異が起きたとしても、集団の中のすべての通常の種に数で圧倒され、薄まってしまうため、数世代後には完全に消滅してしまうからである。

ダーウィンは当時の科学界で受け入れられていた遺伝理論以上のことを知らなかったわけだが、そのことで彼を責めることはできない。したがって、私は融合遺伝の考え方を採用したことがダーウィンの過ちだとは考えていない。ダーウィンの過ちとは、融合遺伝の仮定のもとでは、彼の自然選択のメカニズムは期待どおりに作用しえないという点を（少なくとも当初は）完全に見落としてしまったことにあるのだ。そこで、ダーウィンの深刻な過ちと、理論全体を台無しにしかねないその過ちの影響について、詳しく考察してみよう。

数による圧倒

フリーミング・ジェンキンは、『種の起源』の第四版に対する匿名の批評という形で、ダーウィンの理論への批判を発表した。[5] その論文は一八六七年六月の《ノース・ブリティッシュ・レビュー》誌に掲載された。この論文はいくつかの根拠に基づいて進化論を攻撃しているが、ここではダーウィンの過ちを暴《あば》いたひとつの主張にスポットライトを当てることにする。ジェンキンは自説を論証するために、各個体が一〇〇の子孫を生み、そのうち平均で一個体のみが生存・繁殖すると仮定した。次に、彼はまれな突然変異を遂げた個体（彼のいう「変種《スポート》」）が、ほかの種の二倍の確率で生存・繁殖するとした。彼は厳格な電気技術者らしく（彼は一八六〇～八六年のあいだに三七もの特許を取得している）、定量的なアプローチを採用した。[6] 彼はそのような〝変種《スポート》〟が母集団に及ぼす影響を実際に計算したかったわけだ。

種が交配して、たとえば一〇〇の子孫を残すとしよう。すると、その子孫は全体的に、平均的な個体と変種《スポート》の中間になるだろう［変種はまれなので、平均的な個体とつがいになるものと考えられる］。すると、この世代の新しい種の個体は、平均的な個体と比べて、たとえば一・五対一の割合で有利になる［融合遺伝を仮定した場合］。つまり、優位性は親よりも低くなる。しかし、平均的な個体よりは数値が大きいため、そのうち一・五個体が生き延びる。この種同士が交配しないかぎり（それは非常に起こりづらい出来事である）、その子孫はまたもや平均的な個体に近づくだろう。つまり、子孫の数は一五〇となり［一〇〇の一・五倍］、優位性はいうなれば一・二五対一になる［これも融合遺伝より］。すると、確率的に二個体近くが生存し［一五〇の一・二五倍の一パーセント］、二〇〇の子孫が生まれる。優位性は一・一二五倍だ。このうち二個体以上が生存するだろうが、優位性はまたもや目減りする。数世代もすれば、優位性はもはや観察されなくなり、通常の器官に見られる一〇〇の些細な優位性のどのひとつよりも、生存競争にメリットをもたらすことはなくなってしまうのだ。

ジェンキンは、たとえもっとも極端な自然選択の形態を仮定したとしても、新しい特徴が集団内にいちど入り込んだだけでは、皮膚の色のようなすでに定着した特徴が、新しい特徴へと完全に転換するとは考えられないと主張した。この「数による圧倒(swamping)」の効果を説明するため、ジェンキンは驚くほど偏見に満ちた例を選んだ。彼は優位な特徴を持つひとりの白人男性の乗った船が難破し、黒人の住む島に漂着したと仮定した。人種差別や帝国主義に満ちた語り口は、現代のわれわれからすればショッキングというほかないが、後期ヴィクトリア朝のイギリスではふつうだったのだろう。その白人が「生存のためにどれだけ多くの黒人を殺し」、「どれだけ多くの妻と子どもを持ち」、「第一世代で若くて知的な混血《ムラート》が何十人と生まれ」ようとも、「島全体が少しずつ白人ばかり、あるいは黄色人種ばかりの集団になっていくなど、誰が信じられるだろうか？」とジェンキンは主張した。

　あとでわかったように、ジェンキンは計算においてひとつの重大な論理的間違いを犯していた。彼は、一組のつがいから一〇〇の子孫が生まれ、そのうち平均で一個体だけが生存・繁殖すると仮定していた。しかし、子どもを産めるのはメスだけなので、一組のつがいから生まれた子孫のうち、平均で二個体（オスとメス各一個体）が生存しなければならない。そうでなければ、集団の規模は、世代を経るたびに半分になっていくだろう。絶滅一直線だ。驚いたことに、この明白な誤りに気づいたのは、リーズ・グラマー・スクールで数学を教えるアーサー・スレーデン・ディヴィスだけだった。[7] 彼は一八七一年、《ネイチャー》誌への手紙でこの誤りについて説明した。

デイヴィスは、集団の規模をおおよそ一定に保つための修正を施《ほどこ》せば、変種《スポート》の影響は（ジェンキンの主張するように）ゼロにはならず、むしろ、かなり薄まるとはいえ、集団全体に分散することを示した。たとえば、白ネコの集団に一匹の黒ネコを放つと、（融合遺伝という仮定のもとでは）平均で二匹の灰色のネコが生まれ、次の世代ではより色の薄いネコが四匹生まれる。これが延々と続き、世代を経るごとに徐々に色は薄まっていくが、黒味が完全に消えることはない。さらに、デイヴィスはこう正しく結論づけている。「確かに、有利な変種《スポート》が遺伝以外の要因でいちどきりしか生まれなければ、種全体にはほとんど変化をもたらさないだろう。しかし、有利な変種《スポート》が、異なる世代で別々に生まれれば、たとえそれぞれの世代でいちどきりしか生まれなかったとしても、非常に大きな変化をもたらす可能性があるのだ」

ジェンキンは確かに数学的な誤りを犯したが、彼の批判の主旨は正しかった。融合遺伝という仮定のもとでは、どんなに好都合な状況が揃っていたとしても、黒ネコがいちど生まれただけでは、白ネコの集団全体が黒ネコになることはありえない。どれだけ黒という色が有利であってもだ。

ダーウィンはいったいどうして、この自然選択説の致命的とも思える欠陥を見落としえたのだろうか？　それを吟味する前に、融合遺伝理論を近代遺伝学の視点から理解しておくと役立つだろう。

ダーウィンの過ちと遺伝学の種《たね》

現在われわれが理解している遺伝学に従えば、すべての生物の遺伝のメカニズムを担っているのは、「DNA（デオキシリボ核酸）」と呼ばれる分子である。非常に大ざっぱにいって、DNAは、タンパク質をコードする情報を含む「遺伝子」と、タンパク質をコードしない一定の領域で構成される。物理的には、DNAは「染色体」と呼ばれる要素上にあり、有性生殖を行なうすべての生物は二セットの染色体を持っている。一セットは母親（メス）から、もう一セットは父親（オス）から受け継いだものである。したがって、それぞれの個体はすべての遺伝子を二セットずつ持っていることになる。ただし、二セットの遺伝子は両方とも同一である場合と、わずかに異なる場合がある。染色体上の特定の位置に存在する遺伝子の異なる形態（＝変異体）は、「対立遺伝子」と呼ばれる。

現代の遺伝理論は、意外な研究者によってもたらされた。[8] 一九世紀モラヴィア［訳注：現在のチェコ共和国の東部にあたる地域］の司祭、グレゴール・メンデルである。彼は一見すると単純な一連の実験を行なった。彼は緑の豆だけを付けるエンドウマメと黄色の豆だけを付けるエンドウマメを何千個とかけ合わせた。驚いたことに、最初の世代では黄色の豆しか付かなかった。しかし、次の世代では、黄色の豆と緑の豆の割合が三対一になった。この不可解な結果から、メンデルは遺伝の「粒子」（または「原子」）理論を導き出すことに成功した。メンデルの理論では、融合説とはまったく逆に、遺伝子（彼は「因子」〔factor〕と呼んだ）は個別に存在する要素であって、成長中も維持されるだけでなく、次の世代にまったく変わらず受け継がれると考える。さらにメンデルは、すべての子孫がそれぞれの親からそのような遺伝子（「因子」）をひとつずつ受け継ぎ、たとえある特徴が子に表われないとしても、次の世代には受け継がれるとも考えた。この推論は、メンデルの実験自体と同じく、まさに見事としかいいようがなかった。農業が始まってから約一万年間、同じような結論に至った者はいなかったのだ。メンデルの結果を受けて、融合説はたちまち廃《すた》れた。早くも最初の子の世代で、すべての豆が両方の親を平均したものになっていなかったからだ。

メンデル遺伝と融合遺伝には、自然選択に及ぼす影響という観点で、大きな違いがある。この点を明確にするため、ひとつ簡単な例を紹介しよう。(9) もちろん融合遺伝では遺伝子という概念など用いられていなかったが、融合プロセスの本質を保ったまま、遺伝子という用語を使うことは可能だ。たとえば、ある生物のうち、遺伝子Aを持つ個体は黒で、遺伝子aを持つ個体は白だとする。まず、ふたつの個体を考える。ひとつは黒で、もうひとつは白だ。どちらの個体も、それぞれの遺伝子をふたつずつ持っている（図4）。遺伝子に優劣がなければ、融合遺伝でもメンデル遺伝でも、このつがいから生まれた子は灰色になる。なぜなら、子はAaという遺伝子の組み合わせ（「遺伝子型」）を持つからだ。しかし、

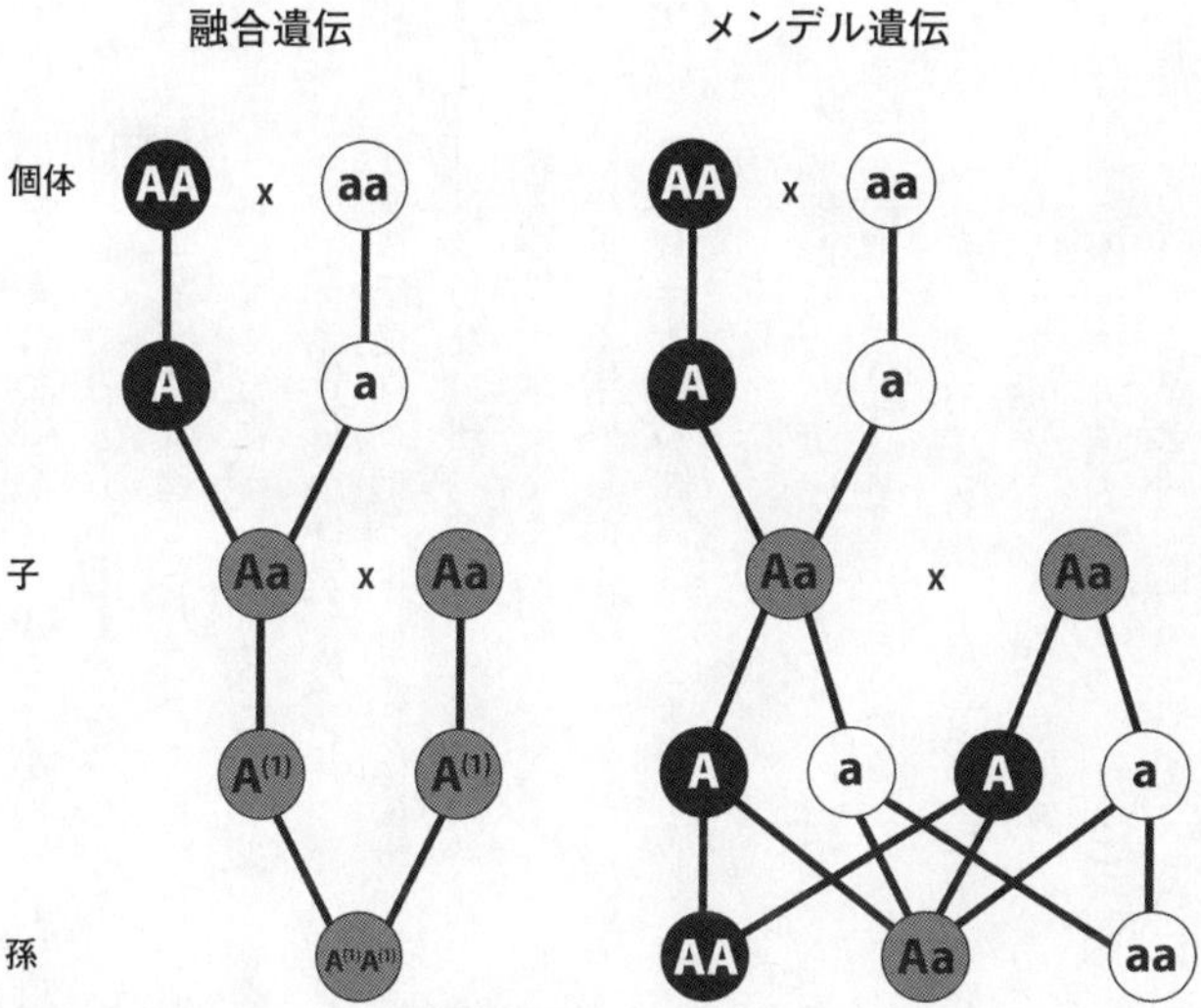
融合遺伝
メンデル遺伝
個体
子
孫
AA
x
aa
A
a
Aa
x
Aa
A(1)
A(1)
A(1)A(1)
AA
x
aa
A
a
Aa
x
Aa
A
a
A
a
AA
Aa
aa

図4

ここで重大な違いがある。融合説の場合、Aとaが物理的に融合して、遺伝子の保有者が灰色になるような新しい種類の遺伝子が生まれる。この新しい遺伝子をA(1)と呼ぼう。このような融合は、メンデル遺伝では起こらない。それぞれの遺伝子はそっくりそのまま維持されるからだ。図4に示すように、孫の世代になると、融合遺伝ではすべての子孫が灰色になるのに対し、メンデル遺伝では孫は黒（AA）、白（aa）、灰色（Aa）のいずれかだ。言い換えれば、メンデル遺伝では、ある世代から次の世代へと、極端な遺伝子型が受け継がれるので、遺伝的変異がうまく維持されるわけだ。一方、融合遺伝では、極端な遺伝子型はすぐに消滅し、その中間を取ったものになってしまうので、変異はどうしても失われてしまう。ジェンキンが正しく指摘したように、そして次の（非常に単純化した）例からも明らかなように、この融合遺伝の性質は、ダーウィンの自然選択説にとっては致命的だった。

たとえば、一〇の個体からなる集団を考えよう。そのうち九の個体はaaという遺伝子の組み合わせを持ち（すなわち白）、ひとつの個体が（たとえば何らかの突然変異により）Aaという組み合わせを持つとする（すなわち灰色）。さらに、黒であるほうが生存や繁殖に有利だとし、少しでも黒味がかっているほうが真っ白よりは有利であるとする（ただし、色が薄くなるほど優位性は減少するものとする）。図5は、融合遺伝のもとで、そのような集団が進化していく過程を図式化して追ったものだ。第一世代では、Aとaの融

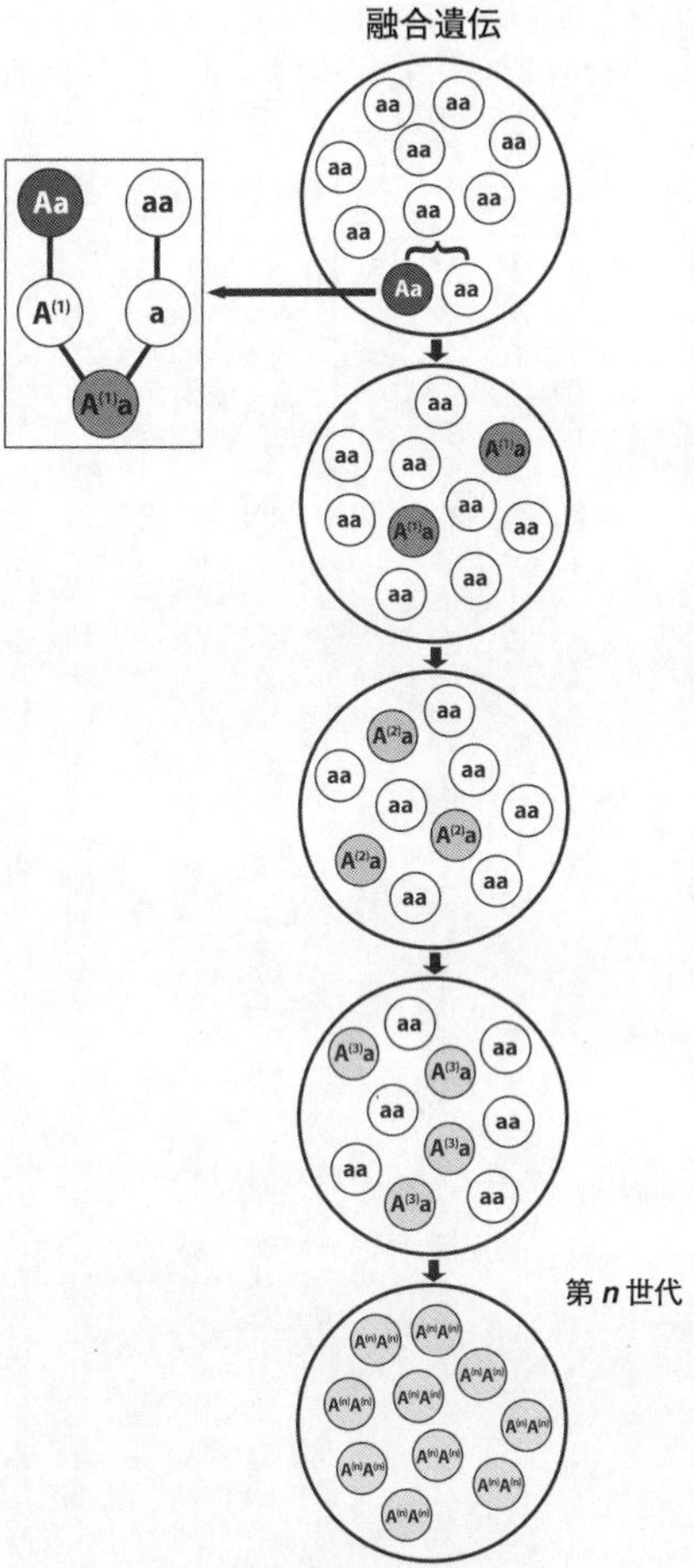

図５

合によって新しい〝遺伝子〟$A^{(1)}$が生まれる。この個体がaaとつがいになると、$A^{(1)}a$が生まれる。この個体がさらに融合して$A^{(2)}$となる。色はさらに薄くなり、色の優位性は低くなる。これを延々と繰り返すと、容易にわかるように、n世代後にはまず間違いなく、集団は$A^{(n)}A^{(n)}$という遺伝子の組み合わせを持つ集団へと変わるだろう（nは十分に大きな数とする）。こうなると、もともとの真っ白な集団よりもわずかに色が濃いだけの集団になる。特に、黒という色は一世代後に早くも絶滅してしまう。黒の遺伝子は融合して存在しなくなるからだ。

しかし、メンデル遺伝（図6）のもとでは、遺伝子Aはある世代から次の世代に受け継がれるので、いつかはAa同士がつがいになり、AAという黒い種が生まれるだろう。黒のほうがその環境内で有利なら、一定時間がたつと、自然選択によって集団全体が黒になる可能性さえある。

結論はシンプルだ。ダーウィンの自然選択による進化論がうまく機能するためには、メンデル遺伝が必要だったのだ。[10] しかし、当時はまだ遺伝学が発見されていない時代。ダーウィンはジェンキンの批判にどう応じたのか？

困難を乗り越えると人間は強くなる

ダーウィンは多くの点で天才だったが、優秀な数学者といえなかったのは間違いない。

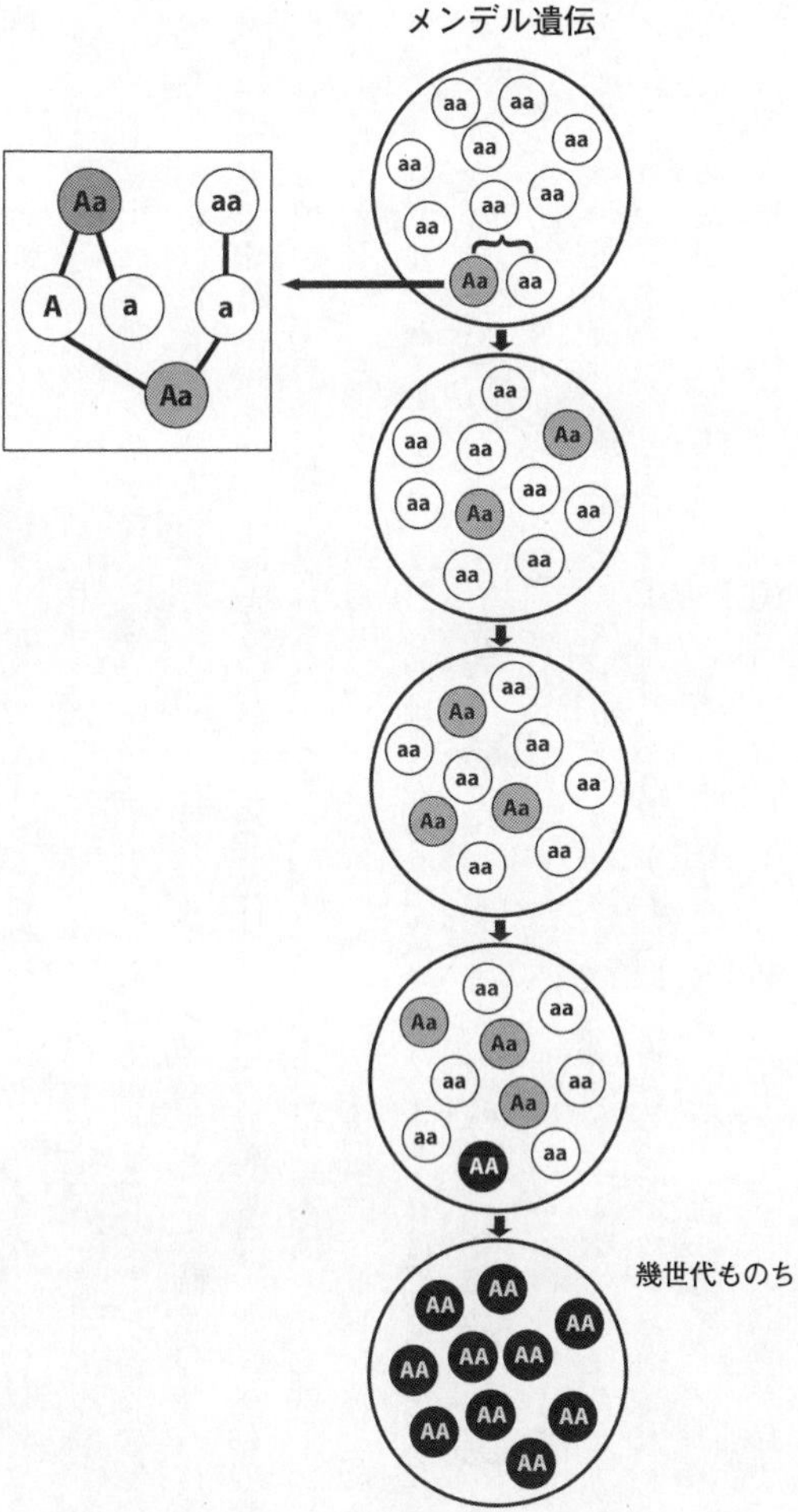

図6

彼は自伝の中でこう認めている。「私は数学をこころざし、一八二八年の夏には、家庭教師（とても退屈な男）とともにバーマスで泊まりがけの勉強もしたのだが、学習は遅々《ちち》として進まなかった。数学の学習は私にとっては苦痛だった。特に私自身、初歩の代数に何の意味も見出せなかったからだ。……（中略）……仮に続けていたとしても、ある程度の成績を収められたとは思えない」[11]。そういうわけなので、『種の起源』の議論の多くは定量的ではなく定性的である。進化がもたらす変化に関する内容は特にそうだ。『種の起源』の何カ所かで簡単な計算を試みてはいるものの、そこでもたまにへまをやらかしている。そう考えると、ダーウィンがジェンキンのどちらかというと数学的な批判を読んだあと、ウォレス宛のある手紙でこう打ち明けたのも不思議ではない。「私は錯覚していた。単一の変異が保存されることは、私が現在ありうると（またはおそらくそうだろうと）考えているよりも、ずっと多いと思っていた」[12]。それでも、ダーウィンがジェンキンの論文を読むまで、融合遺伝では変異が数に圧倒されて消失してしまうかもしれないという点にまったく気づかなかったとすれば、意外だろう。実際には、彼は気づいていなかったわけではなかった。一八四二年、ジェンキンの批評が発表される二五年も前に、ダーウィンはすでにこう指摘していた。「ある国や地域で、ひとつの種に属するすべての動物が自由に交配できるとすれば、変異しようとする小さな傾向は常に相殺《そうさい》される」[13]。実際、ダーウィンは、個体が変異によってももとの種から逸脱しようとしても、集団の一貫性が保たれることを説明するのに、数による圧倒という考え方にある程度は頼っている。[14] それではなぜ、ダーウィンは〝変種《スポート》〟（単一の変異体）が融合遺伝の平均化しようとする力に逆らうのは難しいという点を理解できなかったのだろうか？　ダーウィンが過ちを犯し、ジェンキンの指摘を理解するのに手間取った原因は、ふたつある。ひとつは、彼が遺伝の概念全般を理解するのに苦労していたという点。もうひとつは、変異はまれでなければならないという考えにいつまでもこだわりすぎた点だ。後者の考えは、生殖と発達に関する彼の理論全般がもとになっているのかもしれない。彼は変異の引き金になるのは発達におけるストレスのみだと仮定していたのだ。しかし、遺伝に関するダーウィンの混乱は、ずっと根の深いものだった。それは次の矛盾にも表われている。ダーウィンは『種の起源』のある箇所で、こう記している。

その品種がとうに失ったはずの形質が多くの世代を経た後に再び出現する場合の最も納得のいく仮説は、子孫が突如として何百世代も前の祖先をまねたのではなく、問題の形質を再現する傾向は世代更新のあいだもずっと存在していて、それが未知の好条件を受けてついに日の目を見たというものである。[15]

この潜在的な「傾向」という考え方は、明らかに通常の融合遺伝から乖離しており、多くの点でメンデル遺伝の考え方に近い(16)。それでも、ダーウィンはジェンキンの批判に応じる際、少なくとも最初は、この潜在的な傾向という考えを引っ張り出すことを思いつかなかったようだ。代わりにダーウィンは、自然選択が効果を及ぼす〝原材料〟とでもいうべきものを供給するにあたって、それまで単一の変異に与えていた役割から、「個体差」(頻繁に生じる幅広い小さな違い。集団内に絶えず広まると考えられた)の持つ役割へと、重点を移すことにした。言い換えれば、ダーウィンは、何世代にもわたる自然選択による進化を生み出すために、広範囲な変異に頼るようになったわけだ。

苦悩したダーウィンは、ウォレスに宛てた一八六九年一月二二日付の手紙でこう記した。「『種の起源』の新版の準備で、通常業務にも支障が出るほどだ。ずいぶんと苦労したが、二、三の重要な点について、かなり改善されたと思う。私はずっと、個体差のほうが単一の変異より重要だと思っていたが、ここへきてようやく、前者[個体差]がもっとも重要なのだという結論に至った。この点については、貴殿と同じ意見だと思う。フリーミング・ジェンキンの主張を聞いて納得したのだ(17)」。この新しい重点を反映すべく、ダーウィンは『種の起源』の第五版以降で、個体を指す単数形を複数形に修正した。たとえば、「任意の変異(any variation)」を「変異(variations)」に、「ある個体(an individual)」を「個体差(individual differences)」に変更した。また、第五版では新しい段落もいくつか追加されている。特にそのうちのふたつが非常に面白い。ひとつでは、彼は堂々とこう認めている。

さらに私は、奇形などの構造上の偶然の逸脱が自然の状態の中で保存されることは、まれな出来事だということにも気づいた。たとえ保存されたとしても、その後、通常の個体との交配によってふつうは失われてしまうこともわかった。それでも、《ノース・ブリティッシュ・レビュー》（一八六七年）に掲載された的確で有用な論文を読むまで、わずかなものであれ顕著なものであれ、単一の変異が永存されることがどれだけまれなのか、きちんと理解していなかった。(18)

別の段落では、ダーウィンはジェンキンの数による圧倒の議論について、自身で簡潔にまとめている。この段落の面白いところは、ジェンキンのオリジナルの文章と比べてふたつ、一見すると些細だがきわめて重大な違いがあるという点だ。ひとつめに、ダーウィンはその段落で、動物のつがいが二〇〇の子孫を生み、そのうちふたつの個体が生存して繁殖すると仮定している。(19)したがって、数学的知識に乏しかったといえども、ダーウィンはA・S・デイヴィスが一八七一年の《ネイチャー》誌で指摘したジェンキンの誤りを、一八六九年にはすでに見抜いていたようだ。つまり、集団が消失しないためには、平均でふたつの子孫が生き延びなければならないというものだ。ふたつめに、こちらのほうがもっと面白いのだが、ダーウィンは自身のまとめの中で、変種《スポート》の子孫のうち半数しか有利な変異を受け継がないと仮定している。しかし、この仮定は融合遺伝の予測とは正反対なのである！　残念ながら、それでも当時のダーウィンは、融合説とは正反対の遺伝理論が持つ意味合いについて、詳しく説明することができなかった。そして、それ以上の議論もなく、ジェンキンの結論を受け入れてしまったのだ。

それでも、ダーウィンが長いあいだ、融合遺伝に満足していなかったこと示す証拠はたくさんある。彼は友人であり進化論のおおやけの支持者でもある生物学者のトマス・ヘンリー・ハクスリーに宛てた一八五七年の手紙で、こう記している。

この話題［進化］に対して、私がいちばん興味を持つ側面、すなわち遺伝という側面から臨《のぞ》むうち、私は最近、非常に荒削りで漠然とはしているものの、ある推測を抱くようになった。真の受精による増殖は、ふたつの異なる個体を完全に融合するようなものではなく、一緒くたにまとめるようなものではないだろうか？　いやむしろ、それぞれの親にはそのまた親や先祖がいるわけだから、ふたつの個体というよりも無数の個体というべきかもしれない。そう考える以外に、かけ合わされた形質が大幅に先祖返りするという事実を、理解することはできないのだ。しかしもちろん、これはどこまでも荒削りな推測にすぎない。(20)

荒削りかどうかはともかく、この指摘はきわめて鋭いものだった。ダーウィンはこのとき、父と母の遺伝物質をかけ合わせるのは、ペンキを混ぜ合わせるよりも、二組のトランプをシャッフルするのに近いと気づいていたわけだ。

ダーウィンがこの手紙で語った考えは、間違いなくメンデル遺伝の見事な先駆けと考えられるが、最終的に、彼は融合遺伝に業《ごう》を煮やして、「パンゲン説」というまったく的外れな理論を提唱してしまった。ダーウィンのパンゲン説では、全身が生殖細胞に指令を出すとされた。彼は著書『栽培化植物および家畜化動物の変異（*The Variation of Animals and Plants Under Domestication*）』で、「私はこう仮定する」と記したあと、こう続けた。

細胞は、完全に不活発な物質、つまり〝形成ずみの物質〟に変わる前に、微小な粒子または原子を放出し、それが全身を自由に巡る。そして、適度な栄養が与えられれば、自己分裂して増殖し、やがて自身の元になったような細胞へと成長していく。……（中略）……したがって、厳密にいえば、新しい生物を生み出すのは生殖因子……（中略）……ではなく、全身の細胞自体なのだ。(21)

ダーウィンにとって、パンゲン説が融合説よりも大きく優れていたのは、生物が生きているあいだに何らかの適応的な変化が起こった場合、この粒子（ダーウィンは「ジェミュール」と呼んだ）がその変化を記録し、生殖器官に集まり、変化が次世代に受け継がれるという点だった。残念ながら、パンゲン説は遺伝を現代の遺伝学とは正反対の方向にとらえていた。実際は、受精卵が全身の発達に指令を出しているのであり、その逆ではないのだ。すっかり混乱したダーウィンは、かつて自然選択の正しい理論にこだわったのと同じくらい頑強に、この間違った理論にこだわった。科学界から激しい批判を浴びたにもかかわらず、ダーウィンは一八六八年、自身の熱烈な支持者だったジョセフ・ダルトン・フッカーに宛ててこう記している。「私はそれぞれの細胞が実際にその中身の原子あるいはジェミュールを放出すると心から信じている。しかし、いずれにしても、この仮説は今のところ完全に孤立している膨大な種類の生理学的事実を結びつけるのに役立つのだ」。さらに、彼は自信を持ってこうも付け加えている。「パンゲン説は、今のところ日の目を見ていないが、きっといつか別の父親が現われ、別の名前を授かり、再び世に現われるだろう」。これは、抜群のアイデア（粒子遺伝）を間違ったメカニズム（パンゲン説）に組み込んでしまったために、無惨にも破綻をきたしてしまった典型例といえよう。

ダーウィンが原子的な遺伝（実質的なメンデル遺伝）の考えをどこよりも明確に述べているのが、一八六六年のウォレスとのやり取りの中である。まず、一月二二日に書かれた手紙の中で、ダーウィンはこう記している。「私は融合したり混合したりするのではなく、片方の親によく似た子孫を生む変種と呼ぶべきものを、山ほど知っている」[22]。ダーウィンの話の要点がつかめなかったウォレスは、二月四日にこう返信した。「〝融合したり混合したりするのではなく、片方の親によく似た子孫を生む変種を知っている〟とおっしゃるなら、それは〝種の起源〟の完璧な証拠を求めている種の生理学的な証拠になるのではありませんか？」[23]

誤解に気づいたのか、ダーウィンは次の手紙ですぐさまウォレスの誤りを指摘している。

貴殿はある変種同士が融合しないという意味を誤解しているようだ。生殖能力について述べているのではない。少しばかり説明させてほしい。私は「ペインテッド・レディ」スイートピーと「パープル」スイートピーをかけ合わせた。このふたつはまったく色の異なる変種なのだが、たとえ同じさやから取り出したものでも、両方の変種は完璧な姿をしていて、その中間のものはなかったのだ。同じようなことは最初、貴殿のチョウや三つの型のミソハギでも起こるに違いない。こういった事例は一見すると驚異的に思えるが、世界中のどのメスからも、オスとメスのどちらか一方の子孫しか生まれないという事実と比べれば、そう驚くようなことでもないのかもしれない。[24]

この手紙はふたつの点で注目に値する。ひとつめに、ダーウィンはここでメンデルの行なったものと似た実験の結果について説明している。つまり、メンデルがメンデル遺伝学を確立するきっかけになった実験だ。ダーウィンは、自分でもメンデルと同じ三対一という比率を発見する寸前までいっている。彼は一般的なキンギョソウ（花が左右対称）とペロリア化したキンギョソウ（花が星形の変異型）をかけ合わせたところ、第一世代の子孫はみなふつうの形状で、第二世代では八八株がふつうの形状、三七株がペロリアだった（比率は二・四対一）。ふたつめに、ダーウィンはすべての子孫がオスかメスのいずれかであり、その中間の雌雄同体にはならないという厳然たる観測結果そのものが、″ペンキ入れ″のような融合説を否定しているという明白な事実を指摘している。(25) つまり、正しい遺伝形式を示す証拠は、ダーウィンのすぐ目の前にあったわけだ。彼はすでに『種の起源』で、「最初の種間交雑でできた雑種、つまり第一代雑種の変異性が、その後の世代に見られるきわめて大きな変異性と比べるとほんのわずかであることは奇妙な事実であり、注目に値する」と指摘していた。さらに、先ほどのダーウィンとウォレスの手紙のやり取りは、すべてジェンキンの批評が発表される前に行なわれたという点にも注目。それでも、ダーウィンはもどかしいくらいメンデルと同じ発見に迫っていたにもかかわらず、その発見があらゆるものを包括するほど一般的であり、自然選択にとってきわめて重要であることに気づかなかったのである。

ダーウィンの粒子遺伝に対する考え方を真に理解するには、ほかにもいくつか気になる疑問を解決しておく必要がある。グレゴール・メンデルは一八六五年、ブリュン（モラヴィア）自然協会で、自身の実験と遺伝理論に関する画期的な論文『雑種植物の研究（Versuche über Pflanzen-Hybriden）』の口頭発表を行なった。[26] ダーウィンがいつかの時点でこの論文を読んだ可能性はないだろうか？　ダーウィンの一八六六年のウォレスへの手紙は、自分の発想を記したものではなく、メンデルの研究から（少なくともなにがしかの）ヒントを得たものではないだろうか？　もしメンデルの論文を読んでいたとすれば、なぜ彼はメンデルの実験結果がジェンキンの批判に対する決定的な答えになると気づかなかったのだろう？

興味深いことに、一九八二～二〇〇〇年に出版された少なくとも三冊の本[27]によると、メンデルの論文のコピーがダーウィンの書斎で見つかったのだという。二〇〇〇年に刊行された四冊めの本[28]は、ダーウィンがブリタニカ百科事典の「hybridism（雑種性）」という項目にメンデルの名前を掲載するよう提案したとまで主張している。この最後の主張が正しかったとすれば、明らかにダーウィンはメンデルの研究を完全に知っていたことになる。

ケンブリッジ大学の「ダーウィン書簡プロジェクト（Darwin Correspondence Project）」のアンドリュー・スクレイターは、二〇〇三年にこのすべての疑問にはっきりと答えている。[29] メンデルの名前は、ダーウィンの所有するすべての本や論文の中に（著者名としては）いちども現われていないことがわかったのだ。この事実は意外ではない。メンデルのオリジナルの論文は、あまり有名とはいえないブリュン自然協会の会報に掲載されたうえに、ダーウィンはこの会報を購読していなかったからだ。さらに、メンデルの論文は、再発見されるまでの三四年間、ほとんど読まれることもなく埃《ほこり》をかぶっていたのだ。一九〇〇年になってようやく、ドイツのカール・コレンス、オランダのユーゴー・ド・フリース、オーストリアのエーリヒ・フォン・チェルマクという植物学者たちが、メンデルの結果を裏づける証拠を別々に発見した。それでも、ダーウィンの所有していた本のうち二冊では、メンデルの研究について触れられていた。それどころか、ダーウィンは著書『植物の受精』で、そのうちの一冊に言及している。一八六九年に刊行されたヘルマン・ホフマンの『種と変種の価値を決定するための調査（*Untersuchungen zur Bestimmung des Werthes von Species und Varietät*）』だ。しかし、ダーウィンはメンデルの研究についていっさい言及していないし、ホフマンの著書でメンデルに言及している部分にはいっさい注釈も付けていない。これもまた、意外とはいえない。というのも、ホフマン自身がメンデルの研究の重要性を理解していなかったようで、メンデルの出した結論について、「雑種はその後の世代で祖先の種へと先祖返りする傾向がある」と、かなり控えめにまとめているにすぎなかったからだ。メンデルのエンドウマメの実験については、ダーウィンが所有していた別の本、ヴィルヘルム・オルバース・フォッケ著『植物の雑種（*Die Pflanzen-Mischlinge*）』で言及されていた。図7はこの本のタイトル・ページであり、ダーウィンの名前入りだ。私も自分の目で確かめたことだが、この本はさらに不名誉な運命をたどっている。ダーウィンが所有していたこの本では、メンデルの研究について記述したページが閉じられたままだったのだ（昔の製本では、ページの端の部分がくっついていて、切り開く必要があった）！　図8はダーウィンの所有していた本の写真。私がお願いして、くっ

図7

図8

ついたままのページを写してもらった。しかし、仮にこのページを読んでいたとしても、ダーウィンはそれほど啓発されなかっただろう。フォッケでさえメンデルの原理を理解できなかったのだから。

もうひとつ、疑問が残っている。本当にダーウィンはブリタニカ百科事典にメンデルの名前の掲載を提案したのか？　スクレイターは断言する。ダーウィンはそんなことをしていないと。それどころか、ダーウィンは博物学者のジョージ・ロマネスから、ブリタニカ百科事典の「雑種性」の項目の草稿を読んで参考文献を挙げてほしいと頼まれると、フォッケの著書を送りつけ（くっついたページをそのままにして）、この本を読むほうが「私に訊《き》くよりもずっと役立つだろう！」とロマネスに告げた。

ダーウィンがメンデルの研究についてまったく無知だったのとは対照的に、メンデルがエンドウマメの実験を始めた一八五四～五五年を除けば、ダーウィンの理論はメンデルの考えに明白な影響を及ぼした。(30) メンデルは一八六三年に刊行されたドイツ語版の第二版『種の起源』を所有していた。この本の中で、彼は余白に線を引っ張っていくつかの文章をマーキングしたり、文章の一部に下線を引いたりしている。メンデルのマーキングを見ると、彼が新しい変種の突然の出現、人為選択と自然選択、種同士の差異といった話題に深く興味を持っていたのがわかる。一八六六年になるころには、『種の起源』を読んだことがメンデル自身の文章にも大きな影響を及ぼしていたことはほぼ間違いない。というのも、メンデルの論文の随所に、ダーウィンの概念のさまざまな影響が見て取れるからだ。たとえば、遺伝的変異の起源に関する議論の中で、メンデルはこう記している。

もし生活条件の変化が変異を生じる唯一の原因であるとすれば、数百年ものあいだほとんど同じ条件下で育てられた栽培植物は、再び安定した状態に戻るはずである。よく知られているように、事実はそうなっていない。こうした植物にこそ、もっとも多様で、しかももっとも変わりやすい形態が見られるからである。(31)

この言葉遣いを、ダーウィンの『種の起源』のある段落のものと比べてみよう。「変異を生じやすい生物が飼育栽培下で変異を生じなくなったという例は記録にない。たとえば小麦のように古い歴史をもつ栽培植物からも、未だに新しい変異体が得られる。とても古い時代から飼われている動物にしても、未だに短期間での改良や変更が可能である」とダーウィンは記している[32]。しかし、ここがもっとも重要な点なのだが、メンデルは自分の遺伝理論がダーウィンの最大の問題を解決できることに気づいていたようだ。つまり、進化が影響を及ぼすような十分な量の遺伝的変異という問題だ。ジェンキンも指摘したように、この点こそ融合遺伝の欠陥だった。メンデルはこう記している。

> もし雑種の発生がエンドウ属「エンドウマメ」に当てはまる法則に支配されるとするなら、それぞれの実験は非常に多くの個体とともに行なわれるべきである。……（中略）……エンドウ属の実験によって、雑種は構成の異なる胚《はい》細胞と花粉細胞を形成すること、そして子孫に変異を生じる理由がそこにあることが確かめられた[33]。

つまり、遺伝的変異は起こるが、融合はまったく起こらないということだ。さらに、メンデルは植物を自然の生息環境から自身の修道院の庭へと移し、何度も植物の変異を生み出そうとした。しかし、何の変化も起きないと、友人のグスタフ・フォン・ニースルにこう語った。「自然がこういうやり方で種を修正するわけではないというのは、もはや明らかなようだ。つまり、何らかの別の力が働いているに違いない」。したがって、メンデルは進化論を少なくとも部分的に受け入れていたのだ。ところが、だとすると別の興味深い疑問が浮かんでくる。もしメンデルがダーウィンの概念を認めていて、自身の実験結果が進化にとってどれだけ重要なのかも理解していたとしたら、なぜ彼は著作でダーウィンの名前を挙げなかったのか？　この疑問に答えるには、メンデルの置かれた特殊な歴史的状況を理解しなければなるまい。一八五二年九月一四日、オーストリア皇帝のフランツ・ヨーゼフ一世は、ラウシャー領主司教に対し、代理でバチカンとの政教条約《コンコルダート》を策定する権限を与えた。この政教条約は一八五五年に署名されたが、一八四八年にヨーロッパで起きた革命の嵐を受け、次のような厳しい規制が盛り込まれていた。「カトリックの子どもが通う全学校の指導内容は、カトリック教会の教えに準じたものでなければならない。……（中略）……司教は宗教や道徳を傷つける書物を糾弾《きゅうだん》し、カトリック教徒が読むのを禁ずる権利を持つ」

　こうした規制の結果、たとえば古生物学者のアントニン・フリッチュは、トマス・ヘンリー・ハクスリーがダーウィンの理論を紹介した一八六〇年のオックスフォード大学での科学会議の感想について、チェコスロバキアのプラハで講演を行なうことを認められなかった。バチカンそのものは、ダーウィンの理論について何十年間も正式な声明を控えていたものの、あるドイツのカトリック教会司教の評議会は一八六〇年、「われわれ人間の祖先は神によって直接作られたものである。(34) したがって、人間が不完全な状態からより完全な状態へと自然に、しかも連続的に変化してきた末に生まれたのだという恐れ知らずの意見は、明らかに神聖なる聖書や信仰に反する」と述べている。このかなり抑圧的な雰囲気の中、一八四七年に司祭に叙階《じょかい》され、一八六八年に修道院長に選任されたメンデルは、おそらくダーウィンの説を表立《おもてだ》って支持するのは賢明でないと考えたのだろう。

それでも疑問は残る。ダーウィンは一八六六年一一月二一日に問題のパンゲン説に関する章を書き上げたが、それ以前にメンデルの論文を読んでいたら、いったいどうなっていたのだろう? もちろん、答えは知る由《よし》もないが、私は何も変わらなかったのではないかと思う。ダーウィンは変異が生物の一部だけに影響を及ぼすという観点で考えたことがなかったし、メンデルの確率論的なアプローチを理解し、その価値を十分に認めるだけの数学力も持っていなかった。特定の植物の性質が三対一の割合で伝えられるという数少ない孤立した事例だけを見て、具体的で普遍的なメカニズムを構築するというのは、ダーウィンの得意分野ではなかった。しかも、ダーウィンが自身のパンゲン説を頑《かたく》なに弁護したことからすると、彼は人生のある時点から、現代の心理学者のいう「自信の幻想（illusion of confidence）」、つまり自分の能力を過大評価する状態に陥っていたのかもしれない。(35) ふつう、この幻想に陥りやすいのは、能力がないのにそれを自覚していない人だが、実際には誰でもある程度は陥る可能性がある。たとえば、調査によると、ほとんどのチェス・プレイヤーは、公式のランキングが示すよりも自分のチェスの能力は高いと思っている。もしダーウィンが本当に自信の幻想に陥っていたとすれば、実に皮肉な話だ。ダーウィン自身がかつて、こんな鋭い指摘をしているからだ。「往々にして無知は知《ち》よりも自信を生むものだ」

変異や生存率という現象に対する定量的なアプローチを確立し、ダーウィンの自然選択とメンデルの遺伝学を完璧に融合するという難題が解決するまで、およそ七〇年の年月を要した。しかし、一九〇〇年にメンデルの一八六五年の画期的な論文が再発見されてから もしばらく、メンデルの遺伝の法則はダーウィンの説に反すると考えられていた。遺伝学者たちは、突然変異(遺伝的変異の唯一の容認できる形態)は既定の方法で突発的に起こるものであり、少しずつ選択的な方法で進むものではないと主張した。しかし、いくつもの画期的な研究プロジェクトが行なわれた結果、一九二〇年代にはこうした反論は聞かれなくなっていた。まず、生物学者のトマス・ハント・モーガンと彼のグループが行なったショウジョウバエの繁殖実験の結果、メンデルの原理が普遍的であることが紛れもなく証明された。次に、遺伝学者のウィリアム・アーネスト・キャッスルは、モルモットの集団内の形質のわずかな変異に、自然選択が作用することで、遺伝的な変化が生まれることを証明した。最後に、イギリスの遺伝学者、シリル・ディーン・ダーリントンは、染色体における遺伝物質の交換の実際の仕組みを発見した。これらを含めた数々の同様の研究によって、突然変異はめったに起こらず、起きたとしてもたいていは不利な変異であることが証明された。まれに有利な突然変異が起きたとしても、その変異を集団全体に広められる唯一のメカニズムは自然選択であると特定された。さらに、生物学者たちは、別々に機能する多数の遺伝子が、形質の継続的な変異に影響を及ぼしうることも理解するようになった。ダーウィンの漸進説《ぜんしん》は勝利を収めた。自然選択はほんのわずかな個体差に作用し、適応を生み出すのである。

ダーウィンの過ちとジェンキンの批判は、もうひとつの予期せぬ結果をもたらした。言ってみれば、ロナルド・フィッシャー、J・B・S・ホールデン、シューアル・ライトが集団遺伝学の数学的理論を確立する道を切り開いたのだ。彼らの研究は、メンデルの遺伝学とダーウィンの自然選択が互いに補いあう、切っても切り離せないものであるという究極の証拠をもたらした。ダーウィンが遺伝学の初歩的な事実を誤解していたことを考えれば、彼の理論の大部分が正しかったことは、まさに驚きとしか言いようがない。

したがって、進化の物語は、神話から知識へと一直線に進むような単純な話ではないのだ。その道中《どうちゅう》は、幾多の方向転換、過ち、紆余曲折《うよきょくせつ》に満ちている。そして最後に、絡み合った糸が一本に結びつき、ひとつの結論が導かれた。生命を理解するには、非常に複雑な分子を含む非常に難解な化学プロセスを理解しなければならないのだ。この重要な話題については、第6章と第7章、タンパク質とDNAの分子構造の発見に関する話でもういちど取り上げる。

前にもお話ししたとおり、ジェンキンは論文で、ダーウィンの進化論に対してほかにもいくつかの反論を呈している。特に、ジェンキンは友人、パートナーであり、著名な物理学者でもあるウィリアム・トムソン（のちのケルヴィン卿）の計算を頼りにしていた。彼の計算によれば、地球の年齢は、ダーウィンの進化論が機能するのに必要な膨大な時間と比べ、ずっと若いようだった。その後に巻き起こる議論は、われわれに興味深い洞察を与えてくれる。さまざまな科学分野の方法論の違いについて教えてくれるだけでなく、人間の心の働きについても（もちろんずっと憶測的にではあるが）考えさせてくれるのだ。

第4章　地球は何歳？

始めに、神は天と地を創造なさった。そして、時間の始まりは、われわれの年代学によると、ユリウス周期七一〇年の一〇月二三日に先立つ夜の入口で起こった。

——ジェームズ・アッシャー（一六五八年）

人間は有史以来、ずっと地球の年齢に興味を抱いてきた。なんといっても、たったひとつの数字——地球の年齢——が、神学、地質学、生物学、天体物理学といった多様な分野に重大な影響をもたらすことなど、そう多くはない。どの学問分野にも頑固な意見の持ち主がいることを考えれば、一九世紀を迎えるまでに地球の年齢を推定する試みがいくつもの激しい論争を巻き起こしてきたことは、驚くべくもないだろう。

普遍的で直線的な時間という概念は、もともとあったわけではない。たとえば、古代ヒンドゥー教の伝統では、時間には実質的な境界がなく、古代のシンボルであるウロボロス（自分の尾に噛みつく蛇）のように、宇宙は破壊と再生を延々と繰り返すと考えられていた。それでも、古代のヒンドゥー教の賢者たちは、地球の年齢のそこそこ〝正確〟な数値を弾き出した(1)。二〇一三年時点で一九億七二九四万九一一四歳というものだ。西洋の伝統では、プラトンとアリストテレスは、現在のような自然の秩序が生まれた時期よりも、むしろ理由や方法のほうにずっと関心を持っていた。そんな彼らでも、天体の運動と一致するような永遠の輪廻《りんね》について考えを巡らすこともあった。一方、キリスト教の世界では、輪廻する時間は否定され、天地創造から最後の審判までを結ぶ、一意で繰り返しのない直線的な時間が支持された。このような宗教的背景もあって、地球の年齢を特定するのは、何世紀ものあいだ、もっぱら神学者の役目だった。もっとも古い推定のひとつを見てみると、アンティオキアの第六代主教であるテオフィロスは一六九年、世界はおよそ五六九八年前に創造されたと結論づけた(2)。テオフィロスによれば、彼が地球の年齢を計算した目的は、「論争の種《たね》を与えること」ではなく、「世界の創造から経過した年数を解明する」ことだった。テオフィロスは計算に一定の誤差を設けたが、誤差は最大でも二〇〇年だと考えていた。

その後の年代学者たちの多くは、聖書上の重大な出来事同士の時間の隔たり、聖書上の人物たちの享年、あるいは世代の長さを単に合計しただけだった。そうした聖書学者の中でも特に際立っているのは、一七世紀のケンブリッジ大学副総長であるジョン・ライトフットと、一六二五年にアーマーの大主教となったジェームズ・アッシャーである。(3) 一六四二年に刊行されたライトフットの短い著作『創世記に関するいくつかの新しい見解――その大半は確実であり、残りはもっともらしく、そしてすべてが無害であり、奇妙であり、いまだかつてほとんど聞いたことのないことである（*A Few, and New Observations, upon the Book of Genesis: The Most of Them Certain, the Rest Probable, All Harmless, Strange, and Rarely Heard of Before*）』は、タイトルこそ慎重を期したものだったが、彼は最初の人間、つまりアダムが生まれたのは、午前九時きっかりだったと堂々と断言している！　そして天地創造の日付については、紀元前三九二八年と結論づけている。

アッシャーの計算は、聖書の記述を天文学や歴史のデータである程度補ったという点では、もう少し高度だった。彼の厳密な結論はこうだ。世界は紀元前四〇〇四年一〇月二三日の前夜に創造された。この日付は英語圏ではよく知られるようになった。というのも、一七〇一年、英語の聖書に傍注として書き加えられたからだ。(4)

当然ながら、このキリスト教の時間観は、ユダヤの伝統に大きくならったものであり、ユダヤの時間観も、おおむね創世記の記述を字義どおりに解釈することで成り立っていた。ユダヤ人が主役を担うとされる神のドラマにおいては、歴史を持つということは明らかに重要だった。この伝統に従えば、世界はおよそ五七七三年前に創造されたことになる（二

○一三年時点）。しかし、中世でもっとも有力なユダヤ人学者のひとり、マイモニデス（モーシェ・ベン＝マイモーン）は、未来を予言するかのごとく、聖書の記述を字義的に解釈することに反対した。彼はまるで四世紀以上あとのガリレオ・ガリレイの発言を予期するかのように、厳密な科学的知見と聖書が矛盾するときには、聖書の記述を解釈し直すべきだと主張した。オランダのユダヤ人哲学者のバルーフ・デ・スピノザも、同じような意見を述べている。「聖書に含まれるほとんどの内容に関する知識は、聖書そのものにのみ求めるべきである。自然に関する知識を自然そのものに求めるのとまったく同じように」[5]。実際のところ、創世記の記述は寓喩《ぐうゆ》として書かれたにすぎないと主張したのは、マイモニデスが初めてというわけでもない。紀元一世紀、ヘレニズム時代のユダヤ人哲学者、アレクサンドリアのフィロンは、きっぱりとこう記している。

世界が六日間で創造されたとか、そもそも時間の流れの中で創造されたと考えるのは、非常に浅はかであるという証だろう。なぜなら、時間は昼と夜の連続でしかなく、昼と夜は必然的に、地球の外側にある太陽の運動と結びついているからである。しかし、太陽は天の一部であるゆえ、時間は世界よりもあとにできたと考えてしかるべきだ。したがって、世界が時間の流れの中で創造されたという言い方は正しくなく、むしろ世界があるからこそ時間が存在すると言うのが正しいのだ[6]。

第10章で見ていくように、フィロンの最後の文章は、アインシュタインの一般相対性理論の考え方と見事に一致している。

ドイツのかの偉大な哲学者、イマヌエル・カントは、聖書の解釈と物理科学の法則との兼ね合いについて、初めて批評的《クリティカル》に考察した人物のひとりだ。カント自身は紛れもなく物理学寄りだった。一七五四年、彼は人間の寿命を用いて地球の年齢を推定する危険性を指摘している。「特定の時間内に経過した人間の一連の世代を、神の偉大なる創造物の年齢を測る尺度として用いようとするのは、最大の過ちである」と彼は記している。(7) カントは続けて、フランスの作家、ベルナール・ル・ボヴィエ・ド・フォントネルが一六八六年に記した皮肉な文章を引き合いに出している。この文章の中で、バラが庭師の年齢を類推する。カントはバラの〝引用〟を付け加えている。「われわれは常に同じ庭師を見てきた。バラの記憶にあるかぎり、その庭師しか見たことがなく、彼は常に今ある彼であった。彼はきっとわれわれのように死ぬこともなく、変わることさえないのだ」(8)

カントが「存在」の性質について考えを巡らせていたころ、フランスの外交官で地質学者のブノワ・ド・マイエは、実際の観測結果と体系的な科学的推論を用いて地球の年齢を求めるという、初期の大胆な試みを行なった。(9) マイエは地中海周辺の各地を訪れるフランス総領事という立場を活かし、地質学的な観測を行ない、地球がいちどに完全な形で創造されたことなどありえないと確信した。むしろ、彼は長い時間をかけてゆっくりと地質的な過程が進んだと推察した。教会の通説に異議を唱えるのがどれだけ危険かを十分に承知していたド・マイエは、地球の歴史に関する理論を一連の原稿にまとめたものの、それらの原稿が収集・編纂《へんさん》され、『テリアメド』（*Telliamed*。彼の名前「de Maillet」を逆さにしたもの）というタイトルでようやく出版されたのは、一七四八年、つまりド・マイエの死から一〇年後だった。この作品はインド人哲学者（名前はテリアメド）とフランス人宣教師の架空の会話として記された。ド・マイエの本来の考えは、編集者で修道院長のジャン＝バティスト・ル・マスクリエが手を加えたため、少しトーンダウンしてはいたものの、基本的な主張を読み取ることはできる。現代の用語でいえば、堆積《たいせき》の理論だった。山頂付近にある堆積岩の中に貝の化石が見つかったことから、ド・マイエは若い地球が水ですっぽり覆われていたと結論づけた。この仮説は、レオナルド・ダ・ヴィンチが二世紀以上も前に悩んでいた疑問の答えになりうるものだった。「魚、牡蠣《かき》、珊瑚《さんご》、さまざまな貝や巻き貝の化石が、海底と同じように、海と隣接する山々の山頂付近でも次々と見つかるのはなぜなのか？[10]」。ド・マイエは、水に覆われた地球という自身の説と、ルネ・デカルトの太陽系の理論――太陽が渦の中心にあって、惑星がその周りを渦巻いているという理論――を組み合わせ、地球がその渦の中に水を失っていっていると主張した。ド・マイエは、アッコ、アレクサンドリア、カルタゴなど、いくつかの古代の港で海面の下降速度を観測したところ、一世紀につき約七・六センチメートルという結果を得た。そこから、地球の年齢はおよそ二四億歳であると推定することに成功した。

厳密にいうと、ド・マイエの計算と、彼の計算のもとになった理論には、いくつかの点で不備があった。ひとつめに、地球が完全に水に覆われていたことはない。ド・マイエは、水面が下降するのではなく、地面が上昇するという可能性に気づかなかった。ふたつめに、岩石層に対する彼の理解には深刻な穴があった。また、ときどき空想の世界に迷い込むのも、彼の主張の説得力をいっそう薄弱にする原因となった。たとえば、すべての生物は海から生まれたという主張を裏づけるために(この考え自体は現代の説とも一致している)、人魚や尾を持つ人間の話を挙げている。それでも、ド・マイエによる地球の年齢の推定は、この問題に対する考え方が大きく変化したことを示していた。人類史上初めて、人間の寿命ではなく自然の作用の速度を用いて、地球の年齢が求められたのである。

ド・マイエは恐縮しながらも、自身の生まれる一年前にこの世を去ったフランスのロマン派の劇作家、シラノ・ド・ベルジュラックに著書を捧げている。(11) 彼は献辞をこう始めている。「貴殿の気分を害さないことを願っておりますが、私は今回の著作を貴殿に捧げます。といいますのも、貴殿以上に、本書に書かれているロマンチックな空想の庇護《ひご》者としてふさわしい方は見当たらなかったからです」。現代からすれば、ド・マイエの研究は「ロマンチックな空想」などではなかったとわかる。地質年代学の種《たね》を含んでいたのだ。

科学的手法を用いて地球の年齢を求めるという試みは、挑むにふさわしい知的課題へと変わりつつあった。

地球と生命、歴史を手に入れる

一六八七年に初版が出版された名著『自然哲学の数学的諸原理』（通称『プリンキピア』）で、アイザック・ニュートンは「地球と等しい、すなわち半径約二〇〇〇万フィートの熱い鉄の球が、同じ日数、つまり五万年超のあいだに冷却されてしまうことはないであろう」と述べた。[12] しかし、この結果が自身の宗教的信条と容易には相容《あいい》れないと気づいたのか、ニュートンはすぐさまこう付け加えている。「しかし私は、熱が持続する期間は、何らかの隠れた原因によって、直径の比よりも小さな比で増加していくものではないかと想像している。実験によって真の比が調べられることが望まれる」

この問題について考えた一七世紀の科学者は、ニュートンだけではなかった。著名な哲学者のデカルトとゴットフリート・ヴィルヘルム・ライプニッツも、地球が原始の溶融《ようゆう》状態から冷却していったと論じた。しかし、実験によって調べるべきだというニュートンの忠告を真摯《しんし》に受け止め、冷却の問題を用いて巧みに地球の年齢を推定した最初の人物といえば、一八世紀の数学者で博物学者のビュフォン伯ジョルジュ＝ルイ・ルクレールである。

ビュフォンは実に多才な人物で、一流の科学者だっただけでなく、優秀なビジネスマンでもあった。彼はおそらく、自然に臨《のぞ》む新しい手法をはっきりと、しかも力強く示したことでもっとも有名だろう。彼が一生涯かけて記した巨大作『一般と個別の博物誌（*Histoire Naturelle, Générale et Particulière*）』は、存命中に三六巻が完成し、死後にもう八巻が刊行された。当時のヨーロッパや北米の教養人のほとんどが彼の著作を読んだ。ビュフォンの目的は、太陽系、地球、人類から、さまざまな分野の生き物まで、幅広い話題を次々と網羅《もうら》することだった。

彼は地球の物理的な過去へと心の旅をするにあたって、地球は太陽と彗星の衝突によって飛び出した火の玉状態の物体から始まったと仮定した(13)。次に、彼はいかにも実験主義者らしいことに、単なる理論的シナリオを築いただけでは満足しなかった。ビュフォンはすぐに、さまざまな直径の球体を作り［訳注：鋳造所に鉄球を作らせた］、冷えるまでにかかる時間を厳密に計測した。これらの実験から、彼は地球が固まるのに二九〇五年、現在の温度まで冷えるのに七万四八三二年かかったと推定した。とはいえ、冷却時間はもっと長かった可能性もあると考えていたが。

しかし、結局のところ地球の年齢の問題にスポットライトを当てたのは、純粋なニュートン物理学ではなかった。一八世紀、化石の研究が急速に進むと、ジョルジュ・キュヴィエ、ジャン＝バティスト・ラマルク、ジェームズ・ハットンといった博物学者たちは、古生物学的な記録と地質学的な記録の両面から考えて、非常に長い年月にわたる地質的作用が必要だという確信を持つに至った。実際、それはあまりにも長い年月だったもので、ハットンはこう述べている。「始まりの痕跡もなければ、終わりの見込みもない」(14)

地球の歴史全体を聖書にあるわずか数千年の中に詰め込むのがますます難しくなってくると、より信仰の篤《あつ》い一部の博物学者たちは（彼らだけではないが）、急速な変化を促した要因として、洪水などの天変地異に頼ることを選んだ。膨大な時間を否定するとすれば、ほぼ一瞬で地表を大きく形作れる方法は、天変地異のほかにないように見えたのだ。確かに、海の化石の分布は、地球の地質学的な過去において、洪水や氷河の作用があったという明確な証拠を示していたが、天変地異説を熱心に唱える人々の多くは、科学的な証明うんぬんよりも、聖書の記述を何が何でも守りたいという気持ちに、少なくとも部分的には突き動かされていた。当時の有名な化学者のひとりであるリチャード・カーワンは、この立場を明確に述べている。カーワンはハットンをモーセの直接の敵と位置づけ、こんな失望を表わしている。「地球が非常に太古からあるかもしれないという疑惑は、モーセの歴史の名声、ひいては宗教や道徳に、致命的な傷を付けてきたのだ」(15)

ところが、一八三〇～三三年にかけて、三巻からなるチャールズ・ライエルの著書『地質学原理』が出版されると、この状況は劇的に変わりはじめた。(16)チャールズ・ダーウィンの親友でもあったライエルは、天変地異説はあまりにも根拠薄弱であり、科学と神学の折衷《せっちゅう》案としてはとうてい成り立たないと断言した。彼は地球の起源という問題をいったん脇に置き、地球の進化のみに注目することにした。ライエルは、地球を形成した火山活動、堆積《たいせき》、浸食などの作用は、その強さの面でも性質の面でも、地球の歴史全体を通じてほぼ不変であると主張した。これは斉一《せいいつ》説と呼ばれ、ダーウィンが種の進化について漸進《ぜんしん》説を唱えるきっかけになった。斉一説の基本的な前提はシンプルだ。ゆっくりと作用するこれらの地質的な力が、目に見える影響を及ぼすために必要なものがひとつあるとすれば、それは時間だ。それも膨大な時間である。ライエルの支持者たちは、明確な年齢という考え方をほとんどやめ、「想像を絶するほど膨大な」時間というかなりあいまいな考え方を取り入れた。つまり、ライエルの思い描く地球とは、ほぼ定常状態にあり、無限に近い時間をかけて非常にゆっくりと変化していくような地球だったのだ。この理念は、約六〇〇〇歳という神学者たちの推定とはかけ離れたものだった。

　地質時代が膨大な年月におよぶという世界観は、ダーウィンの『種の起源』にもある程度は入り込んでいる。ダーウィンは『種の起源』で、ウィールド地方（イングランド南東部に広がる浸食された谷）の年代を推定しようとしたが、致命的な欠陥があることがわかり、結局のところ結果を撤回するはめになった。ダーウィンは、一つひとつが一〇〇〇万年にもおよぶような無数の段階を経て、進化が進むと思い描いていた。しかし、ダーウィンの立場と地質学者たちの立場には、ひとつ重大な違いがあった。確かに、ダーウィンは進化が作用するのに膨大な時間が必要だと考えてはいたが、彼は一方向にしか進まない

「時間の矢」の存在を主張した。彼は定常状態や循環的な進行には満足できなかった。進化の概念は、時間に一定の明確な向きを与えるものだったからだ。しかし、論争は熱を帯びはじめた。といっても、ダーウィンとライエルの個人的な論争でもなければ、地質学と生物学全般の論争でもない。むしろ、物理学の擁護者と、一部の地質学者や生物学者とのあいだの論争だった。さあ、当時のもっとも著名な物理学者のひとりをご紹介しよう。その名もウィリアム・トムソン、のちのケルヴィン卿《きょう》だ。

地球の寒冷化

一八九七年、イギリス社会を描いた週刊誌《バニティ・フェア》の見どころを集めた本『バニティ・フェア・アルバム（*Vanity Fair Album*）』は、ケルヴィン卿を称《たた》える賛辞を掲載した。[17] その一部は次のとおりだ。

> 彼の父親はグラスゴー大学の数学教授だった。彼自身は七二年前にベルファストで生まれ、グラスゴー大学とケンブリッジ大学セント・ピーターズ・カレッジで教育を受けた。同カレッジで、第二位の一級合格者《セカンド・ラングラー》とスミス賞受賞者となり、フェローにもなった。[18] スコットランド人らしからぬことに、現在はグラスゴーに戻り、自然哲学教授を務める。以来、数々の発明を行なっており、その卓越した数学的知識にもかかわら

ず、数々の善行《ぜんこう》を行なった。そのため、ウィリアム・トムソンの名前は、今や文明世界のみならず、あらゆる海でも知られるようになった。彼は、しがないナイトだったとき、サー・ウィリアム・トムソン式羅針盤や、航海用の測深儀《そくしんぎ》も発明しているが、不幸なことにあまり知られていない。また、海上では電気関連の仕事に数多くかかわった。時にはいくつもの大西洋横断ケーブルの技術者として、時には反照検流計やサイフォン・レコーダーの発明者として、そしてほかにも、科学的なのに役立つことをいくつも行なった。彼はあまりにも善良な男であることから、四年前にラーグスのケルヴィン男爵《だんしゃく》の称号を与えられた。にもかかわらず、彼はいまだに英知に満ちている。貴族の称号が彼を堕落《だらく》させることはなかったのである。……（中略）……彼は熱について知るべきこと、磁気についてすでに知られていること、そして電気について知りうることを、すべて知っている。彼は多くを書き記し、それ以上のことを実践している非常に偉大で誠実で謙虚な本物の科学者である。

この賛辞は、ある伝記作家が「ダイナミックなヴィクトリア人」と呼ぶ男の数々の功績を、ユーモラスとはいえかなり正確に描写したものだ。トムソンは、一八九二年の爵位《しゃくい》の授与にあたって、グラスゴー大学の自身の研究室近くを流れるケルヴィン川にちなみ、ラーグスのケルヴィン男爵という称号を採用した。「第二位の一級合格者《セカンド・ラングラー》」というのは、ケルヴィンがケンブリッジ大学の数学の卒業試験で、（意にそぐわず）二位を獲得した件を指している。話によれば、試験の結果が発表される朝、召使いに確認に行かせ、「二位は誰だった？」と訊《き》いた。召使いが「旦那様です」と答えると、ケルヴィンはいたくショックを受けたという。間違いなくケルヴィンは、古典物理学の終焉《しゅうえん》と近代の幕開けを迎えた時代の第一人者だった。図9に示すのは、ケルヴィン卿の肖像画だ。おそらく、一八七六年に撮影された写真がもとになっているのだろう。いみじくも、一九〇七年に亡くなった

図9

ケルヴィン卿は、ウェストミンスター寺院にあるアイザック・ニュートンの墓の隣に埋葬された。しかし、この賛辞に記されていないのは、最終的に科学界でのケルヴィンの名声が地に墜ちたことである。晩年のケルヴィンは、現代物理学の足手まといのような人物と称されるようになった。自身の古い考えに執拗にこだわり、原子や放射性崩壊に関する新発見を否定しつづける人物として描かれることも多かった。さらに驚いたことに、ジ

ェームズ・クラーク・マクスウェルは、自身の見事な電磁理論を構築する際、ケルヴィンのエネルギー原理の応用の一部を用いたのだが、ケルヴィンはそれでも彼の理論に反対し、こう述べた。「彼の理論について理解できることがひとつだけあるとすれば、許容できそうもないということだ」[19]。ケルヴィンはあれほど技術に精通していたにもかかわらず、技術について同じくらい驚きの宣言もしている。たとえば、「私は熱気球以外、空を飛べるなどということは一寸たりとも信じていない」と語ったこともある。かつて聡明だった若き科学者は、見るからに科学に無知な老科学者へと変わってしまったのである。この謎めいた男こそ、地球の年齢に関する地質学者たちの見解を失墜させようとした張本人なのだ。

一八六二年四月二八日、ケルヴィン（当時はまだトムソン）は、エディンバラ王立協会に対し、『地球の永続的な冷却について（On the Secular Cooling of the Earth）』という論文の口頭発表を行なった[20]。この論文は、その前月に発表された『太陽の熱の寿命について（On the Age of the Sun's Heat）』という論文の直後に発表されたものだった[21]。トムソンは『地球の永続的な冷却について』の冒頭で、この論文はすぐに忘れ去られてしまうような平凡な専門論文ではないと断言している。彼は、地球を形作った力の性質は不変であるという地質学者たちの仮定に対し、猛攻撃を仕掛けている。

この一八年間、熱力学の基本原理が一部の地質学者たちによって見落とされているという事実が、ずっと頭にのしかかっている。彼らは、あらゆる天変地異仮説に一歩も譲ることなく反対している。さらに、地質学的歴史の中で、さまざまな作用によって地殻が変化してきたことを示す例がこの地球上に、しかもわれわれの目の前にあると主張している。それどころか、こうした作用は、全体的に見れば、現在と比べて過去のほうが激しかったことはないとまで主張しているのだ。[22]

この「頭にのしかかっている」という表現は、少し大げさな誇張だが、確かにケルヴィンは熱伝導と地球本体における熱の分布に関する初の論文を、それぞれ一八四四年（まだ弱冠《じゃっかん》二〇歳の学生だった）と一八四六年に早くも記している。[23] 一七歳の誕生日すら迎えていないころ、エディンバラの教授が書いた熱の論文に誤りを見つけたこともある。

ケルヴィンの主張はシンプルだった。鉱山や井戸から得られた測定結果によれば、熱は地球の内部から表面へと流れている。つまり、地球は当初もっと熱い惑星であり、冷却していっているということだ。したがって、熱の損失を補うような、内部または外部の何らかのエネルギー源の存在が証明されないかぎり、定常状態、つまりまったく同じように繰り返す地質学的なサイクルは存在しえないのだ。実際、チャールズ・ライエルはこの問題に気づいており、著書『地質学原理』の中で、化学エネルギー、電気エネルギー、熱エネルギーが地球の内部で循環的に交換されるような自律的なメカニズムを提唱した。基本的に、ライエルは化学反応が熱を生み出し、熱が電流を生み、電流が化合物を元の成分へと分解し、また新しい過程が始まる、というシナリオを思い描いていた。ケルヴィンは軽蔑を隠しきれなかった。そして、そのような過程は一種の永久運動機関に相当し、エネルギー散逸《さんいつ》（とエネルギー保存）の原理に反することをはっきりと証明した。エネルギー散逸とは、摩擦のように、力学的エネルギーが熱へと不可逆的に変換される過程である。したがって、ライエルのメカニズムは熱力学の基本法則に反していたのだ。ケルヴィンにとって、これは地質学者たちが物理学の原理についてまったく無知であるという究極の証拠だった。彼はこう厳しく糾弾《きゅうだん》している。

化学的仮説を取り入れたライエルがそうしたように、物質が結合し、結合によって生まれた熱による熱電流によって再び分解されることで、化学作用と熱が無限に循環を続けると仮定するのは、自然哲学の原理に反する。まるで、自動巻き機能を備えた時計が、巧みな発明者の期待に沿って、永久に動きつづけると信じるのとまったく同じことであるし、それと同じくらい矛盾したことである。(24)

基本的には、ケルヴィンが行なった地球の年齢の計算は単純だった。地球は冷却しているため、熱力学の法則を使えば、地球の有限の地質学的年齢、つまり固体の地殻が形成されてから現在の状態に至るまでの時間を計算できる、というのが彼の説明だった。この考えそのものは目新しいものではなかった。一九世紀初頭には、フランスの物理学者、ジョゼフ・フーリエが、熱伝導や地球の冷却プロセスに関する数学理論を構築していた。[25] この理論が有望だと気づいたケルヴィンは、一八四九年、（物理学者のジェームズ・ディヴィッド・フォーブスとともに）地下の温度を測定する一連の調査を行なった。一八五五年には、地球の年齢を精密に計算するため、本格的な地熱調査を行なうべきだと主張した。

ケルヴィンは、地球内部から地表へと熱が伝わるメカニズムは、火にかけた鉄の鍋から取っ手へと熱が伝わるのと同じ種類の熱伝導だと仮定した。とはいえ、フーリエの理論を地球の冷却に応用するためには、次の三つの物理量を知る必要があった。

（1）地球内部の初期温度
（2）深さに応じた温度の変化率
（3）地球の地殻岩石の熱伝導率の値（どれくらい速く熱が伝わるかを決める値）

ケルヴィンは、このうちふたつの物理量については、かなりよく把握しているつもりだった。数々の地質学者たちの測定の結果、場所によって違いはあるが、平均すれば、地球の中心におよそ二七・四メートル近づくにつれ摂氏一度、温度が上昇することがわかっていた（この値は温度勾配と呼ばれる）。熱伝導率に関しては、ケルヴィンは二種類の岩石と砂について自分で測定を行ない、許容平均値とみられる値を算出した。ところが、三つめの物理量、つまり地球の奥深くの温度はきわめて厄介だった。直接は測定できないからだ。しかし、ケルヴィンはそんな困難にたやすくひるむような男ではなかった。彼は分析能力を駆使し、とうとう地球内部の未知の温度を推定することに成功した。彼がその結果を導き出すために行なわざるをえなかった複雑な知的工作は、ケルヴィンのもっともいい面と悪い面、その両方を浮き彫りにしている。一方では、物理学を巧みに操り、カミソリのような鋭い論理を駆使して、考えうる選択肢を探求していく能力は、他《た》の追随を許さなかった。しかしもう一方では、次章で見ていくように、過信のせいで予期せぬ可能性をすっかり見逃してしまうこともあったのだ。

　ケルヴィンは地球内部の温度という問題に挑むため、まずは地球冷却のモデルについて、さまざまな候補を分析しはじめた。初期の地球は何らかの衝突によって生まれた熱の影響で溶融《ようゆう》状態だったというのが、一般的な仮定だった。彗星のような小さな天体がたくさん衝突したか、同程度の質量の天体がひとつ衝突したかのいずれかだ。その後、この溶融状態の地球がどのように進化したのかは、当時はっきりと知られていなかった岩石のある性質にかかっていた。溶融状態の岩石は、凝固すると（凍った水のように）膨張するのか、それとも（金属のように）収縮するのか？　膨張するとすれば、ちょうど冬の湖面に浮かぶ氷のように、固体の地殻が内部の液体の上に浮かぶと考えられる。収縮するとすれば、比較的冷たい地表近くに形成される高密度な固体の岩石は沈み、やがて表面の地殻を支える固い足場を形成しただろう。経験的証拠は乏しかったが、溶融した花崗《かこう》岩、粘板《ねんばん》岩、粗《そ》面《めん》岩の実験はみな、溶融した岩石が冷却して凝固する際に収縮することを指し示しているようだった。ケルヴィンはこの情報を用いて新しいシナリオを描いた。彼は完全な凝固が起こる前、ちょうどフライパンの中の油に対流が生まれるのと同じように、比較的冷たい表面の液体が中心に向かって沈み、対流が保たれるのではないかと提唱した。このモデルでは、対流によって全体的にほぼ均一な温度が保たれると考えられた。したがって、ケルヴィンは、凝固の時点で、あらゆる場所の温度は岩石の融解温度とほぼ同じだったとみなし、これを地球内部の温度としたのだ（当時と比べて地球中心部があまり冷えていないと仮定）。このモデルに従えば、地球の物理的性質はほぼ一様だということになる。残念ながら、この見事な構想をもってしても、問題の完全な解決にはならなかった。ケルヴィンの時代には岩石の融解温度が不明だったからだ。そのため、彼は知識に基づく推測に頼るほかなく、華氏七〇〇〇度から一万度を許容範囲とした（二〇〇七年に実施された画期的な測定によれば、地表から深さおよそ三〇〇〇キロメートル地点の温度は華氏約六七〇〇度［訳注：摂氏約三七〇〇度］だった）。

この情報すべてを総合し、ケルヴィンはようやく地球の地殻の年齢を弾き出した。九八〇〇万歳だ。ケルヴィンは自身の仮定やデータの不確定要素を推定した結果、地球の年齢が二〇〇〇万歳から四億歳までに収まることは確実だと考えた[26]。

仮定は不確実だったにもかかわらず、多くの点で、彼の計算は非常に見事だった。誰が地球の年齢を実際に計算できるなどと思っただろう？　ケルヴィンは一見すると解決不能な問題に挑み、解読した。彼は問題の定式化の面でも計算手法の面でも、確かな物理的原理を用いた。そして、それを当時の最善の定量的な測定結果（その中には彼自身が実施したものもある）で補ったのである。彼の並々ならぬ意志に比べれば、地質学者の推定は、浸食や堆積《たいせき》という未解明の過程に基づいて行なわれた、いい加減な推測や無意味な憶測にしか見えなかった。

ケルヴィンが弾き出したおよそ一億年という数値は、彼自身が以前に太陽の年齢として推定した値とおおむね一致していた。この点は大きな意味があった。というのも、ケルヴィンと同時代の人々の中にさえ、地球の年齢に関する彼の主張の信憑性は、少なくとも部分的に、太陽に関する計算から来ていると認識していた人もいたからだ。ケルヴィンの論文『太陽の熱の寿命について』や、その後のいくつかの同種の論文の基本的前提は、地球の年齢の分析における彼の中心的な主張とそれほど変わらなかった。最大の仮定は、太陽が持っている唯一のエネルギー源は力学的な重力エネルギーであるというものだった。ケルヴィンは当初、隕石の落下によってエネルギーが供給されると考えていたが、のちに撤回した。その後、太陽は常に収縮していて、熱という形で重力エネルギーを散逸させているという説を唱え、一八八七年にも力強くこの説を繰り返した。しかし、エネルギー供給は明らかに無限ではなく、太陽は常に放射によってエネルギーを失っていることから、当然ながらケルヴィンは、太陽が永久不変ではありえないと結論づけた。太陽の年齢を計算するため、彼はフランスの物理学者のピエール＝シモン・ラプラスやドイツの哲学者のイマヌエル・カントが提唱した太陽系の形成に関する理論から、いくつかの要素を取り入れた。これに、ケルヴィンと同世代のドイツの物理学者、ヘルマン・フォン・ヘルムホルツの研究から得た、太陽の収縮の可能性に関する重大な洞察を補い、ひとつの一貫性のある全体像を紡いだ。こうして、ケルヴィンは太陽の年齢をおおまかに推定することに成功した。(27) ケルヴィンは『太陽の熱の寿命について』の最後の段落で、多くの不確定要素が含まれていることを認めている。

したがって、全体的に見て、太陽は地球を一億年以上は照らしていないというのがきわめて濃厚であり、五億年以上は照らしていないというのはほぼ確実なようだ。未来についていえば、偉大なる創造の宝庫である太陽に、われわれにとって今のところ未知のエネルギー源が用意されないかぎり、地球の住人がこの先、生命にとって欠かせない光や熱を何億年と享受しつづけられないことは、同じくらい確実に言えるであろ

う。(28)

次章で説明するように(そして第8章で詳述するように)、最後の一文はまさしく未来を予言していた。

太陽と地球の推定年齢を別々に求めたにもかかわらず、結果的に計算結果が同じくらいだったという事実は、ケルヴィンの計算をより説得力のあるものにした。というのも、太陽系全体が同じ時期に形成されたと考える理由が揃っていたからだ。それでも、多くのイギリスの地質学者たちは依然として納得しなかった。一部の地質学者にとっては、物理学の法則によってではなく、「時間の銀行から見境なくお金を引き出す」ことで何もかも説明するほうが好都合だったようだ。この言葉は、一八九九年、アメリカの地質学者のトマス・チェンバレンが皮肉を込めて記したものだ。ケルヴィンの発見に対する懐疑的な態度がもっとも鮮明に表われているのは、ケルヴィンが一八六七年にスコットランドの地質学者、アンドリュー・ラムゼーと交わした面白いやり取りである。地質学者のアーチボルド・ゲイキーがスコットランドの地質学的歴史に関する講演を行なっていたときのことだった。ケルヴィンはのちに、講演直後にラムゼーと交わした会話について記し、会話のほとんど一字一句が「頭に焼きついた」と表現している。

私はラムゼーに、その歴史というのは最長でいかほどの年月なのかと訊《たず》ねた。すると彼は、上限は示せないと答えた。「といっても、地質学的歴史が一〇億年も続いているとは思わないだろう？」と私は言った。「いや、思うとも」「では一〇〇億年は？」「もちろん！」「太陽は有限の天体だ。質量が何トンなのかもわかる。それが一兆年も輝きつづけていると思うかね？」「私は物理学者たちが地質年代に上限を設けたがる理由を推し量ることも理解することもできない。われわれが推定に上限を設けない地質学的な理由を、君が理解できないのと同じでね」。それを聞いて、私はこう答えた。「物理学者の推論にきちんと心を向ければ、完璧に理解できるはずだ[29]」

まさしくケルヴィンの言うとおりだった。彼の物理的な仮定の信憑性や彼の計算の数学的な細部さえいったん無視してしまえば、ケルヴィンの話の主旨は理解しやすかった。太陽と地球はどちらもエネルギーを失っている。そして、その損失を埋め合わせるようなエネルギー源も知られていない。このことから彼は、地球の地質学的過去は現在よりも活発だったと主張した。太陽が今よりも熱ければ、水の蒸発量も多く、降雨による浸食の速度も大きかっただろう。と同時に、今よりも熱い地球では、火山活動も活発だったはずだ。したがって、ケルヴィンは、地球が半永久的にほとんど定常状態にあるという斉一説の仮定は受け入れられないと結論づけた。

そういうわけで、一八六八年、ケルヴィンがグラスゴー地質学会で演説を行なった際、（ジェームズ・ハットンの提唱した）斉一説の原理を広く知らしめた最初の書物に、辛辣な批判を浴びせたのも不思議ではない[30]。その本というのは、スコットランドの科学者、ジョン・プレイフェアの一八〇二年の著書『ハットンの地球理論の解説（*Illustrations of the Huttonian Theory of the Earth*）』である。ケルヴィンはこの本から、次の啞然《あぜん》とするような文章を引用した。彼にとっては、当時の地質学者たちのオーソドックスな意見の典型だった。

> この崩壊と再生の変遷が、どれくらいの頻度で繰り返されているのかは、われわれの決めるものではない。この理論の提唱者［ハットン］が指摘するように、始まりも終わりも見えない一続きのものなのだ。この状況は、世界の秩序のそのほかの部分についてわかっていることと符合する。……（中略）……幾何学が未来と過去の両方を遠くまで見通してきた惑星の運動では、現在の秩序の始まりを示す印も、終わりを示す印も見つかっていない。実際、そのような印がどこかに存在すると仮定するのは不合理なのである［傍点引用者］。自然の創造主は、人間の作る制度と同じように、それ自体に自ら崩壊する要素を含むような法則を、宇宙に与えたりはしていない。創造主は自身の創造物に、若さや老いの兆し、人間が未来や過去の長さを推定できるような

痕跡を残してはいない。現在の体系に始まりをもたらしたのは間違いなく創造主であるゆえ、創造主はある一定の時刻に、終わりをもたらすことができる。しかし、現存するどの法則によっても巨大な天変地異がもたらされることはないということ、そしてわれわれの認識する物事にその兆しはないということは、確実に断言できるだろう。

この言葉に対するケルヴィンの反応は、残酷無比そのものだった。「これほど真実からかけ離れたものはない」と彼は語った。彼は再び、自身の主張を誰にでもわかる言葉で説明している。

地球は、どこに穴を開けたとしても、温かい。そして、十分に深く穴を開けて調べることができれば、間違いなく、非常に温かいとわかるはずだ。仮に、目の前に砂岩《さがん》の球《たま》があるとしよう。穴を開けたら温かかったとする。別の場所に穴を開けても、やはり温かかった。どこも同じだ。このとき、その砂岩の球が一〇〇〇日間もその状態のままだったと結論づけるのは、合理的だろうか？　「いや、その砂岩は少し前、火の中にあって温められたのだ」と言うはずだ。プレイフェアは、地球はずっと今と同じ状態であり、始まりの痕跡もなければ、終わりへと向かっている兆しもないと主張している。これが合理的だというなら、馬車で使われるような湯たんぽ［訳注：当時の馬車には、乗客を温めるため、足元に湯たんぽが付いていた」を持ってきて、この湯たんぽはずっと今と同じ状態なのだと言うのも、同じくらい合理的だろう。[31]

この主張にさらに説得力を持たせるため、ケルヴィンは地球と太陽に関する古い推論だけに頼るのはやめることにした。彼は地球の地軸を中心とした自転に基づく、三つめの証拠を考え出した。その考え方自体は巧妙で理解しやすい。初期の溶融状態の地球は、自転の影響で、少しひしゃげた形をしていただろう。北極と南極のあたりはより平らで、赤道のあたりはより膨らんでいたはずだ。初期の回転速度が高いほど、形は球体から遠ざかる。この形は地球が固まる時点でも保持されていたとケルヴィンは推察した。したがって、球体からのずれを正確に測定すれば、初期の回転速度を求められる。月の重力が引き起こす潮の満ち引きは、摩擦のような働きをし、回転を遅らせるはずなので、初期の回転速度が二四時間に一回という現在の速度まで減少するのに必要な時間を推定できるわけだ。[32]

このアイデアそのものは魅力的だったが、そこから地球の年齢の実際の数値を弾き出すのは、べらぼうに厄介だった。ケルヴィン自身も、「潮の満ち引きに関する現在の不完全なデータだけでは、潮の満ち引きが地球の自転をどれくらい減耗《げんもう》させるのかを正確に計算するのは不可能だ」と認めている。[33] それでも、ケルヴィンは地球の年齢に上限を設けることが可能だという事実だけで十分だと感じた。数値自体は不確かでも、想像を絶するほど膨大な時間という斉一説の考え方を論破するには十分だと。ケルヴィンは、地球の自転速度が一世紀あたり二二秒遅くなるという自身の推定値を引き合いに出し、こう結論づけた。「地球の失われた時間が一世紀あたり二二秒であろうが、二二秒よりもずっと長かろうが短かろうが、原則は同じだ。斉一ではありえない。地球には、現在と同じ状態がずっと続いているわけではなく、今とはまったく異なる状態に向かって事象が進行しているという証拠が山ほどあるのだ」

ケルヴィンにとっては無念なことに、地球の自転速度に基づく推定は、少なくとも数値的な意味では、すぐに破綻をきたした。運命の巡り合わせなのか、ケルヴィンの主張が地球の年齢の推定には役立たないことを示したのは、ほかでもないジョージ・ハワード・ダーウィン、つまりチャールズ・ダーウィンの五人めの子どもだった。ジョージは並外れた数学的手腕を持つ物理学者だった(34)。彼はどこまでも粘り強く、細心の注意を払って、地球の自転の問題に挑んだ。主に一八七七年から七九年にかけて発表された一連の論文で、息子のダーウィンは、ケルヴィンの期待に反して、自転速度を落としつつも、地球の形が少しずつ変化しつづける可能性があることを証明した。この結果は、固化した地球でさえも完全に固まってしまったわけではないという事実から得られたものだった(35)。結論は明確だった。地球の内部に関して数多くの不確定要素があることを踏まえると、自転から地球の年齢を計算する確かな方法はないことをダーウィンは示したのである。

言うまでもなく、チャールズ・ダーウィンは、自分の息子が偉大なるケルヴィンを「まごつかせ」たことを知って喜んだ。[36] そしてこう叫んだ。「地球の内部とその粘性、月、天体、そして息子のジョージに万歳」

しかし、ジョージ・ダーウィンの研究は、ケルヴィンの主張の核心には何の影響も及ぼさなかった。ケルヴィンの三つめの(地球の自転に関する)主張は、地球の推定年齢の数値の裏づけとしては使えないことを証明したにすぎなかったのだ。しかし、それとは別の意味で、ダーウィンの研究は示唆に富んでいた。かの偉大なケルヴィン卿でさえ、過りを犯すことを示したのだから。次章で見ていくように、この一件こそ、さらなる批判の呼び水になったのかもしれない。

強烈な影響

地球の年齢に関する論争を、物理学と地質学とのあいだのデスマッチのように表現するのは間違いだろう。確かに、それぞれの学問分野同士には張り詰めた関係があったものの、ケルヴィン自身は、自分がイギリスの地質学の主流に属していると思っていた。実際、一八七八年のグラスゴー地質学会の演説で、彼は迷わずこう宣言した。「われわれ地質学者[傍点引用者]は、[37] 物理学者たちに物質の性質に関する実験を求めてこなかったことに対して、責任がある」。この〝柔軟〟な自己認識は、一九世紀の科学界がそれほど明確に区分されていなかったことを示している。ヴィクトリア朝の科学者たちは、正式には別の科学分野に属する学会でも、自由に参加していた。したがって、地球の年齢に関する議論は、学問分野同士の論争というよりも、主にケルヴィンと一部の地質学者の説との衝突だったのだ。

そもそもなぜ、ケルヴィンはこの問題を調べる気になったのだろうと思うかもしれない。実のところ、その答えはかなり単純だ。ちょっと調べただけでも、一八五九年のダーウィンの『種の起源』の刊行が主なきっかけになったのはほぼ間違いないとわかる。『種の起源』をきっかけに、ケルヴィンは太陽と地球の両方の年齢の推定値を直接批判しはじめたのだ。誤解のないよう言っておくが、ケルヴィンは進化論そのものに反対していたわけではない。たとえば、一八七一年の英国科学振興協会の会長講演で、彼はダーウィンの『種の起源』の一部をまあまあ支持している。しかし、自然選択については大反対している。「たとえ進化というものがあったとしても、この仮説には、生物学における真の進化理論が含まれていないとつねづね感じていた」からだ。[38] なぜか？　彼はこう説明した。「近年の動物学的考察では、デザイン説があまりにも軽視されていると痛切に確信している」[39]。言い換えれば、「科学の本質とは、……（中略）……現に観測下にある現象から、過去の状態を推察し、未来の発展を予測することにあるのだ」と熱く宣言するような筋金入りの数理物理学者でさえ、「知的で善意なる設計の紛れもない証拠が、われわれの周囲に山ほどある」と信じていたわけだ。実際のところ、ケルヴィンは、熱力学の法則そのものが、宇宙のデザインの一部だと考えていた。それでも、次のことを忘れてはならない。確かに、ケルヴィンは〝デザイン〟説に一定の愛着を抱いてはいたものの、地質学者たちのやり方を厳しく批判する根拠は、彼の宗教的な理念ではなく、純粋な物理学にあったことは間違いない。

ケルヴィンが地質学に及ぼした影響とは？　一八六〇年代まで、地質学者たちの議論の対象といえばもっぱら、地球の年代学というよりも、地球内部は固体か液体かという点だった。しかし、一八六〇年代半ばになると、多くの有力な地質学者たちが、ケルヴィンの主張と真剣に向き合いはじめた。[40]中でも突出していたのは、ジョン・フィリップス、アーチボルド・ゲイキー、ジェームズ・クロールだ。フィリップスは、堆積《たいせき》物の調査に基づき、一八六〇年に地球の年齢は約九六〇〇万歳であるという結論を独自に出している。一八六五年には、彼はおおやけにケルヴィンを支持するようになっていた。ゲイキーは、スコットランド地質調査所の新所長になると、いわば物理学と地質学の橋渡し役や仲介役を担うようになった。一方でゲイキーは、地球の地質学的過去がもっと活発だったというケルヴィンの主張を批判し、どちらかというと「その度合いは……（中略）……全体的に高まっている」ことを示しているかに見える証拠を挙げた。もう一方では、一八七一年に出版した論文で、斉一説を事実上撤回し、物理学の研究結果に基づくと「地質学的歴史はせいぜい約一億年以内に収まるに違いない」と述べている。クロールは、独学で学問を学んだ優秀な物理学者・地質学者であり、冷却する地球に関するケルヴィンの計算に完全に納得していた。ケルヴィンの太陽の推定年齢についてはきわめて疑問を抱いていたものの、一億歳という地球の年齢は受け入れていたのだ。

ある科学理論が影響を及ぼしたかどうかは、何らかの利害関係を持つ有力人物がどれだけ熱心に反対するかで判断できることが多い。ケルヴィンの場合、反対派が注目しはじめたという確かな兆しが現われたのは、一八六九年二月、生物学者のトマス・ハクスリーがケルヴィンの計算に嚙みついたときだった。

ハクスリーは、進化論を積極的に支持し、一貫して進化論を擁護する議論をしたことから、「ダーウィンの番犬《ブルドッグ》」という異名《いみよう》を得ていた。ダーウィンは大が付くほどの論争嫌いだったが、ハクスリーは大が付くほどの論争好きだった。彼のもっとも有名なエピソードといえばおそらく、一八六〇年六月三〇日、オックスフォードの主教であるサミュエル・ウィルバーフォースとのあいだで交わされた、伝説的な短い舌戦《ぜつせん》だろう。(41) その事件は、オックスフォード大学新博物館で開かれた英国科学振興協会の年次会議の席で起こった。そのときのエピソードは、《マクミランズ・マガジン》の一八九八年一〇月号で、生き生きと詳しく語られている（一部、創作もあるだろうが）。著者はこう回想する。

私は幸運にも、オックスフォード大学で、ハクスリー氏がウィルバーフォース主教に公然と立ち向かうという忘れられない場面に居合わせた。……（中略）……すると、主教はすっくと立ち上がり、小馬鹿にしたような口調で、大げさかつ雄弁に、進化論など完全なでたらめだと断言した。カワラバトは昔からずっとカワラバトなのだと。そして、彼は傲慢な笑みを浮かべて宿敵のほうを向き、サルの血を引いているのは祖父方か、それとも祖母方かと訊《き》いた。それを聞くと、ハクスリー氏はゆっくりと慎重に立ち上がった。長身痩軀《ちょうしんそうく》の体と、険しく青ざめた表情。彼は、非常に静かに、そして非常に重々しく私たちの前に立つと、あのとてつもない言葉を発した。今となっては誰もその一言一句を確実に覚えていないだろうし、その言葉が発せられた直後でさえ、誰も思い出せなかったと思う。その言葉の意味に、私たちは息をのんだからだ。ただ、何が言いたいのかは、誰にでもわかった。サルが祖先にいることを恥ずかしいとは思わないが、真実を覆い隠すことに偉大な才能を使うような男と血がつながっているとすれば恥ずかしい、という内容だった。その意味を疑う者はひとりもおらず、(42)その効果は絶大だった。ある婦人が気を失い、外に運び出されるはめになったのだ。

この即興のやり取りで交わされた正確な言葉については、諸説あるものの、(43)ハクスリーの見事な話術と、教会の人間が科学に口を出してくることへの反感の高まりによって、この伝説はどんどん肥大化していった。科学史家のジェームズ・ムーアは、このようにさえ述べている。「ワーテルローの戦い以来、一九世紀でこれほど有名な戦いはない」[44]

ハクスリーは、一八六九年のロンドン地質学会の会長講演で、地質学者たちの弁護に回ることにした。まず、彼はケルヴィンの批判の矛先《ほこさき》がプレイフェアのかなり古い文献に向けられているという事実を逆手に取り、「現在では、絶対的な斉一説を主張するような地質学者はひとりもいないと思う」と、怪しい主張をしている。[45] 続けて、地質的な作用に一億年以上が必要だと言った地質学者はいまだかつてひとりでもいただろうかと、大げさに問いかけた。これは実際のところ巧妙なごまかしだった。というのも、ハクスリーの〝飼い主〟であるダーウィン自身が、ウィールド地方の形成期間は三億年であると誤って推定していたからだ。最後に、もういくつか疑わしい（とはいえ言葉巧みな）主張をしたあと、ハクスリーはこうまとめている。「［地質学と生物学に対する］反論は完全に崩壊した」

ハクスリーの演説は、ケルヴィンのもっとも忠実な支持者のひとりから、猛烈な反応を受けた。数学者のピーター・ガスリー・テイトだ。絶好の戦いのチャンスを決して見逃すことのなかった彼は、ケルヴィンとハクスリーの演説に関する批評を記した。その中で、テイトは数行の丁寧な文章の中に、ハクスリーへの侮辱を紛れ込ませている。次に、テイトはさらに厳しい一撃を食らわせるため、地球の年齢に関するある数値を挙げることにした。その数値は物理学的な根拠がまったくないばかりか、ケルヴィンのもっとも極端な推定値よりもさらに短かった。

相当な確率をもって言えることであるが、自然哲学は、およそ一〇〇〇～一五〇〇万年もあれば地質学者や古生物学者の目的をすべて満たせることをすでに指し示している。そして、より高精度な実験データが揃えば、この期間はもっと短くなる可能性も少なくない。(46)

テイトの挑発的な発言の結果、地質学者たちのあいだで不満感は増していった。われわれはケルヴィンの制約と折り合いを付けようと努力しているのに、物理学者は地質学的な証拠にまったくすり寄ろうとしてくれない――地質学者たちはそう感じていたのだ。しかし、こうした事実にもかかわらず、少なくとも概念的には、ケルヴィンの勝利であることは明白だった。地球の年齢は無限ではなく有限であるという考え方が勝ったのだ。一九世紀末になるころには、地球の定常説はすっかり廃《すた》れ、物理学の原理を用いて地球の年齢を計算するのは、地質学の目的のひとつだという認識が広まっていた。

あなたはこう思ったかもしれない。地質学に多大なメリットをもたらし、科学に無数の貢献をしてきた（実に六〇〇以上の論文を出版した）ケルヴィンは、ガリレオやニュートンらと同じように、後世まで影響を与えた人物として崇《あが》められたのではないか？　残念ながら、現実はまったく異なる。そして、ケルヴィンが学問の世界でも技術の世界でも同じくらい力を発揮したという事実さえ、何の足しにもならなかった。一九九九年、《物理学の世界（*Physics World*）》誌と「Physics Web」（英国物理学会によるインターネット・サイト）が、一〇〇人の有力な物理学者にアンケートを行ない、史上もっとも偉大な物理学者トップ10を決定した。ケルヴィンの名前はどちらのリストにも挙がらなかった[47]。後世になって、ケルヴィンの名声が地に墜ちた少なくともひとつの理由は、地球の年齢に関する論争にある。現在、地球の年齢はおよそ四五億四〇〇〇万歳だとわかっている[48]。これはケルヴィンの推定した年齢の約五〇倍である！　物理学の法則をもとにしたはずなのに、彼の計算はいったいどうしてこれほど誤ってしまったのか？

第5章　確信とは往々にして幻想である

目標に到達したと思い込んだときにこそ、科学は危険になる。

――ジョージ・バーナード・ショー

地球の年齢に関するケルヴィンとトマス・ハクスリーの論争は、科学界と一般大衆の興味を大いに掻《か》き立てた。どちらかというと、ケルヴィンの地位はこの言論戦によってだいぶん強化されたというのが、大方の評価だった。しかし、ハクスリーは、あとから振り返ると非常に鋭い指摘をひとつしている。事実上、彼の指摘はケルヴィンの過ちの核心を突くものだった。

数学は非常に精巧な挽《ひ》き臼《うす》にたとえられる。どんなものでも好きな細かさで挽くことができるからだ。それでも、何が出てくるかは、何を入れたかによる。世界最高の挽き臼で挽いても、エンドウマメの鞘《さや》から小麦を抽出できないのと同じように、どんなに式を並べても、いい加減なデータから確かな結果を導き出すことはできないのだ。(1)

実際、ケルヴィンはずば抜けた数学的能力を持っていたので、間違いがあったとしても、それが計算ミスではないということは、半ば保証されていた。つまり、吟味が必要だったのは、計算の入力値を与える一連の仮定のほうだったのだ。

肝《きも》のすわった教え子

ケルヴィンのもともとの仮定に（気乗りしないながらも）穴を見つけようとした最初の人物といえば、ケルヴィンの元教え子で助手だった工学者のジョン・ペリーだった。(2) 偶然にも、ペリーはケルヴィンの兄のジェームズ・トムソンのもとで工学を学んでいたのだが、のちにケルヴィンのグラスゴー研究室で一年間を過ごした。ペリーの科学的成果のほとんどは電気工学や応用物理学に関するものだったが、彼は現在、地質学の分野に一時的に殴り込みをかけたことでもっとも知られているといえよう。

一八九四年八月、第三代ソールズベリー侯《こう》のロバート・セシルは、英国科学振興協会の第六四回会議で会長講演を行なった。彼はケルヴィンの地球の推定年齢（一億歳）を使って、自然選択による進化は起こりえなかったと主張した。[3]しかし、あまりにも独断的なメッセージにありがちなように、このスピーチは意図とはまったく逆の効果を生んだ。少なくともジョン・ペリーにとっては。ソールズベリー侯が進化論を否定したことで、ペリーはケルヴィンの計算のどこかにおかしいところがあると確信した。蓄積された地質学と古生物学のデータに感心したペリーは、物理学者の友人に宛ててこう記している。「［ケルヴィンの推定値に］必ずそういう欠陥があることが私にとって明らかになったとたん、それを見つけ出すのは単なる運の問題ではなくなったのだ」[4]

ペリーは一〇月一二日、地球の冷却の問題について最初の探究を終えると、その後の数週間で、ケルヴィンを含む何人もの物理学者にせっせと論文を送り、意見を求めた。[5]批判をするにも、彼は敬意を忘れなかった。ケルヴィンに宛てた手紙には、「あなたを敬愛する教え子より」とメッセージを入れたほどだ。六人ばかりの物理学者はペリーの計算を支持したものの、ケルヴィン自身は返信しなかった。二回めのチャンスが巡ってきたのは、ケンブリッジ大学トリニティ・カレッジの夕食会に招かれたときだった。その夕食会には、ケルヴィンも出席する予定だったのだ。ケルヴィンと個人的に話をするチャンスを逃すわけにはいかなかった。翌日、ペリーはそのときの出来事を友人に熱く語っている。

私は昨夜、トリニティで彼［ケルヴィン］の隣に座った。だから、彼は私の話を聞かざるをえなかった。彼がどうせ私の文書を読まないというのはもともとわかっていたし、彼は実際に読んでいなかったが、私はどんどん考えるべきことを挙げていった。だいたい一五分もすると、私の無知を哀れむような笑みはすっかり消えた。これでようやく、この問題について真剣に考えはじめてくれると思う。ゲイキー［地質学者のアーチボルド・ゲイキー］は逆で、彼の目は喜びで輝いていた。(6)

一八九五年一月三日、科学誌《ネイチャー》にとうとうペリーの論文が掲載された。(7)論文は弁解するような口ぶりで始まった。「私はときどき、地質学に興味のある友人たちから、ケルヴィン卿《きょう》の計算した地球の推定年齢を批判するよう頼まれる。そういうとき私はたいてい、ケルヴィン卿が計算でミスを犯していることなど期待できないと答えてきた」。続けてペリーは、当時の地質学で用いられていた方法論に個人的な難色を示した。「私は、地質学者の定めた定量的問題について考察するのは、まったくもって気が進まない。ほとんどの場合、与えられた条件があいまいすぎて、いかなる意味でも満足できないからだ。それに、地質学者というものは、こと時間に関する問題となると、数百万年くらいは大した問題ではないと思っているようだ」。最後に、ペリーはそれでもケルヴィンに反論するという難題に挑むことを決心した理由について説明している。「彼［ケルヴィン］の計算結果は今や、地質学者や生物学者の直接的な証拠の信用を貶《おとし》めるために使われている。だからこそ、ケルヴィン卿の条件に疑問を投げかけるのが私の義務だと思ったのだ」

ペリーがもっぱら注目したのは、ケルヴィンの基本的な仮定のひとつだった。地球の熱伝導率はどの深さでも一定という仮定だ。言い換えれば、ケルヴィンは深さ一・六キロであれ一六〇〇キロであれ、熱が均一な効率で伝わると仮定していた。この仮説は重要だった。法医学者が死体の体温を測って死亡時刻を算出できるのと同じように、ケルヴィンはこの仮定を用いて、地球内部の温度が一フィートごとに何度増加するかを測定し、地球の冷却時間を求めたわけだ。ケルヴィンの計算は、もし地球の年齢がおよそ一億歳以上だとすると、深さに応じた温度の上昇速度は、実際の観測結果よりもゆっくりになることを示していた。冷えた表面の部分がより分厚くなるからだ。

そこで、ペリーはこんな疑問を抱いた。熱の伝わり方がどこでも一定ではなく、内部の奥深くのほうが地表近くよりも効率的だとしたら？　この場合、明らかに、地球の外皮の底の部分は、より長く温度を維持できる。特に、地球内部が一部液体であれば、深鍋で熱された水と同じように、熱は対流によって表面の地殻まで（液体自体によって）非常に効率的に伝わるので、推定年齢は三〇億歳まで延びる可能性もある。ペリーは論文の締めくくりに、太陽の年齢と地球の自転に基づく議論を行なっているが、この話題に関しては特に目新しい部分はなかった。潮の満ち引きによる地球の自転速度の遅れの問題については、固化した地球でも変形しうるというジョージ・ダーウィンの証明に、主に注目を促した。

当初、ペリーの論文（刊行前に配付されたもの）に反応を示したのは、ケルヴィンでなく、自ら〝番犬《ブルドッグ》〟と名乗るピーター・ガスリー・テイトだった。テイトはペリーに宛てた一八九四年一一月二二日付の手紙で、不愉快なくらい素っ気なくこう記した。

> 君の論文の目的がどうしても理解できない。察するに、君はケルヴィン卿の数学的側面には反対していないように思える。それならなぜ、そもそも数学を持ち出すのか？　地球内部のほうが表層と比べて熱の伝わりがよければよいほど、表層の状態が現在と同じだとすれば、地球全体が華氏七〇〇〇度［ケルヴィンが仮定した岩石の融解温度］だったときの年代が古くなるのは、完全に自明ではないか？　ケルヴィン卿がわざわざそんなことを証明したいと思うとは、私には思えない。[8]

テイトは要点を完全に見誤っていたようだ。当時、地球の非常に奥深くの状態を、一定の確信をもって述べられる者など、ひとりもいなかった。したがって、計算の目的で立てられた仮定は、単なる予想にすぎなかったのだ。ペリーの目的は単に、地球内部に関して、ケルヴィンとは異なる仮定、つまり地球の中心では表層よりも熱が伝わりやすいという仮定を立てれば、物理的原理に基づく計算値は、地質学者や生物学者が求めているような巨大な値と一致しうると証明することだった。ケルヴィンの過ちとは、これまでの観測結果によって認められる許容度を踏まえれば、地球の推定年齢は、彼の認める以上に大きくぶれる可能性があることに気づかなかった点なのである。

ペリーはテイトに対し、あくまでも丁寧な言葉遣いに努めつつ、こう回答した。「貴殿は私が正しいとおっしゃる。そして何が目的なのかとおっしゃる。地球内部の状態に関して、地球の年齢を貴殿やケルヴィン卿の定める上限の何倍にもしうる［傍点引用者］条件があることが証明されたとたん、ケルヴィン卿の主張は間違いなく崩れるのです[9]」。さらに、ケルヴィンの元助手としての尊敬の念が見て取れるような言葉遣いで、こうも付け加えた。「私が困っているのは、貴殿の側にどうしても道理が見えないという点です。それでも、私は貴殿やケルヴィン卿を尊敬しきっておりますので、貴殿やケルヴィン卿が〝絶対に間違いない〟とおっしゃることを疑う私は、多少なりとも愚かに違いありません」

この和解的なトーンは、どうやらテイトには通じなかったようだ。彼は見下すような批判を続けたからだ[10]。「次のふたつの質問に対する答えをお聞きしたい。(1)地球内部の物質のほうが表層よりも伝導率が高いとする根拠は?」。ふたつめの〝質問〟は実際のところ質問でも何でもなく、地質学者たちの際限ない期待に対する軽蔑の言葉だった。「(2)一億年でなく一〇〇億年だったと言ったところで、先進的な地質学者がひとりでも感謝してくれると思うかね? 彼らの要求は最低でも一兆年だ。第三紀の一部だけでもね!」(図10は彼の手紙のコピー)。しかし、ペリーはあきらめなかった。「地球内部の

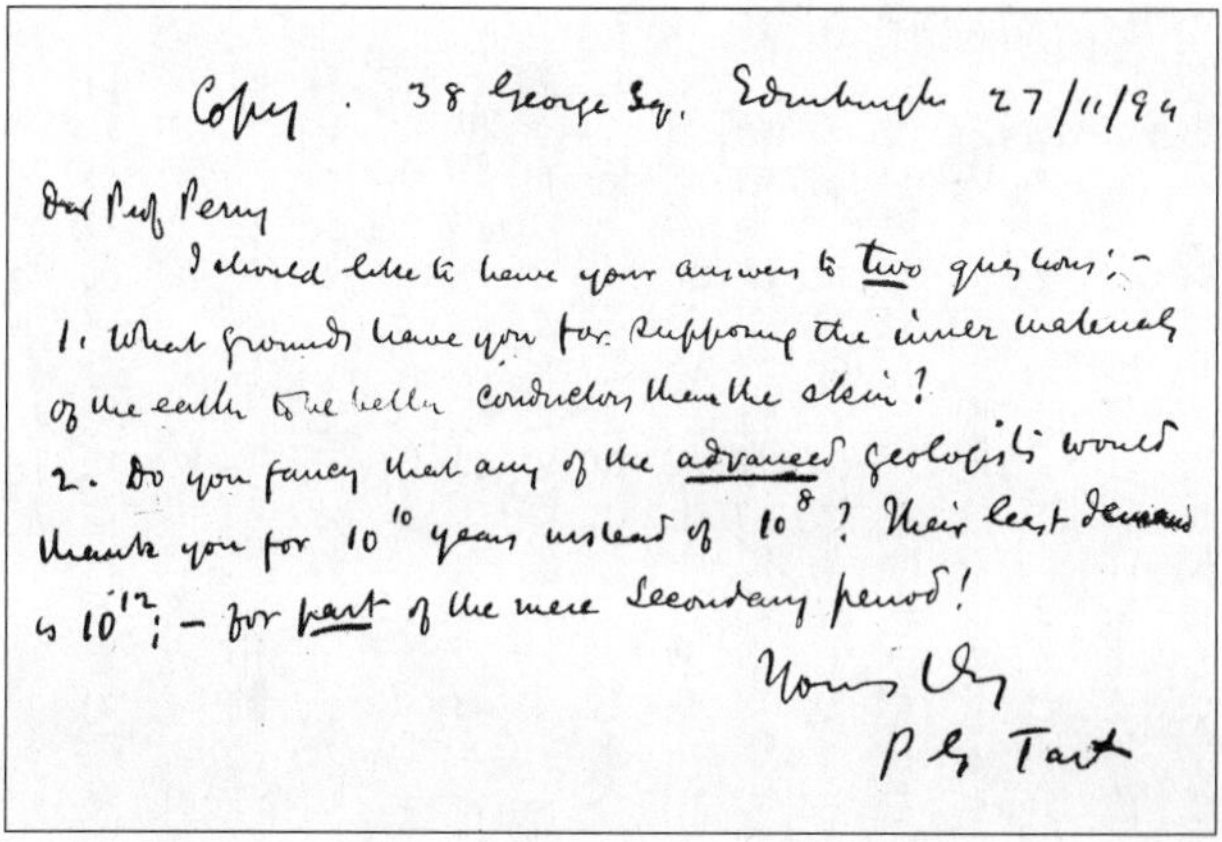
Copy. 38 George Sq. Edinburgh 27/11/94

Dear Prof Perry

I should like to have your answers to two questions:—

1. What grounds have you for supposing the inner materials of the earth to be better conductors than the skin?

2. Do you fancy that any of the advanced geologists would thank you for 10^{10} years instead of 10^8? Their least demand is 10^{12}; — for part of the mere Secondary period!

Yours truly

P. G. Tait

図10

ほうが伝導率は高くないと証明しなければならないのは、ケルヴィン卿のほうです」と彼は主張した。[11]

言うまでもなく、ペリーの見立ては正しかった。地球内部の正確な状況について、明確な実験的証拠がないのなら、ケルヴィンの推定が何倍も間違っている可能性があることを証明できるという事実だけで十分だったのだ。

ようやく返答する決心をしたケルヴィンは、テイトと比べるとずっと大人しかった。「君［ペリー］が計算で仮定しているように、深さによって熱伝導率や熱容量が大きく異なる可能性が高いと仮定するのは、いかにしても不可能だと感じる[12]」と述べる一方で、彼らしくなく譲歩するような口ぶりも見せている。「二〇〇〇万〜四億年という十分に広い幅を取ったつもりだったが、上限をもっと高く取るべきだったかもしれない。たとえば、四億年でなく四〇億年くらいにね」。ケルヴィンが自分への反対意見にこれほどの敬意を示したのは、これが最初で最後だったかもしれない。おそらく、自分の昔の教え子に共感しなければという義務感から出た寛大さだったのだろう。しかし、太陽の推定年齢については、「太陽が過去二〇〇〇万年とかその数倍以上輝きつづけていることはありえない」とすぐさま主張した[13]。本章でこのあと見ていくように、当時のケルヴィンには、太陽の年齢の計算を見直す理由がなかったのである。

ペリーの反論を受け、ケルヴィンは続く数カ月間、玄武岩、大理石、岩塩、石英の加熱実験を行なった[14]。この実験の結果は、熱伝導率が温度の上昇に伴ってそれほど変化しない、むしろ低下することを示しているようだった。これはスイスの地質学者、ローベルト・ウェーバーの新しい結果とも一致していた。ペリーにとっては不運なことに、ウェーバーの新しい結果は、彼自身の以前の実験の結果と食い違っていた。ペリーが自身の主張の根拠として用いた実験だ。大喜びしたケルヴィンは、一八九五年三月七日の《ネイチャー》誌にこの結果を発表し、ニュースを打ち明けた。「温度が高くなると岩石の熱伝導率も高くなるという仮定に根拠はないとわかるまで、ペリー教授も私もそう長く待たずにすんだ[15]」。さらにケルヴィンは、アメリカの地質学者、クラレンス・キングの結論も引き合いに出している。キングは、（液体による対流の可能性を考えずに）「地球の年齢が二四〇〇万歳を超えるという正当な根拠はない」と述べた。ケルヴィンは意気揚々と、「私自身の推定も彼［キング］の二四〇〇万歳という推定とそう変わることはない」と宣言している。

ところが、ペリーは納得しなかった。彼は、ケルヴィンのように、地球内部のもっとも、、、、、、もっともらしい状態を推測しようとするのではなく、考えうる状態に注目した。そして、キングの結論はやはり、一様な固体の地球という仮定つきであると指摘した。一八九五年四月一八日の《ネイチャー》誌に掲載された論文で、ペリーはこの膠着《こうちゃく》状態について、見解をまとめている。「初期の対流平衡の温度についてもっともらしい法則を選び、地表の岩石よりも内部のほうが伝導率は高いと仮定すれば、キング氏が液体性についてどれだけ巧妙な検証を行なっても、年齢はほとんど上限なく大きくなることは明らかだ」。ペリーの論理は明白だった。彼の目的は、たとえケルヴィンの議論に厳密な穴を見つけることはできなくても、地球内部の構造に関して不確定要素がある以上、地球はケルヴィンの推定よりもずっと高齢の可能性があることを証明することだった。確かに、加熱した岩石の伝導率の測定結果により、地球の奥深くで熱がもっと速く伝わる可能性のひとつが否定されたわけだが、ほかの可能性はまだ残っていた。特に、液体状の物質の対流というのは、なかなか有力な代案だった。

結果的に、ペリーの直感は予見的だった。ケルヴィンのモデルで、地球の年齢がもっと高くならない直接の原因は、ケルヴィンが地球の熱伝導は一様だと仮定しているからだ、とペリーは訴えつづけた。地球のマントルが対流すると仮定すれば、この制約は克服できるはずだと。二〇世紀の地質学者たちがペリーの主張の正しさを証明するまで、数十年かかった。一見すると非常に固いマントルに思えるようなものの内部でも、対流が起こりうるという発見は、（ドイツの科学者のアルフレート・ヴェーゲナーが一九一二年に初めて提唱した）プレート・テクトニクス説と大陸移動説が普及していくうえで、重大な役割を果たした。熱が液体のような動きで伝わるだけでなく、大陸全体が長い時間をかけて水平に移動しうるという説だ。地球の内核とその外側部分の境界面の正確な状態は、現代でも相変わらず熱い研究テーマとなっている（しゃれのつもりはないが）。

ペリーは地球の年齢に関する最後の論文を、次のきっぱりとした言葉で締めくくった。

この三つの物理学的な議論［潮の満ち引きによる地球の自転の遅れ、地球の冷却、太陽の年齢］によると、ケルヴィン卿の上限は一〇億年、四億年、五億年である。これまで示してきたように、この年齢が三つともかなり過小に見積もられていると考える理由は数多くある。純粋な物理学の議論だけからいえば、地球上の生命のもっともらしい年齢は、先ほどのどの推定よりもずっと低くなるであろう。しかし、古生物学者たちが、ずっと長大な時間が必要だと考える十分な根拠を握っているなら、物理学者の観点から見て、先ほどの最大推定値の四倍であってはならないと結論づける道理が見当たらないのだ。(16)

つまり、ペリーは地球の年齢を四〇億歳だと考えてもなんら問題ないと見ていたわけだ。この数字は、およそ四五億歳という現代の結論にかなり近い。

ペリーの研究は、ケルヴィンが地球の固体性や均質性について立てた仮定に疑問を投げかけ、完璧無比にも見えるケルヴィンの計算結果に、最初の亀裂を入れた。しかし、ケルヴィンの地球の推定年齢には、もうひとつ、重大な仮説があった。地球の内部または外部に、熱の損失を補うような未知のエネルギー源は存在しないというものだ。一九世紀末に起きた一連の出来事によって、この前提も脆《もろ》くも崩れ去った。

放射性崩壊

一八九六年春、フランスの物理学者のアンリ・ベクレルは、不安定な原子核の崩壊に伴って、粒子と放射線が自然に放射されることを発見した。この現象は「放射性崩壊」と呼ばれるようになった。(17) その七年後、物理学者のピエール・キュリーとアルベール・ラボルドは、ラジウム塩《えん》の崩壊がそれまで知られていない熱を生み出すことを発表した。キュリーとラボルドの発表から四カ月足らずで、アマチュア天文学者のウィリアム・E・ウィルソンは、このラジウムの性質が「太陽や恒星のエネルギー源の謎を解く鍵になるかもしれない」と推測した。(18) そして、ウィルソンは「太陽の体積一立方メートルあたり三・六グラムのラジウムさえあれば、すべての出力エネルギーを供給できる」と推定した。ウィルソンが《ネイチャー》誌に送った手紙はきわめて短かったので、科学界からはあまり注目を浴びなかったが、予期せぬエネルギー源に秘められた可能性に気づいたのが、数理物理学者のジョージ・ダーウィンだった。[19] 彼は地質学をケルヴィンの特定した年代が課した束縛から解き放つ方法をつねづね探っていたのである。そういうわけで、彼は一九〇三年九月、高らかにこう宣言した。「［放射性物質から］得られるエネルギー量はあまりにも莫大なので、太陽の熱がどれだけ長く存在してきたのか、将来的にいつまでもつのかを断言するのは不可能である」。アイルランドの物理学者で地質学者のジョン・ジョリーは、この発表を熱烈に受け入れ、すぐさま地球の年齢の問題へと応用した。[20] 一〇月一日に発表された《ネイチャー》誌への手紙で、「物質のあらゆる元素の中にある熱の供給源［放射性鉱物］」が、地球内部からの熱伝達の増加分に相当するだろうと指摘した。これこそ、ペリーが推定年齢を増加させるために必要としていたものだった。言い方を換えれば、ケルヴィンのシナリオでは、地球はもともと蓄積された熱からひたすら熱を失う一方だった。地球内部の新しい熱源が発見されたことで、このシナリオの土台全体が揺らいだように見えた。

その後、放射性崩壊に関する慌ただしい研究が行なわれた。その中心人物のひとりといえば、ニュージーランド出身の物理学者、アーネスト・ラザフォードだ。彼はのちに「原子物理学の父」として知られるようになった。[21] 当時、ラザフォードはモントリオールにあるマギル大学で研究を行なっており（のちにイギリスに移住）、数々の実験に基づき、あらゆる放射性元素の原子には、熱として放出される莫大な量の潜在的エネルギーが秘められていると結論づけた。ある学術誌は、地球がケルヴィンの推定よりもずっと長生きできるというラザフォードの発表を歓迎し、こんな見出しを載せた。「滅亡の日、先送りされる」

ケルヴィンはケルヴィンで、ラジウムと放射性に関する発見に大いに興味を持っていたが、それで自身の年齢の推定が変わるとは納得できずにいた。[22] 放射性元素のエネルギー源が元素の内部にあると（少なくとも最初は）認められなかったケルヴィンは、こう記している。「私はあえてこう主張しようと思う。エーテルの波が何らかの方法でラジウムにエネルギーを供給し、ラジウムがその周囲の重さのある物質に熱を与えているのではないか」[23]。つまり、ケルヴィンは、原子がエーテルからエネルギーを集め（エーテルは全空間を満たすと考えられていた）、崩壊時にエネルギーを放出するにすぎないと提唱したわけだ。しかし、一九〇四年、非常に知的勇気のいることだが、ケルヴィンは英国科学振興協会の会議でこの説を撤回した。とはいえ、活字で撤回を発表することはなかったが。[24] 残念ながら、どういうわけかケルヴィンは一九〇六年、またもや残りの物理学界とのかかわりを断《た》った。このころ、ラザフォードらは、放射性崩壊によってひとつの元素が別の元素に変化するという確かな実験的証拠を積み上げていたにもかかわらず、ケルヴィンはこの現象を否定した。すると、ラザフォードの一時《いっとき》の共同研究者だったフレデリック・ソディは、とうとう我慢の限界に達した。ロンドンの《タイムズ》紙上で行なわれたケルヴィンとの壮絶なやり取りにおいて、ソディは軽蔑するようにこう宣言した。「放射性物質の研究をしたこともない人間［ケルヴィンのこと］の意見と、ずっとしてきた人間の意見に、同じ重みがあると世間の人々が信じ込まされてしまうとすれば、至極《しごく》残念な話である」(25)。この論争の前、一九〇四年に発表した著書でも、ソディは迷わずこう断言している。「宇宙の過去と未来の歴史の上限は、大幅に延長された」

ラザフォードはもう少し寛容だった。後年、彼は一九〇四年に王立研究所で行なった放射性崩壊に関する講演のエピソードを、何度も語っている。

私は部屋に入った。部屋は薄暗かったのだが、やがて聴衆の中にケルヴィン卿の姿を見つけた。これは厄介なことになるぞと思った。私の講演の締めくくりは、地球の年齢に関するものだったのだが、私の見解はケルヴィン卿の見解と食い違っていたからだ。安心したことに、ケルヴィン卿は途中でぐっすり眠り込んでしまった。ところが、いざ重要なところに来ると、ケルヴィン卿はぴしっと座り直し、目を見開き、すごみのある睨《にら》みを利かせてきたではないか！　そのとき、私はとっさにひらめき、こう言った。「ケルヴィン卿は新しい熱源が発見されなければという条件つきで、地球の年齢に上限を定めました。この未来を予見したかのような発言は、私たちが今夜考えているもの、そう、ラジウムのことを指していたのです！」。するとどうだろう、その老君は私に向かって微笑みかけたのである。[26]

やがて、「放射年代測定」は、地球そのものを含む鉱物、岩石、その他の地質学的特徴の年代を測定するためのもっとも信頼できる手法のひとつとなった。[27] 一般的に、放射性元素は、その「半減期」によって決まる速度で、別の放射性元素へと崩壊する。半減期とは、放射性物質が初期の量から半減するのにかかる時間である。一連の崩壊は、安定した元素に到達するまで続く。自然に存在する放射性同位体とそのすべての崩壊生成物の相対存在度を測定・比較し、そのデータをすでに判明している半減期と組み合わせることで、地質学者たちは地球の年齢を高精度で求められるようになったのだ。次のエピソードからもわかるとおり、ラザフォードはこの手法の草分け的存在のひとりだった。あるとき、ラザフォードは小さな黒い岩石を手に持ってキャンパスを歩いていた。すると、カナダ人の地質学者の同僚、フランク・ドーソン・アダムスに出会った。「アダムス、地球の年齢はいくつだと思う？」とラザフォードは訊《き》いた。アダムスは、いくつかの手法によると一億歳という推定がすでに出ていると答えた。すると、ラザフォードは静かにこうコメントした。

「この瀝青《れきせい》ウラン鉱［ウランの原料となる鉱物］は七億年前のものだとわかっている」[28]

地球の年齢をめぐる論争について記したものを見てみると、すべてではないにしてもその大半が、ケルヴィンが年齢の推定を大きく誤った直接の原因は、あたかも放射性崩壊を無視した事実にあると思い込ませている。もしそれが事《こと》の全容だとすれば、ケルヴィンの犯した間違いは本書で紹介する「過ち《ブランダー》」には当てはまらなかっただろう。ケルヴィンには当時未発見のエネルギー源について考える余地はなかったからだ。しかし、年齢の算出ミスをすべて放射性崩壊のせいにするのは、実際問題として間違っている。確かに、地球のマントル全体（深さ約二九〇〇キロメートルまで）の放射性崩壊は、地球の熱流量の約半分に相当する速度で熱を生み出している。しかし、その熱のすべてがすぐに利用できるわけではない。この問題について詳しく調べてみると、ケルヴィンの仮定では、放射性崩壊熱を含めたとしても、地球の外側の約一〇〇キロメートルの表層部分の内側で生成される熱だけを考えなければならなかったことがわかる。というのも、ケルヴィンはおよそ一億年のあいだに熱伝導によって有効に利用できるのは、その深さにある熱だけだと証明したからだ。二〇〇七年、地質学者のフィリップ・イングランド、ピーター・モルナー、フランク・リクターは、この事実を考慮すると、放射性崩壊熱を含めたとしても、ケルヴィンの地球の推定年齢はそう大きく変わらないことを証明した。[29] ケルヴィンの最大の過ちは、放射性崩壊に気づかなかったことではなく（もちろん、いったん放射性崩壊が発見されたら、それを無視するのは正しいとはいえないが）、ペリーが提唱した地球のマントル内部の対流の可能性を始めのころ無視し、その後も否定しつづけたことなのだ。これこそ、地球の推定年齢が許容できないくらい低くなってしまった真の原因なのである。

ケルヴィンほどの知能の持ち主が、本当は大間違いを犯しているのに、これほど自分は正しいと思い込んでしまったのはなぜなのか？　人間は誰しもそうであるように、ケルヴィンも両耳のあいだにある装置、つまり脳を使わざるをえなかった。そして、脳には限界がある。たとえそれが天才の脳であっても。

既知感について

今となっては、ケルヴィンに話を聞くことも、彼の脳の機能領域を画像診断することもできないので、彼が間違った考えにこだわりつづけた正確な理由は知る由《よし》もないだろう。もちろん、キャリアの大半、一定の意見を固持しつづけてきた人々が、自分の間違いを認めたがらないのは確かだ。しかし、ケルヴィンのような一流科学者は違ってしかるべきではないのか？　そもそも、新しい実験的証拠に基づき、自身の理論を変えていくのが、科学の存在意義のひとつなのでは？　幸い、現代の心理学や神経科学は、「既知感（feeling of knowing）」と呼ばれる現象を少し解明しつつある。この既知感がケルヴィンの思考の一部を形作ったのはほぼ間違いない。

まず指摘しておくと、科学に対する臨《のぞ》み方や知識の追求の仕方という点で、ケルヴィンは哲学者よりもエンジニアに近かった。一方では腕利きの数理物理学者、もう一方では才能に恵まれた実験主義者だった彼は、さまざまな可能性を考える機会よりも、計算や測定のもとになる前提を常に求めつづけた。したがって、ごく基本的なレベルでいえば、ケルヴィンの過ちとは、何がもっともらしいかを常に求められると思い込み、一部の可能性を見落としてしまう危険性に気づかなかったことなのだ。

もう少し深く掘り下げてみると、ケルヴィンの過ちはおそらく、よく知られた心理学的特性から生じたものだといえるだろう。人間はある意見に傾倒すればするほど、たとえその意見とは食い違う強力な証拠を突きつけられたとしても、意見を手放すのは難しくなる(「大量破壊兵器」という言葉を聞いてピンと来ないだろうか?)。心理学者のレオン・フェスティンガーが最初に提唱した「認知的不協和」理論は、まさに人々が自分の信念と食い違う情報を突きつけられたときに体験する不快感を扱ったものだ(30)。数々の研究結果によると、多くの場合、人々は認知的不協和を和らげるため、判断の誤りを認める代わりに、従来の意見を正当化するような新しい方法で、自身の見解を作り替えることがわかっている。

ユダヤ教ハシド派の、ハバッドと呼ばれる運動におけるメシア信仰的な隆盛は、(難解とはいえ)その絶好の例だ(31)。ハバッド運動の指導者でラビのメナヘム・メンデル・シュネールソンがユダヤ教のメシアであるという考えは、彼が一九九四年に亡くなるまでの一〇年間で勢いづいた。一九九二年に彼が脳卒中になると、ハバッド運動の敬虔《けいけん》な信奉者の多くは、彼が死なずにメシアとして〝現われる〟と信じた。しかし、やがて彼が亡くなると、数十人の信奉者たちは考え方を変えた。そして、彼の死はむしろ、メシアとして再臨するのに欠かせないプロセスの一部なのだと（葬儀中でさえ）主張した。

一九五五年、当時のミネソタ大学の心理学者、ジャック・ブレームが行なった実験では、認知的不協和の別の形が明らかになった[32]。この研究ではまず、二二五人の大学二年生の女性（心理学実験の典型的な被験者だ）に八つの品物を見せ、どれくらい魅力的かを1・0（まったく魅力的でない）から8・0（非常に魅力的）で評価してもらった。第二段階では、最初の八つの品物の中からふたつを見せ、どちらか一方をプレゼントとして持ち帰っていいと伝えた。その後、全八つの品物をもういちど評価してもらった。すると、二回めの評価では、学生たちは自分の選んだ品物の評価を上げ、選ばなかった品物の評価を下げる傾向があった。これと似たような数々の研究結果からも裏づけられているように、私たちの脳は、「私は品物3を選んだ」という認知と、「でも品物7にもある程度の魅力はある」という認知との不協和を減らそうとするのだ。言い換えれば、自分の選んだものはよく見えるわけだ。この結論は神経画像診断でも裏づけられている。〝快感〟と関連のある脳の領域、尾状核《びじょうかく》の活動が高まることがわかったのだ。

ケルヴィンの例は、認知的不協和の理論にぴったりと当てはまるように見える。地球の年齢について三〇年以上も同じ主張を繰り返してきたのに、誰かに対流の可能性を指摘されたという理由だけで、ケルヴィンが意見を変えることは考えにくかったのだ。言っておくと、ペリーは対流が起きていると証明できたわけでもないし、その可能性が高いということすら証明できていなかった。その一〇年後、放射性崩壊という現象が姿を現わしたころには、ケルヴィンはますます敗北宣言を出す気になれなくなっていたのだろう。代わりに、彼は自身の従来の推定が正しいことを証明するための手の込んだ実験や説明にいそしむことを選んだわけだ。

客観的に評価すれば誰でも説得力があると認めるような、自説と対立する証拠を見せられても、これほど自説を撤回するのが難しいのはなぜなのか？　その答えはもしかすると、脳の報酬回路の働きに潜んでいるのかもしれない。一九五〇年代に早くも、マギル大学の研究者、ジェームズ・オールズとピーター・ミルナーは、ラットの脳内の快楽中枢を突き止めた。[33]ラットの快感を生み出す脳の領域に電極を配置したところ、ラットはその電極を作動させるレバーを一時間に六〇〇〇回以上も押したのだ！　この快楽を生み出す刺激の魔力は、一九六〇年代半ばの実験で劇的な形で実証された。ラットに食べ物と水を取るか、快楽の刺激を取るかを選ばせたところ、ラットは自ら飢えるほうを選んだのである。

神経科学者たちはこの二〇年間で、快感をもたらす味、音楽、セックス、ギャンブルでの勝利に反応して、人間の脳のどの部分が光るかを詳細に調べられる高度な画像診断手法を開発してきた。もっともよく用いられる手法は、放射性トレーサーを脳内に投与して追跡する「PET（ポジトロン断層法）スキャン」と、活性化した神経細胞への血流を監視する「機能的MRI（fMRI）」である。数々の研究によると、報酬回路の重要な部分のひとつは、脳底《のうてい》付近（腹側被蓋野《ふくそくひがいや》〔VTA〕と呼ばれる領域）から始まり、前頭葉の下にある側坐《そくざ》核《かく》へと伝わる神経細胞の集合体である。[34] 腹側被蓋野の神経細胞は、ドーパミンと呼ばれる特定の神経伝達化学物質を送ることで、側坐核の神経細胞と通信を行なう。そのほかにも、感情面を提供し、その体験を記憶と関連づけ、反応を引き起こす脳の領域がある。たとえば、海馬《かいば》はいわば〝メモを取り〟、扁桃体《へんとうたい》はその喜びを〝評価〟する。

それでは、これらが知的活動とどうかかわっているのか？　比較的長期にわたる思考プロセスに着手し、やり遂げるためには、その途中で脳に少なくとも一定の快楽の見込みが必要である。それがノーベル賞であれ、周囲からの羨望《せんぼう》であれ、昇給であれ、〝激ムズ〟レベルの数独パズルを解くことへの単なる満足感であれ、努力しつづけるには、脳の側坐核に一定量の報酬が必要なのだ。ところが、脳が長期間にわたって頻繁に報酬を得ると、自ら飢えを選ぶラットや薬物中毒の人々と同じように、精神活動を達成感に結びつける神経経路が徐々に慣れていってしまう。薬物中毒者の場合、同じ効果を得るのにもっと多くの薬物が必要になる。知的活動の場合、いつ何時《なんどき》でも自分が正しくなければすまなくなり、その結果、ますます誤りを認めづらくなるのかもしれない。神経科学者で作家のロバート・バートンは、正しいと言い張るのは、もしかするとそのほかの中毒と生理的に似ているのではないかと明確に述べている。(35)もしそうだとすれば、ケルヴィンは自分が正しいという感覚の中毒になってしまった人の人物像に間違いなく当てはまるだろう。半世紀近く、ケルヴィンは地質学者と負け知らずの戦いを続けてきた。その結果、神経の結びつきを解くことが不可能なくらい、彼の確信は強まってしまったのだろう。自分は正しいという感覚に中毒性があるかないかは別として、fMRIの研究によれば、動機づけられた推論(脳が動機を達成することによる肯定的な感情状態を最大化するような判断を下すこと)は、客観的な推論と結びついた神経活動とは関連づけられていない。(36)言い換えれば、動機づけられた推論は、冷静な分析ではなく、感情によって制御されており、その目的は自我に対する脅威を最小限に抑えることなのである。とすると、晩年、ケルヴィンの〝情動〟がときおり〝理性〟を圧倒したというのも、考えられなくはないのだ。

先ほど、ケルヴィンの太陽の年齢の計算について触れたのを覚えているだろう。私は彼の推定を過ちとは考えていない。いったいなぜか？　なんといっても、太陽が一億歳未満だという彼の推定は、地球の年齢の値と同じくらい的外れだったはずなのだが……。

核融合

アメリカの地質学者のクラレンス・キングは、放射性崩壊が発見される三年前の一八九三年に、地球の年齢についての論文を発表した。キングはその中で、「太陽の年齢と地球の年齢とのあいだで、結果が一致していることは、間違いなくこの物理学的主張の説得力を高めている。したがって、立証責任は、堆積《たいせき》地質学から導き出されたあいまいなほど巨大な年齢を信じる人々の側にあるのだ」と記している。(37) キングの指摘はもっともだった。太陽の年齢がわずか数千万歳と推定されるかぎり、堆積に基づく年齢の推定には制約が付く。堆積が発生するためには、地球が太陽に暖められる必要があるからだ。

ケルヴィンの太陽の年齢の計算は、太陽が収縮するに伴って熱という形で重力エネルギーを放出するという仮定に完全に依拠《いきょ》していたのを思い出してほしい。重力エネルギーが太陽のエネルギー源になりうるという考えは、一八四五年に早くも、スコットランドの物理学者、ジョン・ジェームズ・ウォーターストンが提唱していた。当初、この仮説は注目されなかったものの、一八五四年にヘルマン・フォン・ヘルムホルツの手によって復活し、のちにケルヴィンによって熱烈に支持され、広められた。放射性崩壊の発見により、多くの人々は放射性崩壊による熱放射が実は太陽の真のエネルギー源なのではないかと考えるようになった。しかし、それは結果的に間違いだった。太陽のほとんどがウランと放射性崩壊生成物でできているという大胆な仮定を立てたとしても、生成されるエネルギーは観測される太陽光度と一致しなかった(ケルヴィンの時代に知られていなかった連鎖反応を含めなかった場合)。ケルヴィンの太陽の推定年齢は、地球の年齢の計算の見直しに応じない強力な根拠となった。[38] 太陽の年齢の問題が存在するかぎり、地質学的な推量との食い違いは、完全に解決されなかったのだ。太陽の年齢の問題に対する答えは、そのわずか数十年後に見つかった。一九二〇年八月、天体物理学者のアーサー・エディントンは、水素原子核からヘリウムが形成される「核融合」こそが、太陽のエネルギー源なのではないかと訴えた。[39] この考え方をもとに、物理学者のハンス・ベーテとカール・フリードリヒ・フォン・ヴァイツゼッカーは、さまざまな核反応を分析し、この仮説が事実である可能性を調べた。最終的に、一九四〇年代、天体物理学者のフレッド・ホイル（彼の画期的な研究については、第8章で考察する）は、恒星中心部の核融合反応によって、炭素から鉄までの原子核が合成される可能性があると発表した。前章でも指摘したように、ケルヴィンが一八六二年にした例の宣言は、正しかったのである。「未来についていえば、偉大なる創造の宝庫である太陽に、われわれにとって今のところ未知のエネルギー源が用意されないかぎり［傍点引用者］、地球の住人がこの先、生命にとって欠かせない光や「太陽の」熱を何億年と享受しつづけられないことは、同じくらい確実に言えるであろう」。太陽の年齢という問題を解決するには、アインシュタインと二〇世紀最高の天体物理学者たちの才能が手を結ぶ必要があった。アインシュタインは質量がエネルギーに変換されうることを証明し、天体物理学者たちはそのような変換を可能にする核融合反応を発見したのだ。

ケルヴィンの地球の年齢の計算が過ちだったのは事実だが、私はそれでも、彼の計算は実に見事だと思っている。ケルヴィンは、地質年代学をあいまいな憶測から、物理法則に基づくれっきとした科学へと変えたのだ。彼の画期的な研究は、地質学者と物理学者の活発な対話の扉を開いた。そしてその対話は、食い違いが解消されるまで続けられた。と同時に、ケルヴィンが同時並行で行なった太陽の年齢に関する研究は、新しいエネルギー源を突き止める必要性をはっきりと指し示したのである。

チャールズ・ダーウィン自身も、ケルヴィンの計算が自分の理論にもたらした障害物を取り除くことが重要だと痛感していた。『種の起源』の最終版で、彼は次のように記している。

我が惑星が凝固して以来の時間の経過は、仮想された生物の変化の総量に対して十分ではなかったというウィリアム・トムスン卿の主張した異議は、おそらく今日までに提出された最も重大なものの一つであるが、私はただ次のことをいえるだけである。すなわち第一に、我々は種が年数で測ってどれくらいの速度で変化するかを知らないということ、そして第二に、多くの物理学者はまだ今日までのところ、我々が宇宙の構成や地球内部の構成について、安心してその過去の存続期間を推測できるほど十分に知っている、ということを認めようとはしていないということである。(40)

その後、ペリーの地球対流説、放射性崩壊の発見、恒星内部の核融合反応に対する理解によって、ケルヴィンの年齢の上限はすっかり吹き飛んでしまったが、ダーウィンが存命中にその事実を知ることはなかった。しかし、たとえ間違っていたにせよ、解決の必要な問題を浮き彫りにしたのがケルヴィンの計算だったというのは、紛れもない事実なのだ。

われわれ人間の視点からいうと、地球が四五億年ものあいだ、太陽からエネルギーを享受しつづけてきたことには、大きなメリットがある。そのひとつは、地球上に複雑な生命が誕生したことだ。しかし、すべての生物を構成する要素といえば、細胞である。一八八〇年代になると、科学者たちは、どんどん精巧化していく光学機器を用いて、細胞の内部構造を調べるようになっていた。そして、細胞の核の中に発見された紐《ひも》状の物体を「染色体」と名づけた。その直後、メンデルの遺伝子（彼自身は「因子」と呼んだが）の研究が再発見され、トマス・ハント・モーガンと彼のコロンビア大学の学生たちが行なった画期的な研究により、染色体における遺伝子の位置が特定された。一九四四年になると、染色体上にある特定の分子、DNAが脚光を浴びはじめる。ほどなくして、生物学者たちは、すべての細胞がタンパク質ではなくふたつの核酸分子、DNAとRNAから指令を受け取っていることに気づいた。DNA分子こそ、細胞内で行なわれているあらゆる活発な活動の司令官であり、自分自身の完璧な複製の作り方を知っている分子だとわかったのだ。また、RNA（リボ核酸）分子は、DNA分子が出した指令を残りの細胞に伝える役割を担っていることも証明された。このふたつの分子には、リンゴの木、蛇、女性、男性を機能させるのに必要なあらゆる情報が含まれている。タンパク質とDNAの分子構造の発見は、生命の起源と仕組みをたどるうえで、もっとも興味深いふたつの物語だといえる。しかしながら、その発見の陰にも、大きな過ちが潜んでいた。

第6章　生命を解するもの

観察の分野では、偶然は心構えのある者にのみ訪れる。

――ルイ・パスツール

一九五〇年一二月のその日、カリフォルニア工科大学のカークホフ研究所の建物内にある講堂は、いつになくすし詰め状態だった。(1)かの有名な化学者、ライナス・ポーリングが、非常に劇的な何かを披露するらしい。もしかすると、生命最大の謎のひとつを解き明かす何かかもしれない――巷《ちまた》ではそんな噂が飛び交っていた。すると、ようやくポーリングが到着した。研究助手のひとりが巨大な彫刻のような物体を抱えており、その物体は布がかぶせられて紐《ひも》で留められている。講演そのものは、ポーリングの卓越した化学の能力と絶妙な演出の才能をまたもや実証するものだった。ポーリングは聴衆をしばらくじらしたあと、ついにジャックナイフで紐を切った。すると、まるでマジシャンが帽子の中からウサギを出すかのように、現在「α《アルファ》ヘリックス」と呼ばれているものが姿を現わした。多くのタンパク質の主な構造的特徴を示した三次元の球棒《きゅうぼう》モデルである。

　ポーリングの華々しい講演に関する噂は、それからほどなくして、数千キロも離れたスイスのジュネーヴにいたジェームズ・ワトソンの耳にも届いた。彼はそのわずか三年後、（フランシス・クリックとともに）DNAの構造を発見することになる。当時、ワトソンはスイスの分子生物学者、ジャン・ヴェイグルのもとを訪れていたのだが、その彼がたまたまカリフォルニア工科大学で冬を過ごし、戻ってきたばかりだったのだ[2]。ヴェイグルはポーリングのカラフルな木製モデルが本当に正しいのか、判断しかねたものの、ワトソンはポーリングの華麗な講演について伝え聞くと、興味を持ち、やる気を奮い起こされた。その心を惹く物語については、本章でのちほど触れることにする。

　一九五一年九月には、ポーリングの科学的偉業に関する話は《ライフ》誌の誌面にまで姿を見せ、「化学者、大いなる謎を解く――タンパク質の構造が確定」という見出しとともに、自身のαヘリックス・モデルを指差しながら笑うポーリングの写真が掲載された[3]。《ライフ》誌の記事は、ポーリングの長いキャリアにおけるまさに奇蹟の年について、一般人にでもわかる言葉で、簡潔にまとめたものにすぎなかった。こう言えばその意味が十分に伝わるかもしれない。《米国科学アカデミー紀要》（*Proceedings of the National*

Academy of Sciences)》の一九五一年五月号には、ポーリングと共同研究者のロバート・コリーによる論文が七つも掲載されたのだ。そのテーマは、コラーゲン（哺乳動物にもっとも豊富なタンパク質）や羽軸《うじく》といったさまざまなタンパク質の構造だった。この論文は、ポーリングの一五年間の先駆的な研究の集大成だった。

αヘリックスへの道

ポーリングがタンパク質について考察しはじめたのは、一九三〇年代のことだった。[4] 彼はタンパク質に関する初期の論文で、ヘモグロビンの理論を提唱している。[5] ヘモグロビンは、赤血球の中にある鉄を含んだタンパク質であり、彼はヘモグロビン分子中にある四つの鉄原子が酸素分子と化学結合すると主張した。このテーマに取り組んでいる最中、ポーリングは新しい画期的な実験手法を編み出した。彼は、一部のタンパク質の磁気的性質を測定することで、鉄原子とその周囲の基《き》のあいだで形成されている化学結合の性質について、重要な情報がわかると考えた。この手法は、のちに構造化学の有益な道具となった。ポーリングは、この磁気的な特性をうまく活かし、たとえばいくつかの化学反応の速度を求めている。

そのころ、タンパク質の第一人者であるアルフレッド・マースキーは、ポーリングのグループと共同研究を行なうため、一年間の予定でパサデナにやってきた。[6] このふたりの化学者の偶然の共同研究が、大成功を遂げる旅の出発点となった。マースキーとポーリングはまず、天然タンパク質、つまり細胞内にある天然状態の未変性のタンパク質が、「ポリペプチド」と呼ばれるアミノ酸の鎖からなり、ポリペプチドがある規則的な方法で折り畳まれているという考えを提唱した。[7][8] その直後、ポーリングはこの折り畳みの正確な性質こそ、問題の核心だと気づいた。幸い、一九三〇年代初頭には、X線回折実験からいくつかの手がかりが浮かび上がりつつあった。この強力な手法では、結晶にX線ビームを照射し、この目には見えない光線が標本に当たって反射する様子を観察することで、結晶の構造(原子間の距離やお互いの向きという意味)の再現を試みることができる。ポーリングは、物理学者のウィリアム・アストベリーが毛髪、羊毛、角《つの》、爪(「αケラチン」と呼ばれるタンパク質)から得たX線回折パターンを自由に参照できた。[9] しかし、そのX線写真はかなり不鮮明で、構造を確実に決定することはできなかった。それでも、写真を見るかぎり、毛の軸に沿って五・一オングストロームおきに構造単位が繰り返されているようだった(一オングストロームは長さの単位のひとつで、一億分の一センチメートル)。X線パターンの質があまり高くなかったため、ポーリングは別の方向から問題に挑むことにした。構造化学、つまり原子同士に期待される相互作用を用いて、ポリペプチド鎖《さ》の大きさや形状を予測し、いくつかの構造の候補のうちどれが、X線画像から推定される情報と一致するかを確かめようとしたのだ。

AとBが結合するように、折り目に沿って折り畳む

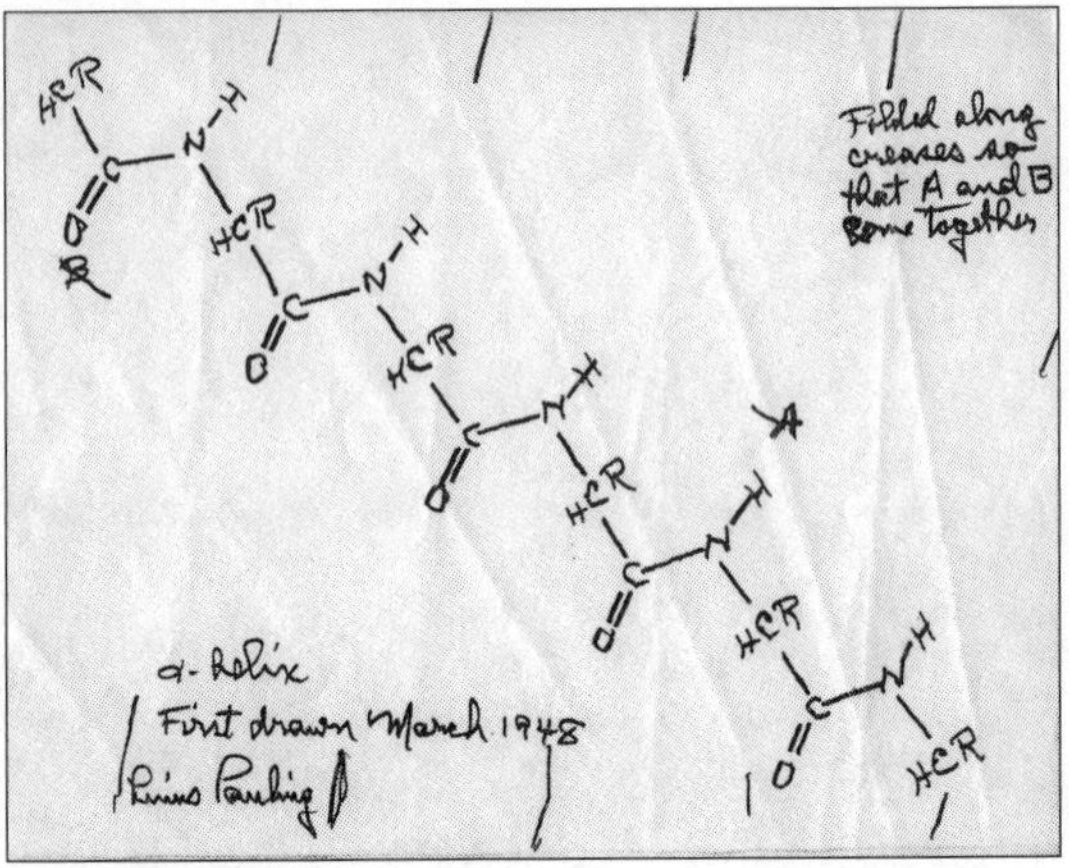

α ヘリックス
1948年3月に初めて描いたもの
ライナス・ポーリング

図11

一九三七年の初夏、ようやく教職の仕事から解放されると、ポーリングは折り畳みの問題の研究に没頭した[10]。図11は、彼が考察していた一般的構造を図式化したものだ[11]。炭素原子（図で「C」と表記されているもの）と隣接する窒素原子（「N」）の化学結合を注意深く調べた結果、ポーリングは、炭素、窒素、および隣接する四つの原子（総称してペプチド基と呼ばれる）が同一平面上にあるはずだと結論づけた。この性質は結果的にきわめて重要だった。構造の候補の数が大幅に減るからだ。そのため、ポーリングは正確な構造を突き止められるのではないかと期待した。ところが、めったに思いどお

りには進まないのが科学というものだ。それから数週間、ポーリングは必死に研究を続けたが、X線回折の結果が示すように、繊維の軸に沿って五・一オングストローム間隔の繰り返しを生じさせるようなペプチド鎖の折り畳み方を発見することはできなかった。業《ごう》を煮やした彼は、その時点であきらめてしまった。

　有望そうな仮説がうまく機能しないと、科学者はたいてい手元にある実験データの質を改善しようとする。というのも、情報の質が上がれば、それまで識別できなかった手がかりが見つかる可能性があるからだ。この考えのもと、ポーリングはロバート・コリーに話を持ちかけ、X線結晶構造解析を用いて、いくつかの単純なペプチドやアミノ酸（タンパク質の構成要素）の構造を決定する長期プロジェクトを始めるよう説得した。[12]コリーはこの研究に全力を捧げ、一九四八年を迎えるころには、カリフォルニア工科大学の共同研究者たちとともに、そのような一〇あまりの化合物の正確な構造を突き止めることに成功した。コリーの発見した化学結合の距離や、分子のさまざまな部分同士の角度、ペプチド基の「平面性」（原子群が同一平面上に存在すること）が、自身が以前に求めた結果と正確に一致しているとわかると、ポーリングはαケラチン・タンパク質の構造の問題にもういちど挑戦することを決意する。一九八二年、（当時でさえ時代遅れの）ディクタフォン［訳注：あとで文字起こしするために用いられる小型のカセット式ボイス・レコーダー］に録音された口述記録の中で、ポーリングは当時の状況をこう振り返っている。

一九四八年春、私はイギリスのオックスフォード大学で、その年のジョージ・イーストマン教授職とベリオール・カレッジのフェローを務めていた。そんなとき、私は風邪を引いてしまい、三日ほど寝込むはめになった。二日がたち、推理小説やSFを読むのに飽きたので、私はタンパク質の構造について考えはじめた。(13)

ポーリングは再びこの難問に挑むにあたって、まずこんな仮定を立てた。αケラチン内のすべてのアミノ酸は、ポリペプチド鎖に対し、構造的に似たような位置にあるはずだ。彼はベッドにいたまま、妻のエヴァ・ヘレンに、鉛筆、定規、紙を持ってくるよう頼んだ。ポーリングは各ペプチド基を紙の平面上に保ったまま、太い線や細い線を使って三次元の関係を示し、炭素原子に対するふたつの単結合を軸に回転させることで(回転角度はペプチド基同士で同一になるようにする)、「らせん」を作り出した。(14) いわばらせん階段のような構造である。ポリペプチド骨格がらせんの中心部分をなし、アミノ酸が外側に突き出している(図12)。この構造を安定させるため、ポーリングはらせんのひとつの周と次の周のあいだに、らせんの軸と平行になるような水素結合を施《ほどこ》した(図12を参照。水素結合とは、ある分子の水素原子が別の分子の原子に引きつけられる化学結合の一種)。実際のところ、彼は有効な構造をふたつ見つけ、ひとつをαヘリックス、もうひとつをγ《ガンマ》ヘリッ

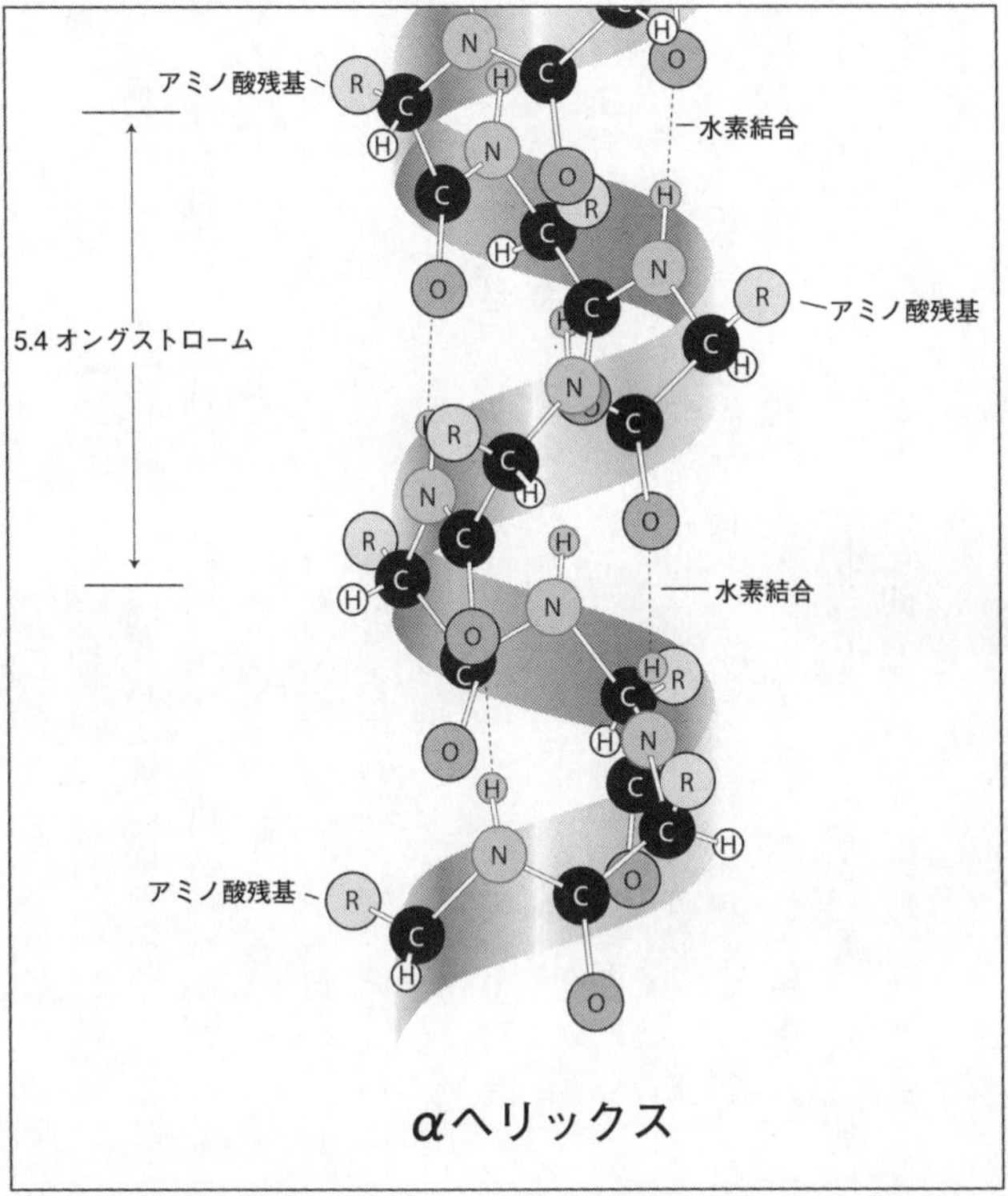

図12

クスと名づけた。ポーリングがこのような基本的な道具だけでこの問題の解決策を発見できたという事実は、ペプチド基の平面性という彼自身の以前の発見がどれだけ重要だったかを物語っている（図11は、一九四八年に紙に描いた図を彼自身が再現しようとしたもの）。平面性という条件がなければ、考えうる構造の数はもっとずっと多くなっていただろう。

興奮したポーリングは、妻に計算尺を持ってくるよう頼んだ（使われなくなって久しいが、当時はもっともよく用いられる計算用具だった）。繊維の軸に沿って繰り返される反復距離を計算するためだ。その結果、αヘリックスの構造は、五周につき一八個のアミノ酸という頻度で繰り返されることがわかった。つまり、αヘリックスは一周につきアミノ酸三・六個だったのだ。がっかりしたことに、計算された一周あたりの間隔は、X線回折パターンが示す五・一オングストロームではなく、五・四オングストロームだった。γヘリックスはほかの分子が入れないくらい中心部分の穴が小さかったので、ポーリングはαヘリックスに焦点を絞ることにした。自分の答えが正しいと強く確信したポーリングは、計算された距離を五・四から五・一に減らすため、結合距離か結合角を調節する方法はないか、必死で探しつづけたが、結局は見つからなかった。結果、彼はαヘリックス・モデルにとても満足していたものの、間隔の食い違いの理由をきちんと理解できるまで、発表を控えることにした。

およそ六週間後、ポーリングはケンブリッジ大学のキャヴェンディッシュ研究所を訪れ、そこで見たものにいたく感動した。「私たちの施設の五倍くらいは充実している」と彼はカリフォルニア工科大学の助手への便りに記した。「X線写真を三〇枚近く同時に撮れる設備があるんだ」[15]。ポーリングは自分のモデルのどこかにまだ間違いがあるかもしれないと心配していた。と同時に、キャヴェンディッシュ研究所のグループに分析で先を越されるのではないかと不安だった。そこで、彼はαヘリックスについては黙っておいた。著名な化学者、マックス・ペルーツとの議論中も、ペルーツがヘモグロビン結晶の構造に関する驚くべき新結果を明かしたというのに、ポーリングは自分の考えを胸にしまっておくことにした[16]。

しかし、この問題はポーリングに付きまといつづけた。パサデナに戻ると、ポーリングはすぐさま物理学の客員教授であるヘルマン・ブランソンに、自分の計算を精査してほしいと頼んだ。ポーリングが特に知りたかったのは、ペプチド結合の平面性と安定化のための最大限の水素結合という制約を満たすような、三つめのらせん構造が存在するかどうかだった[17]。ブランソンとポーリングの研究助手のひとりであるシドニー・ワインバウムは、およそ一年間、ポーリングの計算をつぶさに調べ、全制約を満たす構造はαヘリックスとγヘリックスのふたつしかないと結論づけた。また、ブランソンとワインバウムは、ふたつの中でより密着性の高いαヘリックスは、一周ごとの間隔が五・四オングストロームであることも確認した。

こうして、ポーリングは、X線データとの食い違いを無視してαヘリックス・モデルを発表するか、この問題が完全に解決するまで発表を遅らせるかの二者択一を迫られた。彼を決断へと導いたのは、一九五〇年三月三一日の《ロンドン王立協会紀要（*Proceedings of the Royal Society of London*）》に掲載された一本の論文だった。

もっと早く君を怒らせておけばよかった

論文『結晶性タンパク質におけるポリペプチド鎖の構造（Polypeptide Chain Configurations in Crystalline Proteins）』を記したのは、錚々《そうそう》たる三人だった。[18] 一九一五年にノーベル物理学賞を受賞したローレンス・ブラッグと、一九六二年にようやくノーベル化学賞を共同受賞したふたりの分子生物学者、ジョン・ケンドリューおよびマックス・ペルーツだ。三人ともケンブリッジ大学のキャヴェンディッシュ研究所の出身だった。当時、この有名な研究所は、X線結晶構造解析にかけては世界の中心機関だった。この結晶分析手法の生みの親はブラッグだったといっても過言ではない。ローレンス・ブラッグは父親のサー・ウィリアム・ヘンリー・ブラッグとともに、この物理現象の根底にある数学的法則を見つけ出し、この実験手法を確立したのだ。

X線結晶構造解析の背景にあるアイデアは、簡潔さという点で実に見事だった。[19] 物理学者たちは一九世紀初頭より、微小な間隔でスリットが並んだ回折格子に可視光を当てると、通過した光が反対側のスクリーンに明るい点と暗い点からなる回折パターンを作り出すことを知っていた。明るい点は、回折格子の別々のスリットから入った光波が一緒になり、互いに強めあった位置を示している。暗い点は、別々の波が互いに干渉して打ち消しあった位置にできたものだ（たとえば、ある波の山と別の波の谷が重なりあった場合）。しかし、このような回折パターンが形成されるためには、スリット同士の間隔が光の波長（光波のふたつの連続する山同士の距離）と同程度でなければならないこともわかっていた。可視光の場合、このような細かな回折格子を作るのは比較的容易だが、X線の場合は作るのが不可能だった。というのも、X線の一般的な波長は、スペクトルの可視領域の波長と比べると数千分の一程度だからだ。天然の規則的な結晶がX線回折実験用の格子の役割を果たすことに初めて気づいたのは、ドイツの物理学者、マックス・フォン・ラウエだった。ラウエ彼は結晶の原子間距離がX線の推定波長とちょうど同程度であることに気づいた。ラウエの足跡《そくせき》をたどり、ローレンス・ブラッグは結晶構造におけるX線回折について記述した数学的法則を定式化した。驚くべきことに、彼がこの重大な結果を得たのは、ケンブリッジ大学の研究生としての一年めであった。ブラッグ親子のチームは続けて、さまざまな結晶の構造を分析できるX線分光器の開発に乗り出した。ちなみに、本書の執筆時点で、ローレンス・ブラッグが持つノーベル賞の最年少受賞記録はいまだ破られていない（二五歳で受賞したのだ！）。

この驚くべき実績を考えれば、ブラッグ、ケンドリュー、ペルーツの論文のタイトルを見たとき、ポーリングがドキッとしたのは想像に難《かた》くない。実際、論文の最初の二段落は、ブラッグ親子に先を越されたかのような印象を与えるものだった。「タンパク質はアミノ酸残基の長い鎖によって構成されている。……（中略）……本論文の目的は、結晶性タンパク質のX線研究を通じて、この鎖の性質に関してなるべく多くの情報を得ること、そして現在ある証拠と一致する鎖の種類の候補について調べることである」[20]。ポーリングはすぐさま全三七ページに目を通したが、その内容に胸をなで下ろした。そのキャヴェンディッシュ研究所の研究者たちは、二〇種類ほどの構造について説明していたが、その中にαヘリックスは含まれていなかったのだ。さらに、彼らは検証したどの構造もαケラチンのモデルとしては適さないと結論づけていた。ポーリングはまったくそのとおりだと考え、気が楽になった。というのも、ブラッグのチームは構造にもっとも重要な制約を課しておらず、その代わりに、彼から見ればまったく不必要に思える制約を課していたからだ。一方では、ブラッグのどのモデルでも、ポーリングが絶対に正しいと確信していたペプチド基の平面性が仮定されていなかった。しかしもう一方では、らせん構造が一周するたびにアミノ酸残基が整数個なければならないという考えにとらわれているようだった。その点、ポーリングのαヘリックス・モデルは画期的で、一周あたりおよそ三・六個のアミノ酸が存在した。そして、彼はそれで何の問題もないと考えていた。また、X線結晶構造解析の知識に染まっていたブラッグは、アストベリーのデータが示唆する一周あたり五・一オングストロームという距離にも、徹底してこだわった。その後のペルーツの説明によると、チームで研究に着手するにあたり、ブラッグは一周あたりの軸方向距離が五・一センチメートルになるようにして、らせんパターン内のアミノ酸残基を表わす釘をほうきの柄《え》に打ちつけたという。[21]

ポーリングは昔から競争心の強い性格だった。[22]ケンブリッジ大学のチームがいくつかの重要な点を見落としたことを知って喜んだが、ブラッグの論文が発表されたことで、ポーリングは先を越されることを心配し、すぐに行動を取った。一九五〇年一〇月、彼とコリーはαヘリックスとγヘリックスについて説明した短い手紙を《米国化学会誌（*Journal of the American Chemical Society*）》に送付。[23]同じころ、イギリスのコートールズ社の研究所の研究グループからも、いくつかの心強い結果が届きはじめていた。その研究所では、クレメント・バンフォード、アーサー・エリオット、その共同研究者たちが、合成ポリペプチドの繊維の製造に成功した。ポーリングにとって喜ばしいことに、この繊維のX線回折写真では、軸に沿った反復距離は、明らかに五・一オングストロームではなく五・四オングストロームだった。これはポーリングの結果と一致する。このことから彼は、毛のX線写真の五・一オングストロームという結果は、構造を解き明かす重要な手がかりなどではなく、単に反射光が重なり合って生まれたものにすぎないのではないかと考えた。この解釈が正しいという確信をますます深めていったポーリングは、コリー、ブランソンとともに、αヘリックスとγヘリックスについて詳しく説明した論文を提出した。[24] この重大な論文が、ポーリングのちょうど五〇回めの誕生日、一九五一年二月二八日に提出されたというのもうなずける。

ちなみに、「ヘリックス」という言葉を使うことになった経緯については、面白い逸話《いつわ》がある。この話は、当時ポーリングのもとで博士研究員《ポスドク》をしていた化学者のジャック・ダニッツから私が個人的に聞いたものだ。ダニッツの記憶によると、一九五〇年、ポーリングはαケラチンの構造を表わすのにずっと「らせん《スパイラル》」という言葉を使っていた。《米国化学会誌》に掲載されたポーリングとコリーの短信の中でさえ、らせん《スパイラル》という言葉しか書かれていなかった。ダニッツによると、ある日、彼はポーリングに、「らせん《スパイラル》」という単語は二次元の平面図形にしか使えず、三次元のものは「ヘリックス」と呼ぶべきだと思うと伝えた[25]［訳注：英語の spiral は本来、蚊取り線香のような二次元の渦巻き図形を指し、らせん階段のような三次元の図形は helix という。しかし、英語では三次元のらせんも慣例的に spiral と呼ばれることが多い。日本語では二次元、三次元のものをそれぞれ渦巻き、らせんと呼ぶが、英語とは逆で両方ともらせんと呼ばれることが多い］。ポーリングは二次元でも三次元でもらせん《スパイラル》と呼べると答えたが、よくよく考えてみると「ヘリックス」という単語のほうがしっくりくると付け加えた。ポーリング、コリー、ブランソンが先ほどの長大な原稿を提出したころには、「らせん《スパイラル》」という単語はすっかり使われなくなっていた。論文のタイトルは『タンパク質の構造――ポリペプチド鎖の二種類の水素結合性のらせん《ヘリカル》構造（The Structure of Proteins: Two Hydrogen-Bonded Helical Configurations of the Polypeptide Chain）』だった。このころには、ポーリングは自分のモデルに相当な確信を抱いていたので、このαヘリックスの論文のあと、コリーとともにポリペプチド鎖の折り畳みに関する論文を次々と発表した。

その年の春、イギリスでのこと。マックス・ペルーツはある土曜日の午前、図書館に出かけた。そこで、《米国科学アカデミー紀要》の最新号の中に、ポーリングの一連の論文を見つけた。およそ三六年後、その日の午前の体験について、こう説明している（言葉遣いはやや専門的だが、感情は明らかに見て取れる）。

私はポーリングとコリーの論文に衝撃を受けた。ケンドリューや私のらせんとは対照的に、彼らのらせんにはひずみがなかった。すべてのアミド基が平面をなし、すべてのカルボキシル基が鎖に沿って四残基離れたアミノ基と完璧な水素結合を形成していた。その構造は完全に正しく見えた。なぜ私は見逃してしまったのだろう？　なぜアミド基を平面に保たなかったのか？　なぜアストベリーの五・一オングストロームという間隔を鵜呑みにしたのか？　他方、ポーリングとコリーのらせんは、一見すると申し分なく思えるが、間隔は食い違っている。なのにどうして正しいことなどありえるのか？　私の頭の中はぐちゃぐちゃだった。私は昼食を取るため自転車で家に戻ったのだが、子どもたちのおしゃべりも耳に入らず、妻の「今日はどうかしたの？」という声にも答えぬまま、食事を続けた。(26)

ポーリングのモデルについてもう少し考えるうち、ペルーツはαヘリックスがらせん階段に似ていることに気づいた。アミノ酸残基（図12の「R」）が「階段」であり、一段分の高さはおよそ一・五オングストローム。したがって、ブラッグのX線回折理論に従えば、繊維の軸に垂直な平面から一・五オングストロームずつ離れた、未報告のX線反射パターンが存在するはずだった。ブラッグのグループのモデルはいずれも、このような痕跡を生み出していなかった。一方、このパターンはポーリングのαヘリックスの明確な〝指紋〟であった。

ペルーツは、アストベリーのデータにこのような反射が見られないことは、ポーリングのモデルを反証するのに十分だと結論づけようとしたが、ちょうどそのとき、アストベリーの実験の設定を思い出した。繊維の長軸がX線ビームに対して垂直になるよう、繊維の向きが設定されていたのだ。この設定では、一・五オングストローム間隔のパターンを検出するのは不可能だっただろう。計算によれば、この反射を観察するのに最適な条件を得るためには、繊維をおよそ三一度の角度に傾ける必要があった。

ペルーツはこの決定的な検証を今すぐに実施するべきだと感じた。彼は自転車で研究所に戻り、引き出しにしまっておいた馬の毛をつかみ、計算上、反射を検出するのに適した角度で装置に装着し、周囲にフィルムを取りつけた（対照的に、アストベリーの平板カメラは非常に狭く、大きな角度で逸れた反射光を検出し損ねる可能性があった）。そうして、X線ビームを照射した。フィルムが現像されるまでの数時間はこのうえなくやきもきさせられたが、とうとう答えが出た。αヘリックスの予言する一・五オングストローム間隔の強烈な反射が、くっきりと映っていたのだ！

ペルーツは月曜の朝いちばんに、X線写真をブラッグに見せた。ブラッグはなぜペルーツがこの決定的な検証を実施することを急に思い立ったのかわからなかった。ペルーツは、αヘリックスを思いつかなかった自分自身に猛烈に腹が立ったのだと答えた。するとブラッグは、今ではすっかり不朽《ふきゅう》のものとなった台詞《せりふ》を返した。「もっと早く君を怒らせておけばよかった！」

生命の設計図

ポーリングが一九五一年の一連の有名な論文の中で書いていることがすべて正しかったわけではない。その年の彼の全論文をじっくりと調べてみると、いくつかの弱点が浮かび上がる。特に、γヘリックスは最終的に放棄せざるをえなくなった。しかし、こうした小さな欠陥は、ポーリングの画期的な偉業の価値を少したりとも貶《おとし》めるわけではない。彼はαヘリックスと、タンパク質の構造におけるαヘリックスの重要な役割を発見したのだから。ポーリングは、生命の性質に対するわれわれの理解に、途方もない貢献を行なった。彼は、たとえ本質的にどんなに複雑だとはいえ、生物学とは基本的に、進化の理論に裏打ちされた分子科学なのだということに初めて気づいた科学者のひとりだった[27]。一九四八年には早くも、こんな鋭いことを記している。「偉大なる生物学的現象の数々を理解するには、原子と、原子の結合によって形成される分子を理解しなければならない。そして、単純な分子を理解するだけで満足してはいけない。……（中略）……生物の持つ巨大分子の構造についても学ぶべきなのだ[28]」

ポーリングは、分子生物学の一般理論や方法論にも、同じくらい目覚ましい影響を与えた。ひとつめに、彼の一九三九年の画期的な著書『化学結合論』（*The Nature of the Chemical Bond and the Structure of Molecules and Crystals: An Introduction to Modern Structural Chemistry*〔化学結合の性質と分子および結晶の構造――現代構造化学への手引き〕）では、生体分子における水素結合の重要性について予言するかのごとく、こう指摘している。「構造化学の手法を生理学的な問題へともっと応用するうちに、生理学にとって水素結合がどの構造上の特徴よりも重大だとわかるだろう[29]」。実際、タンパク質から核酸まで、多くの有機分子の構造が、この予測を完璧に裏づけたのである。

ふたつめに、ポーリングはモデル製作の草分けでもあった。彼はモデル製作を、構造化学の厳密な法則に基づいて構造を予測するための一種の表現形式へと変えたのだ。カリフォルニア工科大学で開発された色つきの空間充塡《じゅうてん》モデルでさえ、高分子研究の分野では流行のアイテムになった[30]。カリフォルニア工科大学のワークショップが研究所のために製作した空間充塡モデルは、一九五六年当時で、一セットあたり一二〇〇ドルもした。ひとつのセットには約六〇〇の原子モデルが含まれていた。

また、X線回折パターンを研究を進めるうえでのとっかかりとするのではなく、知識に基づく高度な予測の真偽を最終的に確かめる手段として用いるというポーリングの手法も、おそろしく効果的だった。実際、ワトソンとクリックもこのすぐあとに、同じ手法をDNAの構造に対して用いることになる。

ポーリングはさらに一九四八年の講演で、遺伝学に関して以下のような注目すべき見解を述べている。しかし、当時は彼自身でさえ、それがいったいどんな意味合いを持つのか気づいていなかったようだ。講演の冒頭で、彼は聴衆にこう指摘した。

> グレゴールという修道名を授かった修道士のメンデルは、大きさが大きいか小さいか、花が紫色か白色かといった、エンドウマメの特徴の遺伝は、親から子孫へと伝えられ

る遺伝単位をもとに理解できると述べた。そして、トマス・ハント・モーガンと彼の共同研究者たちは、この単位というのが、染色体内に線状に連なる遺伝子であると同定した[31]。

そして、講演の終盤でさらに、こう付け加えるのである。

遺伝子やウイルス分子が自身の複製を生成する詳しいメカニズムについては、いまだわかっていない。一般的に、遺伝子やウイルスを鋳《い》型《がた》として用いた場合、まったく同一の構造ではなく相補的な構造を持つ分子が形成される。もちろん、分子が型となる鋳型と同一であり、かつ相補的でもあるケースもありうるわけだが、そういうケースはあまりにもまれなため、一般的に有効だとはいえないと思う。ただし、次の場合は別だ。仮に、鋳型の役割を果たす構造（遺伝子やウイルス分子）が、たとえばふたつの部分からなり、お互いが構造的に相補的だとしたら、それぞれがお互いの複製を生成するときの型の役割を果たせる。そうすれば、ふたつの相補的な部分からなる合成物は、自分自身の複製を生成するときの型の役割を果たせるのだ［傍点引用者］[32]。

このあとすぐに見るように、四年後、ポーリングがＤＮＡの構造を決定しようとしていたとき、自分の発言を覚えていれば、大きな過ちを犯さずにすんでいたかもしれない。ポーリングがDNAに目を向けはじめたのは、一九五一年の夏になってからのことだった。一九五〇年代初頭まで、ほとんどの生命科学者たちは、核酸ではなくタンパク質が生命の基礎であり、生殖、成長、調節において重要な役割を果たしていると考えていた。この考え方の起源は、生物学者のトマス・H・ハクスリー（通称「ダーウィンの番犬《ブルドッグ》」）までさかのぼることができる。彼は原形質――細胞の生きている部分――こそが生命のあらゆる特性の源《みなもと》だと考えていた。アミノ酸が長い鎖状になってできているタンパク質は、あらゆる生細胞の大部分を占める。一方、核酸は、その名前からも想像できるように、細胞の核の中に初めて発見された。

生化学者のフィーバス・レヴィーンは、核酸の構造や組成について研究を行なったが、彼の初期の研究が核酸に対する関心を生み出すことはなかった。むしろどちらかといえば、その逆の影響を及ぼしたといえる。レヴィーンはデオキシリボ核酸（DNA）とリボ核酸（RNA）を区別し、その性質の一部を発見することに成功した(33)。ところが、彼の研究結果は、DNAとRNAがかなり単純で平凡な物質であり、成長や複製の制御という複雑な仕事をやってのけるには適していないという印象を与えた。たとえば、細胞学者のエドマンド・ビーチャー・ウィルソンは、一九二五年にこう述べている。「核内にある核酸は、全体的に見て著しく一様である……（中略）……。この点からして、核酸はタンパク質と

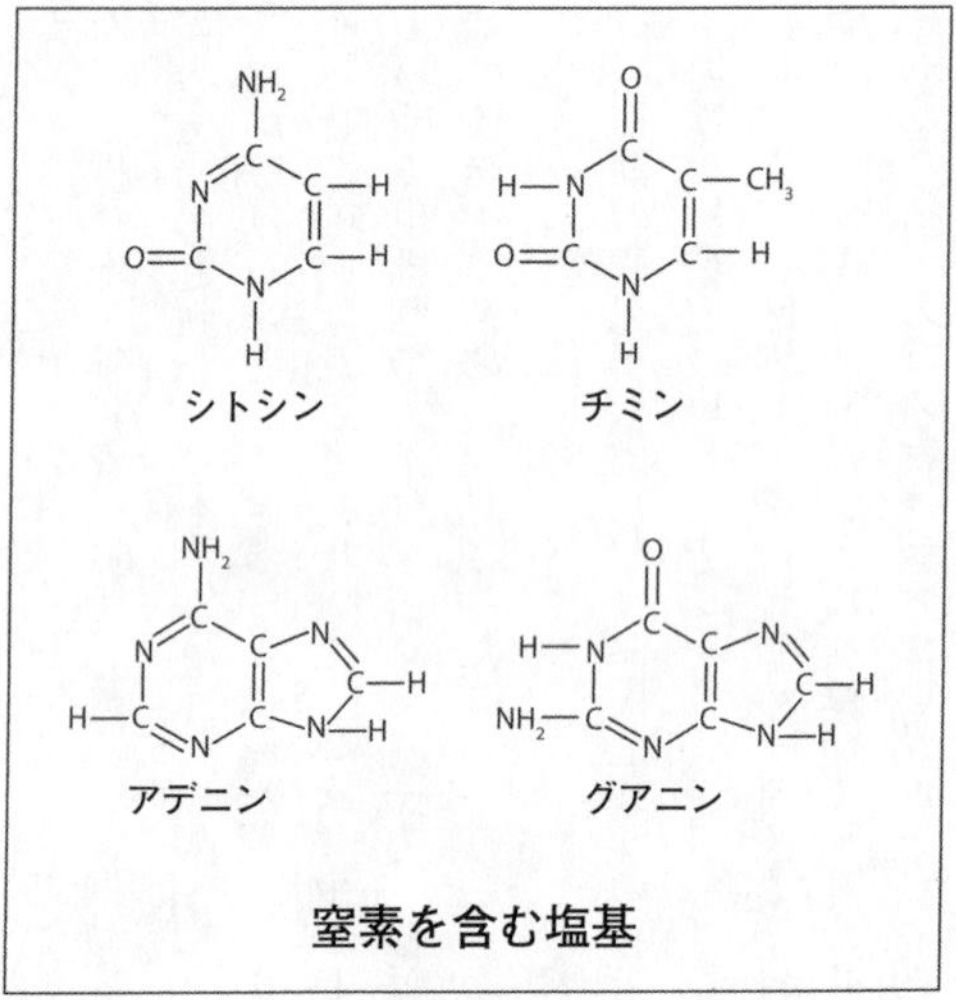

図13

はまるで対照的だ。タンパク質は、単純なものであれ複雑なものであれ、無限の多様性があるように見える」[34]。

この印象は一九四〇年代まで続いた。そのころになると、DNAは枝分かれのない「ヌクレオチド」という単位の鎖でできていることが知られていた。ヌクレオチド自体も一見するとかなり単純で、それぞれが三つの構成要素を含んでいた。「リン酸基」（リン原子に四つの酸素原子が結合したもの）、五炭「糖」、そして窒素を含む四種類の「塩基」のうちのひとつだ。四種類の塩基とは、環が一個の「シトシン」「チミン」と、環が二個の「アデニン」「グアニン」だ（図13を参照）。一九五一年になってもまだ知られていなかったのは、その実際の構造だった。この四つの構成要素は互いにどう結びついてヌクレオチドを形成しているのか？　ヌクレオチド同士の結合の性質は？　しかし、これらは化学的な観点から見ればかなり面白い問題だったものの、一九五一年末の時点になっても、ほとんどの遺伝学者がDNAの役割は構造的なものにすぎないと考えていた。DNAは遺伝と直接関係しているわけではなく、より高度なタンパク質の足場のような役割を果たしているにすぎないのではないかと。(35)

この事実自体は少し意外だ。というのも、生物学者のオズワルド・エイヴリー、コリン・マクラウド、マックリン・マッカーティが一九四四年に発表した論文で、生細胞の遺伝物質がDNAで構成されていることを示す強力な実験的証拠を示していたからだ。エイヴリーと彼の共同研究者たちは、病原性のあるバクテリアを大量に培養し、生化学的成分に基づいて分離したあと、タンパク質でも脂肪でもなく、DNA分子が病原性のないバクテリアを病原性のあるバクテリアに変える役割を果たしていると結論づけた。(36)一九四三年五月、エイヴリーは細菌学者の弟、ロイに宛てた手紙でこの結果について説明し、こう結論づけている。「そういうわけでロイ、これが話の顚末《てんまつ》だ。正しいか間違っているかはどうあれ、非常に面白く、たいへんな作業でもあった(37)」。エイヴリーの発見が意外と注目を浴びなかったのには、ある事実が絡んでいたのかもしれない。三人の科学者はいずれも遺伝学者でなかったため、結論にあまりにも慎重を期した。そのため、生命科学者の多くはその重要性を十分には理解できなかったのだ。[38] たとえば、論文内にこうある。「最終的に、ここに記した物質の形質転換活性が核酸に内在する性質であることが合理的な疑いの余地なく証明されたとしても、化学的な根拠に基づいて、この作用の生物学的特異性を説明する必要は残る」。それでも、注意深く読んだ人は、論文の要旨にこう書いてあることに気づいたはずだ。「得られたデータが示すとおり、この手法の制約の範囲内では、この活性画分《かくぶん》は明白なタンパク質……（中略）……を含まず、主に（すべてではないにせよ）高度に重合した粘性のあるデオキシリボ核酸［DNA］で構成されている」

ポーリングはエイヴリーの研究について知っていたが、そんな彼でさえ、のちのインタビューで、DNAが遺伝とそれほど関係しているとは思わなかったと認めている。「DNAが遺伝物質であるという主張は知っていた。しかし、受け入れてはいなかった。私はタンパク質に十分満足していたので、たぶん核酸ではなくタンパク質が遺伝物質だろうと考えていた」。化学者でライナス・ポーリングの息子であるピーター・ポーリングも、父親が実際にそう考えていたと認めている。一九七三年に書かれた短い論文で、ピーターはこう記した。「私の父にとって核酸は、興味深い化学物質だった。塩化ナトリウム［ふつうの食卓塩］が興味深い化学物質であるのと同じように。どちらも、興味深い構造上の問題を提起していたのだ」[39]

それでも、一九五一年末にかけて、当時のカリフォルニア大学バークレー校の生化学者、エドワード・ロンウィンが意外な論文を発表すると、ポーリングは興味を持ち、行動を起こした[40]。その論文、題して『核酸におけるリン酸トリ無水物の構造式(A Phospho-tri-anhydride Formula for the Nucleic Acids)』は、一九五一年一一月に発表された。この論文の中で、ロンウィンはDNAの新しい〝設計〟を提唱した。各リン原子が五つの酸素原子と結合しているというものだったが、熟練した構造化学者だったポーリングは、リンが四つの酸素原子としか結合しえないという揺るぎない確信を持っていた。当惑したポーリングは、(化学者のバーナー・ショーメーカーと共同で)《米国化学会誌》の編集者に短い手紙を送り、「ある物質の構造について仮説を立てるときには、使われている構造要素が妥当なものになるよう、注意が必要だ」とまず述べている[41]。結論部分はさらに斬り捨てるような調子になっていた。「ひとつのリン原子の周囲に五つの酸素原子が結合しているというのは、あまりにも構造的に考えにくい」ため、ロンウィンの提唱するようなDNAの化学式は「真剣に検討する価値もない」とふたりは述べた。するとロンウィンは、リンが五つの酸素原子と結合する物質はほかにもあると反論した[42]。ポーリングとショーメーカーは自らの見下したような発言を撤回するはめになったが、この種の構造は水分に対してきわめて敏感なので、DNAの候補としては考えにくいと主張した(実際そのとおりだった)[43]。このやり取りは、本来であれば大した意味もなかったのだろうが、ポーリングにDNAの構造を考えるきっかけを与えたという点では、大きな意味があった。しかし、前に進むためには、DNAの高品質なX線回折写真が必要だった。というのも、印刷されて出回っていた写真は、ウィリアム・アストベリーとフローレンス・ベルが一九三八年と三九年に撮影した古い写真だったからだ。残念ながら、高品質なX線写真を手に入れるのは容易ではなかった。一九五〇年代初頭、カリフォルニア工科大学は新しい写真を撮ったには撮ったのだが、意外にも、結果的にアストベリーとベルの写真よりも品質は劣っていた。選択肢を検討しているとき、ポーリングはロンドン大学キングス・カレッジのモーリス・ウィルキンスが、「核酸の繊維の高品質な写真」を撮ったと聞きつけた。[44] ポーリングは「だめでもともと」程度のつもりで、ウィルキンスに写真を見せてくれないかと手紙を書いた。ところが、ポーリングには知る由《よし》もなかったのであるが、そのころイギリスではDNAをめぐる活動が急速に熱を帯びはじめていたのだった。

そのころ、イギリスでは……

一九五一年に起こった三つの別個の出来事は、結果的に、DNA構造の解明をめぐる〝競争〟の運命を決定づけた。[45] その年、三五歳のフランシス・クリックは、物理学に愛想を尽かし、生物学の博士号を取得するためにケンブリッジ大学で研究にいそしんでいた(彼はのちに、かつて自分が行なっていた水の粘性に関する研究を「想像しうるかぎりもっとも退屈な問題」と表現した)。彼の数学的知識は、その後の発見において重要な役割を果たすことになる。同じ年、当時二三歳のジェームズ・ワトソンは、マックス・ペルーツからX線回折について学ぶため、ケンブリッジ大学にやってきた。その前、ワトソンはX線がウイルスに及ぼす影響について研究し、インディアナ大学で博士号を取得していた。その後、コペンハーゲン大学では、核酸の化学的性質について少し教育を受けた。同じく一九五一年、当時三一歳のロザリンド・フランクリンは、パリでの三年間の研究でX線回折手法に精通し、キングス・カレッジへとやってきた。

フランクリンは、学識のある銀行家の家庭で育ち、一九四五年にケンブリッジ大学で博士号を取得。フランクリンがキングス・カレッジにやってきたとき、物理学者のモーリス・ウィルキンスは、一流の結晶学者である彼女が、自分の分子構造の研究を手伝ってくれるものだとばかり思っていた。ウィルキンスがフランクリンにそう期待するのも不思議ではなかった。というのも、ワトソンの話によれば、当時、「イギリスにおけるDNA分子の研究は、事実上、モーリス・ウィルキンスの私有物のおもむきがあった」からだ(46)。ところが、キングス・カレッジに来ることを決めたとき、フランクリンが頭に描いていたプランはまったく別のものだった。そして、彼女は彼女で、別の期待を抱くもっともな理由があった。キングス・カレッジの生物物理学研究所の所長だったサー・ジョン・ランドールは、フランクリンへの手紙で、彼女の職務について次のように説明していた。「つまり、実験的なX線研究にたずさわるのは、目下のところ君とゴズリング［レイモンド・ゴズリングのこと。当時は大学院生だった」だけで、シラキュース大学出身のヘラー夫人にも一時的に助けを借りることになるだろう」(47)。したがって、フランクリンは当然、DNA研究に関しては自分の好きにできるのだと思い込んでしまった。しかし、この態度は明らかにウィルキンスの想定に反するものだった。とすれば、フランクリンとウィルキンスがぶつかるのは避けられなかった。そして実際、そうなった。その後、ふたりは同じ研究所の区画を共有していたにもかかわらず、別々に研究するはめになった。

対照的に、ケンブリッジ大学のオフィスを共有していたワトソンとクリックは、すぐに意気投合した。ワトソンはクリックについて、「私が今まで一緒に研究してきた人たちの中で間違いなくもっとも頭がよく、今まで会ってきた人たちの中でももっともポーリングに近い人物」と表現している(48)。このふたりの男の専門知識、性格、気質はかなり違っていたが、互いにうまく補いあっていた。クリックはあるインタビューで、「面白いことに、彼［ワトソン］の専門であるファージ研究については、私は読んだことがあるくらいで、直接的には何も知らなかった。一方、私の専門である結晶学については、彼は読んだことがあるくらいで、直接的には何も知らなかった」と述べている(49)。ふたりがお互いの性格をどう表現しているかを読むと、これまた面白い。ワトソンは、クリックの自信満々な態度、いたずら好きなウィット、思っていることを口に出す癖を評して、「フランシス・クリックがおとなしそうに控えているのを私は見たことがない」と記している。また、「まさに並みはずれたドラ声のうえに、よく舌が回るのである」とも付け加えている。(50) 一方、クリックはワトソンについて、「ジムのほうが私よりもずばずばと物を言った」と記している。(51) 経歴こそ違えど、ふたりの中ですぐに何かがしっくりと来た。クリックは、「若者にありがちな傲慢さ、冷酷さ、いい加減な考え方に対するいらいら」がふたりの中にあったからではないかと記している。思考プロセスもかなり似ていた。クリックはこう言う。「彼は私が今まで会ってきた人々の中で、生物学について私と同じ考えを持っている初めての人物だった。……（中略）……私は遺伝学、つまり遺伝子とは何なのか、遺伝子の役割とは何なのかが、生物学の非常に重要な要素なのだと確信した」

もうひとつ、ワトソンとクリックの協力関係を非常に強固なものにした要因があった。ふたりには学者としての上下関係がなかったので、ふたりともお互いの考えを残酷なくらい正直に批判できたのだ。こういう知的な正直さは、堅苦しい礼儀を伴ったり、地位の高い相手に服従したり、どちらか一方が権力を振りかざしたりするような関係では生まれないこともある。クリック自身は、ワトソンとの関係についてこう表現している。「二人のうちのどちらかが新しい考えを披露するともう一方はそれを真剣にとりあげ、率直に、しかし意地悪な気持ちなしにその考えをあれこれ批判した」。(52) クリックによれば、ワトソンは「遺伝子とはなにかを知りたがっており、DNA構造の解明が大事と考えていた」という。(53) 結果的に、これはまったくそのとおりだった。

それでも、こう思うかもしれない。なぜワトソンとクリックは、DNA構造が不規則でめちゃくちゃなわけではなく、そもそも解明可能だと確信したのか？　もしかすると、一九五一年の春、モーリス・ウィルキンスがイタリアのナポリの会議で行なった講演がきっかけだったのかもしれない。会議にはワトソンも出席していた。ウィルキンスはDNAのナトリウム塩《えん》の極細の繊維を抽出し、アストベリーとベルの写真よりもずっと高品質なX線写真を撮ることに成功した。その写真には結晶状のDNAが写っており、ワトソンには規則的な構造をしているように見えた。ポーリングがウィルキンスに見せてほしいと頼んだのは、まさにその写真だった。

ポーリングの手紙を受け取ると、分子構造に関するポーリングの並外れた才能を十分に知っていたウィルキンスは、依頼にどう応じるべきかで迷った。結局、追加の調査を行なうまでは写真を見せるわけにはいかないと丁重に返信した。それでもポーリングはあきらめず、一《いち》か八《ばち》かランドールに賭けてみることにしたのだが、「写真を貴殿に手渡すのは、彼ら［ウィルキンスと彼の共同研究者たち］や研究所全体の活動にとってフェアとはいえない」という理由で、またもや断られてしまった[54]。こうして、一九五一年末になっても、ポーリングは納得のいく品質で撮影されたX線回折写真を見られずにいたのである。

そのころ、ワトソンとクリックは、ポーリングよりも先にDNA構造を解読したいという思いにますます駆られるようになっていた。オーストリア出身のアメリカ人生化学者のエルヴィン・シャルガフは、一九五二年五月にワトソンとクリックに会うと、その精力的なコンビについてこうユーモラスに表現している。「一方は三五歳。疲れた競走馬の表情。どこかホーガースの面影。……（中略）……もう一方は、まだ二三歳の未熟児。歯をむく笑い、おどおどしているというよりはこすっからそう。口数少し。何ら面白味なし」[55]。もっと面白いのは、ふたりの科学者の燃えさかる野心についての記述だ。「私の理解し得たところでは、彼ら二人は、必要な化学的知識などにはおかまいなく、DNAをラセンに合わせてみようとしていたのだった。その主たる理由は、ポーリングの出した蛋白質のアルファ・ラセン・モデルにあるようであった」[56]。実際、ポーリングは気づいていなかったが、ワトソンとクリックはポーリングと競争している気でいたのだ（ワトソンは特に）。

らせんモデルを最初に提唱したのがポーリングだという思い込みは禁物だが、らせんモデルを生物学的に重要な分子にふさわしい候補にしたという点で、ポーリングが大きな役割を果たしたのは間違いない。ポーリングは、αヘリックス・モデルに一周あたり非整数個のアミノ酸を組み込むことにより、従来の構造結晶学者たちの視野を大きく広げたのだ。その結果、らせん構造から得られたX線回折パターンの解釈をめぐる研究は大きく飛躍し、最終的なDNAの解読へとつながる道具が確立されたのである。クリックは当時の全般的な風潮について、こう表現している。「振り返ってみれば、DNAがらせんでないと考える人のほうが変人だった」[57]

一九五一年の終わりにかけて、事態は一気に進展した。一九五一年一一月二一日、ワトソンはロザリンド・フランクリンのセミナーを聴講するため、ロンドンを訪れた。そのセミナーからは特に新しく学んだことはなかったのだが、ワトソンとクリックはそれから一週間足らずで、DNA構造の最初のモデルを作り上げた(58)。そのモデルは三本のらせん状の鎖からなり、糖とリン酸からなる骨格が内側、塩基が外に向いていた。彼らがこのような設計を考えた最大の理由は単純だ。塩基は大きさも形もまちまちだったので（環が一個のものと二個のものが二種類ずつある。図13を参照）、ワトソンとクリックは、塩基が中心構造と比較的無関係でないかぎり、結晶状のDNAがきわめて規則的なパターンを生み出すはずがないと考えたのだ。

ジョン・ケンドリューのアドバイスを受け、この精力的なコンビはキングス・カレッジのチームを招き、モデルを見てもらった。のちの話によると、クリックは招待状を出すのは少し時期尚早だと感じていたようだ。とはいえ、申し入れはすぐに承諾された。さっそくその翌日、モーリス・ウィルキンス、ロザリンド・フランクリン、レイモンド・ゴズリング、ウィリアム・シーズ（生物物理学研究所のメンバーのひとり）からなる一団がケンブリッジ大学に姿を見せた。

ワトソンとクリックの最初のモデルに関するプレゼンテーションは、結果的には大が付くほどの失敗だった。フランクリンは、らせん構造から、構造の中心部分をつなぎ留めるとされる力まで、あらゆる基本前提を疑った。それだけでなく、報告されている水分含量はまったくのデタラメであり（DNAはかなり〝水分を欲《ほっ》する〟分子なのだ）、ワトソンの密度計算はまるきり無効であるとも指摘した。[59] どうやら、ふたりが間違いを犯した一因は、一週間前のセミナーでフランクリンが使った結晶学の用語を、ワトソンが誤解したことにあったようだ。この不幸な混乱が原因で、クリックは考えられる構造の数をかなり狭めてしまったのだ。

　この大失態は、重大な影響をもたらした。事実上、ワトソンとクリックはDNA研究の継続を禁止され、DNA研究はすべてロンドン大学キングス・カレッジ内のみで行なわれることになったのである。通説では、両研究所の所長、ランドールとブラッグが、ワトソンとクリックによる今後のDNA研究の一時停止を求めたと考えられてきた。しかし、二〇一〇年、ニューヨーク州のコールド・スプリング・ハーバー研究所のアレクサンダー・ガンとヤン・ウィトコウスキーによって、長年埋もれていたフランシス・クリックの書簡の一部が発見された。[60] 紛失していた書簡は、クリックが一九五六～七七年までオフィスを共有していた生物学者、シドニー・ブレナーの論文に紛れていた。発見された書簡を読むと、DNA研究が一時停止された状況について、新しい事実が見えてくる。一九五一年一二月一一日の形式的な手紙で、モーリス・ウィルキンスはクリックにこう記した。

非常に不本意ながら、こちら［キングス・カレッジ］の意見は総じて、ケンブリッジ大学で核酸の研究を続けたいという貴殿の提案には反対です。貴殿の考えは、とあるセミナーでなされた主張から直接得られたものであるというのが、ここでの主張です。貴殿は、そちらの方法は突然ひらめいたものであるとおっしゃいますが、こちらの言い分にもそれに劣らぬ説得力があるように私には思えます。(61)

ウィルキンスは、まるでキングス・カレッジとキャヴェンディッシュ研究所の仲介役を担うかのように、こう付け加えた。「私どもの研究所の全員が、過去と同じように今後も、貴殿や貴殿の研究所と自由闊達に研究を論じ、意見を交換できるよう、一定の合意に達することがもっとも重要だと考えています。われわれはふたつの医学研究局の研究所、そしてふたつの物理学部として、多くのつながりを持っているのですから」。さらに、ウィルキンスは手紙をマックス・ペルーツに見せるようクリックに勧め、自分もランドールに見せるつもりだと伝えている。同じ日、ウィルキンスはクリックに対し、より親しみを込めた手書きの手紙を送った。彼はその中で、「ランドールがブラッグに君の行動を非難する手紙を書こうとしたのだが、思いとどまらせた」と打ち明けている。二日後にワトソンとクリックが書いた返信の下書きには、「友好的な合意を結ぶべきだという意見で一致した」とある。(62) しかしワトソンは、お上《かみ》の下した決定に従って、少なくともDNAの考察を中断するつもりなどなかった。

　そのころ、フランクリンはフランクリンで、大きな進展を遂げていた。まず、彼女はDNAにいくぶん異なるふたつの構造があることを発見した[63]。ひとつは結晶状のもので、「A」型と名づけられた。もうひとつの「B」型は、もう少し広がったもので、水分を多く含んでいた。これらのふたつの構造が存在するということは、どちらか一方の純粋な型を撮影しないかぎり、DNA標本のX線回折写真は訳がわからなくなってしまうということだ。フランクリンは一九五二年の最初の五カ月間を使って、A型とB型の両方の純粋な標本を生成し、それぞれの型のみの繊維を抽出することに成功した。また、解像度の高い写真が撮れるよう、X線カメラの設計と再構成も行なった。このあとすぐにお話しするように、〝より湿った〟B型を写した写真のひとつは、「51番写真」と名づけられ（図14を参照）、DNA構造を理解する重要な鍵を握ることになる。あいにく、フランクリンはある分析手法を用いることにしたため、彼女とゴズリングはまず、A型のより詳細なX線写真を撮影することに専念した。その結果、51番写真に映し出されていた単純ながらもきわめて意味深いX線回折パターンは、九カ月近くも無視されつづけるはめになったのだ！

　どの研究活動でも、フランクリンの考え方とポーリングの考え方には顕著な違いが表われていた。フランクリンは「知識に基づく推測《エデュケーテッド・ゲス》」やヒューリスティック手法〔訳注：厳密ではないが正解に近い答えを手早く求める手法のこと〕を嫌った。代わりに、彼女はX線データに

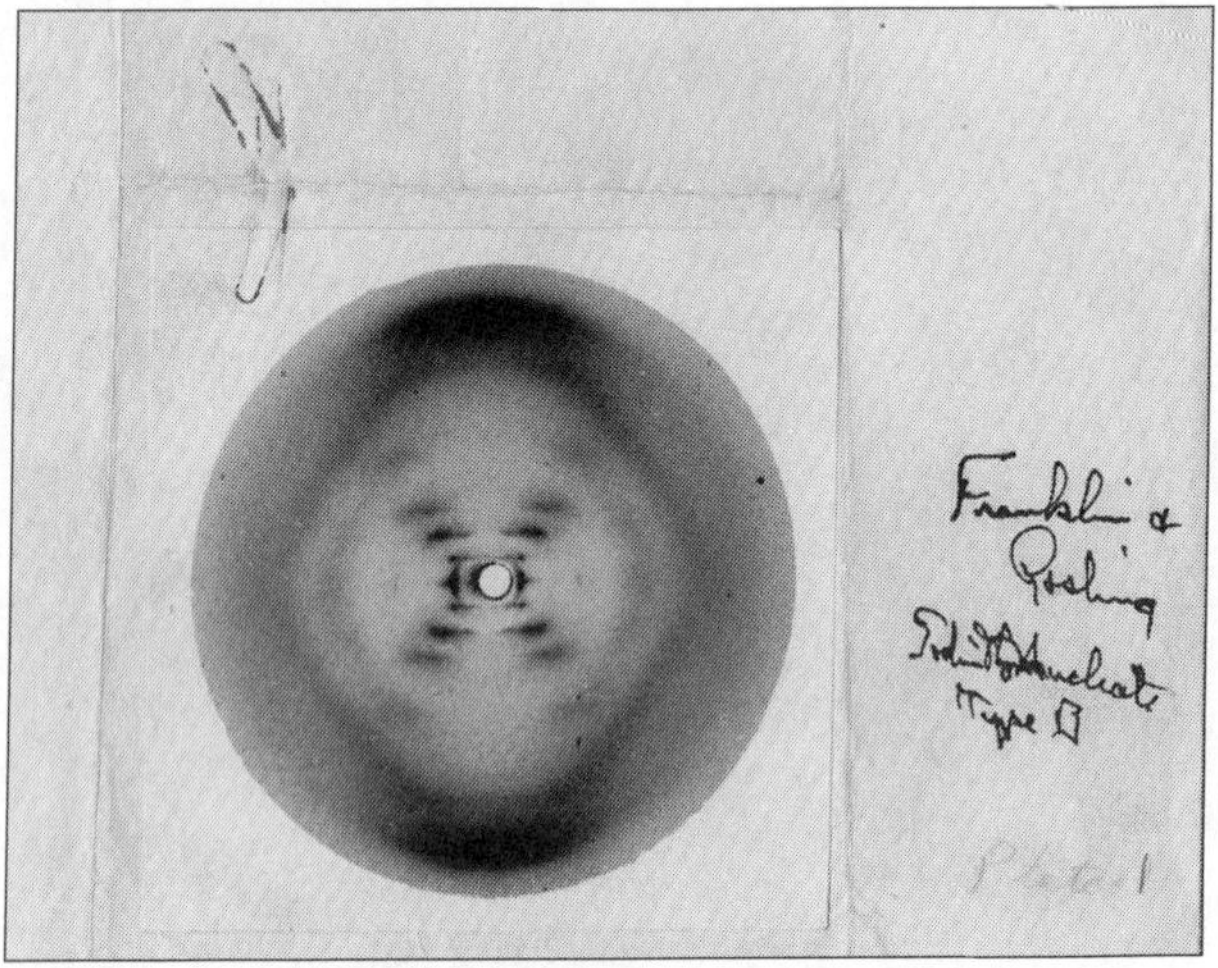

図14

基づいて正解を導き出すことにこだわった。たとえば、彼女は原則的にはらせん構造に反対していたわけではなかったが、らせん構造の存在を研究上の仮説として仮定することは、断固として拒んだ[64]。それとは対照的に、ワトソンとクリックは、ポーリングのやり方や手法を最大限に取り入れた。形式的な方法論にとらわれて身動きが取れなくなるのを嫌ったのだ。クリックいわく、ワトソンは「ただひたすら解答を求め、その方法が正しいかどうかなど、一向に気にもとめなかった。出来るだけ早く結果を手に入れる、ただそれだけだった」という[65]。

　意外にも、当時、ワトソンもクリックもポーリングも知らない事実があった。すでに一九五一年、リーズ大学のアストベリーの研究所に所属するエルウィン・ベイトンが、DNAの繊維を伸ばして湿らせることで、抜群に高品質なB型のX線写真を撮影していたのだ[66]。ところが、アストベリーとベイトンはどうも、それが純粋な構造ではなく、いろいろな構造が混在したものだと思ってしまったらしい（そのX線パターンがアストベリーとベルの写真より単純だったため）。そのため、彼らはその写真の存在をまったく発表しなかったのだ。アストベリーとベイトンにとっては不運なことに、ふたりともらせん構造がX線写真にどう写るのか、よくわかっていなかった。そういうわけで、リーズ大学の研究所は、DNAをめぐる物語の中で重要な役割を演じる機会を、みすみす逃してしまったのである。

さて、アメリカでは、ポーリングがDNAにもういちど魔法をかけ、タンパク質での偉業を再現しようとしていた。手元にあるX線写真は、およそ三・四オングストローム間隔での強い反射を示していたが、それ以外のことは何もわからなかった。手始めに、ポーリングはロンウィンの論文をもういちど検証してみた。彼は、ロンウィンの提唱するDNA構造、つまりリン原子が五つの酸素原子と結合しているという構造は、まったく的外れだと確信していたが、ロンウィンの提案のある部分に興味をそそられた。ロンウィンのモデルでは、四つの塩基が構造の外側にあり、リン酸が中心にあった。これは、ポーリングにとって理に適《かな》っているように思えた。それは、ワトソンとクリックが最初のモデルで塩基を外側に配置したのとまったく同じ理由からだ（ポーリングはふたりのまったく的外れなモデルについては知らなかったが）。このような思考の流れに従って、ポーリングは「推測的手法（stochastic method）」と呼ばれるようになった手法に再び着手した。この手法は、化学原理を用いて、考えられる一連の候補をいちばんもっともらしい構造へと絞り込んでいくというものだった。そして、ぎゅうぎゅうすぎる構造やスカスカすぎる構造を除外するために、それらの構造の三次元モデルを構築するのだ。そうすれば、そうして浮かび上がった〝本命〟の配置と、実験で得られたX線回折パターンを比較して確かめることができるわけだ。

以前にこの手法で大成功を収めていたポーリングは、踏むべき手順を正確にわかっているつもりだった。ひとつめに、DNA分子がらせんであるという点については、ほとんど疑いを持っていなかった。アストベリーとベルの写真は、この仮定とおおむね一致しているように思えた。ふたつめに、塩基は環が二個のものと一個のものがふたつずつだった。これらの塩基は構造や大きさが異なるため、少なくとも一見したかぎりでは、規則的と思われるらせん構造の骨格部分を、これらの塩基で構成するのは難しそうだった。次のステップは、らせん構造が何本鎖なのかを明らかにすることだった。ポーリングは構造の密度を計算することで、この問題に挑むことにした。ところが、これから研究に着手しようというまさにそのとき、彼は想定外の出来事に足止めを食らうことになったのである。

マッカーシズムのもとでの生活

第二次世界大戦後の冷戦の雰囲気の中、特に一九五〇年の国内治安維持法が議決されたあと、アメリカ国務省のパスポート局は、当局があまりにも〝左翼的〟だと判断した人へのパスポート発行を拒否する、無制限に近い権限を与えられた。一九五二年一月、ポーリングは来《きた》る五月にロンドンで開かれる王立協会の会議に出席する準備のため、パスポートの更新を申請した。ポーリングとコリーは、その会議でタンパク質とαヘリックスに関する研究結果を発表するために招待を受けており、ポーリングは今回のヨーロッパ訪問の機会を活かし、スペインとフランスのいくつかの大学を訪れる予定だった。ところが、一九五二年二月一四日、パスポート局の責任者であるルース・B・シプリーは、バレンタイン・カードとはほど遠い手紙をポーリングに送った。国務省がポーリングの出張を「アメリカにとって最大の利益にならない」と考えているため、パスポートは発行しかねる、という内容だった。(67)

当時、ポーリングは平和主義を訴えるスピーチを数多く行なっており、核兵器廃絶を訴える活動も行なっていた。さらには、「世界は今、岐路に立っている。全人類にとっての輝かしい未来へと進むか、文明の壊滅的な破壊へと進むかを分かつ岐路だ」という宣言まで出していた。当時の世相を考えれば、シプリーが「ポーリング博士を共産主義者と考えしれない。

るだけの根拠は十分にある」と考えたのも、そうショッキングなことでもなかったのかも

当初、ポーリングはパスポート発行の拒否を、わずらわしい不便な出来事くらいにしか考えていなかった。そして、問題はすぐに解決するだろうと信じきっていた。事態の進展を図るため、ポーリングはすぐさまハリー・トルーマン大統領に手紙を送り、一九四八年に贈呈されたトルーマンの署名入りの大統領賞の写しを同封した。(68) ポーリングは不満をあらわにしながら、「今回予定されている旅行で、アメリカに害が及ぶことなど絶対にありません」と記している。すると、大統領の秘書から、パスポート局に判断の再検討を求めたという丁寧な回答が返ってきたが、それでも判断はくつがえらなかった。四月になり、いよいよ切羽詰《せっぱつ》まってくると、ポーリングは次々と行動を起こした。まず、彼は弁護士に助けを求めた。次に、パスポート局に対し、共産主義者ではないという忠誠の誓いを立て、宣誓供述書を提出した。最後に、ルース・シプリーと個人的に会う手はずを組んだ。どれも無駄だった。四月二八日、訴えを退ける決断が下されると、その翌日、ポーリングは王立協会の会議の主催者に、欠席を通知した。

当然ながら、ポーリングのパスポート問題は世界じゅうの科学者を怒らせた。(69) ノーベル賞を受賞したイギリスの化学者、サー・ロバート・ロビンソンは、ロンドンの《タイムズ》紙に手紙を書き、ショックを受けたと表明した。アメリカとイギリスの一流の科学者、

たとえば物理学者のエンリコ・フェルミやエドワード・テラー、生物学者のハロルド・ユーリー、結晶学者のジョン・バーナルは抗議の手紙を書き、フランスの生化学者たちは七月にパリで開催が予定されていた国際生化学会議の名誉議長にポーリングを選んだ。

こうした国際的な圧力はとうとう実を結んだ。ポーリングが六月にパスポートを再申請すると、国務省はシプリーの決定をくつがえした。こうして、七月一四日（パリ祭の日）、ポーリングはフランスとイギリスへの渡航を認められた。

一連のパスポート問題は、政治的に重要な意味を持っていただけでなく、科学にも一定の影響をもたらした。王立協会の会議に出席したコリーは、この機会を利用してフランクリンの研究所を訪れた。そこで、コリーは彼女の撮影した高品質なX線写真を見せられるのである。ところが、彼はその写真の持つ意味合いをすぐには理解しきれなかったようだ。彼はポーリングにことさら何も伝えていないからである。もしポーリングが渡航を認められ、自分の目でその写真を見ていたら、いったいどうなっていただろう？　これまで、数々の憶測が記されてきたが、そうした憶測は実のところ、まったく無意味だ。というのも、そのわずか一〇週間後、ポーリングが一九五二年夏にイギリスを訪れた月、彼にはキングス・カレッジのチームを訪問する機会が現実にあったからだ。でも、彼はそうしなかった。理由は単純。彼はまだタンパク質のαヘリックス・モデルが正しいことをみんなに納得させるのに手一杯で、DNAは彼の頭の中では中心的なテーマではなかったのだ。あとで明らかになるように、フランクリンの写真——中でも特にたちまち有名になる51番写真——には、二重らせんの明確な痕跡が写っていたのだが。

もうひとつ、DNAに関して、ポーリングが気づいてはいたものの、忘れていたか、少なくともきちんと理解していなかった重大な情報があった。その証拠とは、ヌクレオチド内の塩基に関するものだ。次のエピソードを読めば、純粋な科学的推論がものをいうとされるプロセスでも、感情的な反応がいかに大きな影響を及ぼしうるかがわかる。

一九四七年のクリスマスの翌日、オックスフォード大学で半年間を過ごす予定だったポーリングは、家族とともにヨーロッパに向かっていた。彼らが乗っていたのは、かのクイーン・メリー号だ。偶然にも、戦時中から核酸に興味を持っていたエルヴィン・シャルガフが、たまたま同じ船に乗っており、ポーリングはすぐに彼と鉢合《はちあ》わせた。残念なことに、シャルガフは、生物学者のアレクサンダー・リッチいわく「非常に情熱的な人物」だった(70)。そんなシャルガフと、もともとのんきな性格で、特に今回ばかりは落ち着いた休暇を楽しみにしていたポーリングが合うはずもなかった。そういうわけで、シャルガフが自身の研究結果について熱く語っても、ポーリングはほとんど聞き流す始末だった。それどころか、のちにシャルガフが核酸に関する重要な論文を発表しても、無視してしまったようだ。一九五〇年に発表されたその論文で(71)、シャルガフはDNA中の塩基の量同士に、驚くべき関係を発見した。彼は、DNAの一定の区間を取ってみると、アデニン分子(通常は「A」

と略記される）の数とチミン分子（「T」と略記）の数が等しいことを示した。同様に、グアニン分子（「G」）とシトシン分子（「C」）の数も等しかった。Aの量とTの量が等しく、Gの量とCの量が等しいという、DNAの構造を解き明かす重大な鍵を、ポーリングは完全に見落としてしまった。もし彼がこの事実に注目していれば、DNA構造の発見は別の展開を見せていたのかもしれない。

一九五二年の夏にイギリスとフランスを訪問すると、ポーリングは九月にカリフォルニア工科大学に戻った。しかし、このころになっても、ポーリングはDNAの問題に本格的に取り組む気になっていなかった。夏にイギリスで交わしたクリックとの会話で、彼はタンパク質の五・一オングストローム間隔の反射の謎をようやく解き明かす方法を思いついたのだ。科学ではよくあるように、ポーリングとクリックは別個にこの問題を解決した。αヘリックスが互いに巻きついたロープのような構造を形成し、例の不可解な回折パターンを生じさせることをそれぞれが証明したのだ。これで何もかも決着がついたかに見えた。しかし、DNA構造の解明をめぐる〝競争〟が大詰めを迎えようとしていることに、当時のポーリングは気づいていなかった。

三重らせん

ポーリングはフランス訪問で、おそらく主な遺伝物質がやはりDNAであるという事実を裏づける新しい手がかりを得た。アメリカの微生物学者のアルフレッド・ハーシーは、パリ近郊のロワイヨモンで開かれたウイルスに関する国際会議の講演で、その証拠を発表した。ハーシーと共同研究者のマーサ・チェイスは、T2ファージ（ウイルスの一種）のDNAとタンパク質をそれぞれリンと硫黄の放射性同位体で標識した。(72) 次に、ファージを細菌に感染させることで、細菌に感染した遺伝物質がタンパク質ではなく、まず間違いなくDNAであることを実証するのに成功した。ウイルスのタンパク質の外殻は、細菌の細胞の外側に残り、感染に関して何の役割も果たしていなかったのである。しかし、全員が納得したわけではなかった。実際、ハーシー自身も、この結果に根本的な意義があるかどうかはまだ不明であると慎重に述べた。一方、同じくロワイヨモンの会議に出席し、かねてDNAに照準を定めていたジェームズ・ワトソンは、十分に納得した。

一九五二年一一月末になると、ポーリングはようやくDNAの研究に戻った。そのきっかけとなったのは、生物学者のロブリー・ウィリアムズがカリフォルニア工科大学で行なった興味深いセミナーだった。ウィリアムズは、DNAと化学的に近い核酸塩の驚くほど細密な電子顕微鏡写真を発表した。(73) ポーリングからすれば、その長い円筒状の鎖の写真と、アストベリーのX線回折写真は、らせん状分子の決定的な証拠であるように思えた（彼が証拠を必要としていればの話だが）。また、ポーリングは、有機化学者のアレクサンダー・トッドの研究から、DNA分子の骨格にリン酸と糖の繰り返しが含まれることを知っていた。

　ポーリングは、およそ三・四オングストローム間隔の強い反射を示しているアストベリーの写真をたずさえて、一一月二六日にDNA構造の計算に着手した。アストベリーとベルが測定した密度の値[74]と、ウィリアムズが測定した鎖の直径の値に基づき、ポーリングは繊維の軸に沿った一残基分の長さを一・一二オングストロームと推定。X線写真が示す間隔（＝三・四オングストローム）のほぼぴったり三分の一だ。このことから、彼は驚きの結論を導き出した。「この円筒状の分子は三本の鎖からなり、互いに巻きついている。……（中略）……それぞれの鎖はらせんである」[75]。別の言い方をすると、二本鎖のらせん構造では密度が低すぎると確信したポーリングは、三本鎖のらせん構造を選んだというわけだ。この構造は「三重らせん」と呼ばれるようになった。

　次に彼が挑まなければならなかったのは、三本鎖のらせん構造の骨格部分の性質に関する問題だった。つまり、DNA分子の中でもっとも軸に近い部分だ。現在知られているヌクレオチドの三つの構成要素（塩基、糖、リン酸基）のうち、骨格を形成するのはどれなのか？　ポーリングとコリーは次のように消去法で考えた。

　その性質がバラバラであるため、プリンおよびピリミジン基［塩基のこと］をらせんの軸に沿って詰め込み、糖残基とリン酸基のあいだで適切な結合が形成されるようにするのは不可能である。……（中略）……また、糖がDNA分子の骨格を形成するとも考えづらい。……（中略）……形状的に考えて、らせんの軸に沿って糖をぎっしりと詰め込むのは難しく、糖を詰め込む満足のいく方法も見つかっていない。……（中略）……したがって、DNA分子の骨格はおそらくリン酸基によって形成されると結論づけられる［傍点引用者］[76]。

つまり、彼の考えた配置はこうだ。らせんの軸に沿ってリン酸基が配置されており、糖がそれを囲み、塩基が放射状に外側に突き出している。この三本鎖の分子は、別の鎖のリン酸基同士の水素結合によってつなぎ留められている。

この構造は有力に見えたが、ポーリングはいくつかの問題に直面した。分子の中心部分がリン酸の三本の鎖でぎゅうぎゅう詰めになっていて、まるで「電話ボックスへの詰め込み競争」（電話ボックスになるべく多くの人を押し込む競争）のように見えたのだ。ポーリングはリン酸イオンが正四面体型をしているのはわかっていた。中心にあるリン原子が、ピラミッドの頂点に位置する四つの酸素原子に取り囲まれたような格好だ。一二月のあいだ、ポーリング、コリー、化学者のバーナー・ショーメーカーは、正四面体をつぶしたり、ゆがめたり、ねじったりして、もっとうまくはめ込もうと努力しつづけた。その過程で、ポーリングは以前にαヘリックスで大成功を収めたときと同じ直感に従っていた。彼はX

線データとおおむねつじつまの合う構造化学的な解さえ見つけられれば、残りの問題はあとでみな自然に解決すると踏んでいたのだ。たとえば、このモデルでは、どのようにDNAのナトリウム塩が存在しうるのか、という問題があった。骨格部分にナトリウム・イオンの入る余地がまったくないからだ。ポーリングは答えがわからなかったが、いったん基本的な構造が明らかになれば、自然と答えがわかるだろうと考えていた。研究は目まぐるしいペースで進んだ。クリスマスの日には、このモデルを非公式に発表するため、研究所に少人数の科学者を集めたほどだ。(77) 月末になるころには、彼はおおむね正解にたどり着いたと考えていた。ポーリングとコリーは、一九五二年の大晦日、『核酸の構造の提案（A Proposed Structure for the Nucleic Acids）』と題する論文を提出した。この論文は、「核酸は、生物を構成する要素として、タンパク質に匹敵するほど重要である」と始まるが、その後はもう少し用心深い表現がいくつか続く。

われわれは、核酸の有力な構造を構築するに至った。……（中略）……これは、どの研究者も提案したことのない核酸の構造について初めて正確に記述したものである。この構造は、一連のX線写真の特徴の一部を説明できるものであるが、詳細な密度の計算はまだ行なっていない。また、この構造が正しいと証明されたとは考えられない。

言い換えれば、解決すべき欠点がいくつか残ってはいたものの、ポーリングは先取権を得ようと考えたわけである。

この科学論文がいくぶん暫定的なものであったのとは対照的に、このモデル案に関して記した自身の私信では、ポーリングはより自信満々できわめて楽観的な態度を見せている。彼はスコットランドの生化学者で、のちのノーベル賞受賞者でもあるアレクサンダー・トッドに宛てた一九五二年一二月一九日付の手紙で、「われわれはついに核酸の構造を突き止めたと信じている。一カ月くらいしたら、その構造について説明した原稿を送るつもりだが、われわれの発見した構造が正しいことについては、ほとんど疑いを持っていない。……（中略）……その構造は、本当に美しい構造だ」と記している。(78) 同じ日、グッゲンハイム財団代表のヘンリー・アレン・モウに送った手紙でも、同じ感想を繰り返している。「私はついに核酸そのものの構造を突き止めたと信じている」(79)

もうひとり、ポーリングが定期的に手紙のやり取りをしていた相手は、息子のピーターだった。折しも、ちょうどその数カ月前、ピーターはジョン・ケンドリューのもとで研究生として研究を行なうため、ケンブリッジ大学にやってきていた。ピーターのデスクがあるオフィスには、ほかにも四人の研究仲間がいた。「僕の左、窓際にいたのが、フランシス・クリックというずいぶんとやかましい男。僕の右側のデスクには、ジェームズ・ワトソンがときどき座っていた。それから、客員研究員のジェリー・ドナヒューも同じ部屋にいた。彼はカリフォルニア工科大学と古くから付き合いがあるので、彼のことはよく知っていた。もうひとりはマイケル・ブルーム。ジョン・ケンドリューの研究助手だ」とピーターは記している。[80]電子メールなどない時代、ピーターは父親との頻繁な手紙のやり取りを通じて、カリフォルニア工科大学とケンブリッジ大学をつなぐ主な窓口となった。そのため、ライナスがピーターにDNA構造に関する自身の論文のことを伝えると、すぐさまピーターは一部送ってほしいと頼んだ。これが一九五三年一月一三日のことだ。ピーターは手紙の中で、イギリスの科学者たちが感じていたプレッシャーをよく物語る一言を付け加えた。「今日、ある話を聞いたんだ。よく子どもたちに、〝いい子にしなさい。そうしないと、悪い鬼が現われて、食べられちゃうぞ〟と言い聞かせるでしょう？　ところが、ここ一年以上、フランシス［・クリック］たちは、キングス・カレッジで核酸の研究をしている人たちに、ずっとこう言っているんだ。〝必死で研究しなさい。そうしないと、ポーリングが核酸に興味を持っちまうぞ〟ってね」[81]

こういう状況なので、ポーリングがDNAの構造を突き止めたという知らせをピーターから伝え聞いたとき、ワトソンとクリックが雷に打たれたような衝撃を受けたのも、無理からぬ話だった。ケンブリッジの全員の頭には、ポーリングがαヘリックスの件で大勝利を挙げたときの記憶が、いまだに鮮明に残っていた。ワトソンとクリックというふたりの若者にとって、その知らせはまるで悪夢のようなデジャビュだった。一月二三日、ピーターはライナスにもう一通の手紙を送ったが、今回はこんな不満を漏らしただけだった。「ジム・ワトソンがここにいてくれればよかったのに［ワトソンはイタリアのミラノに短期間だけ出かけていた］。今日はかなり退屈だ。何もすることがない。面白い女の子もいないしね。気取ったつまらない若者がセックスの妄想を膨らませているだけだ」[82]

ピーターがポーリングに論文を送ってほしいと依頼してから、一月二八日に原稿が到着するまでの数週間は、ワトソンとクリックにとっては永遠にも感じる時間だった。ピーターがとうとう論文をワトソンのところへ持っていくと、ワトソンは大急ぎでピーターのコートの外ポケットからむしり取り、すぐに要旨と序論をむさぼり読んだ。次に、数分間かけて図を見つめると、彼は自分の目を疑った。リン酸が中心にあり、塩基が外側にあるというポーリングの構造は、失敗に終わった彼とクリックのモデルと驚くほど似ていた。そう、ポーリングのモデルは、バカバカしいくらい間違っていたのである！

第7章　ともかく、誰のＤＮＡなのか？

災難にはふたつの種類がある。自分自身の不運と、他人の幸運である。
――アンブローズ・ビアス

ワトソンがポーリングのＤＮＡモデルを間違いと結論づけたのは、単に三本鎖だったからではない。ポーリングの核酸分子は、そもそもまったく酸とはいえない代物《しろもの》だったのだ。酸のそもそもの定義とは、水に溶けたときに正《せい》の電荷を持つ水素原子を放出する物質だが、ポーリングの核酸分子はそのような水素原子を放出しえなかった。むしろ、水素原子はリン酸基としっかり結合しており、電気的に中性になっていた。一方、どの化学の入門書にも書かれていることだが（もちろんポーリング自身の本にも！）、リン酸塩の電荷は負《ふ》でなければならなかった（リン酸は水溶液中では高度にイオン化する）。また、それらの水素原子を抽出する方法もなかった。実際、水素原子は、水素結合を通じて三本の鎖をつなぎ留める重要なつなぎ役だったからだ。

この大ポカは、ワトソンとクリックにとってとうてい信じられないものだった。世界最高の化学者がどこからどう見ても不完全なモデルを構築したのだから。しかも、モデルを間違えたのは、生物学の難解な性質を読み違えたせいではなく、化学のもっとも基本的な性質について、ありえないようなドジを踏んだからなのだ。どうしても信じられなかったワトソンは、大急ぎでケンブリッジ大学の化学者のロイ・マーカムや有機化学研究所を訪れ、自然に存在するＤＮＡが実際には酸の塩《えん》であるという疑いはあるのか、確認した[1]。その答えに、ワトソンは満足した。全員が全員とも、信じがたい結論を支持した。つまり、ポーリングは化学を完全にしくじったのである。

その日のうちにやるべきことは、ふたつだけだった。ひとつめに、クリックはペルーツとケンドリューのもとを大急ぎで訪れ、一刻も早い行動が何より大事だと説得した。ただちにワトソンと一緒にモデルの構築に取り組まなければ、すぐにポーリングが自分の間違いに気づき、モデルを訂正するだろうと。そして、正しいモデルを考えるまでの猶予をせいぜい六週間程度と見積もった。ワトソンとクリックが取ったふたつめの行動は、ふたりの若者にとっては、ひとつめの行動と同じくらい自然なものだった。ふたりはベネット・ストリートにあるパブ〈イーグル〉に祝杯をあげに行ったのだ。ワトソンはのちにこう振り返った。「興奮状態の数時間が過ぎると、その日はもう仕事が何も手につかなかった。フランシスと私はイーグル亭へ出かけて行った。夜の開店と同時に、われわれはそこでポーリングの失敗を祝して乾杯していた」(2)

いったいどうしてこんな過ちが起こりえたのだろう？　なぜポーリングのモデル構築の手法は、αヘリックスではあれほど見事な成功を収めたのに、三重らせんではこれほど壊滅的に失敗してしまったのか？

過ちの分析

ポーリングの失敗の原因を、ひとつずつ分析してみよう。ひとつめに、ポーリングがDNA構造の解明にいったいどれだけの時間と思考を費やしたのか、という問題がある。ポーリングがDNA構造の一部の側面について考えはじめたのは、一九五一年一一月にロンウィンの論文が発表されたあとだ。しかし、ポーリングがこの問題について真剣に取り組みはじめたのは、それから丸一年後、一九五二年一一月になってからだ。にもかかわらず、一九五二年一二月末には、わずか一ヵ月程度の研究で、もう論文を提出していたのだ！これとポリペプチド構造に関する彼の奮闘ぶりを比べてみてほしい。彼は約一三年間もこの問題について考え、自身のモデルについてある程度の確信を持つまで、何度も発表を見送ったのだ。したがって、DNAの考察に費やした時間だけを取ってみても、彼のDNA

モデルがやっつけ仕事だったという結論は免《まぬか》れないだろう。モーリス・ウィルキンスは間違いなくそう思っていた。彼はDNA構造の発見の歴史に関するインタビューで、こう述べている。「ポーリングは単に努力をしなかった。彼自身、この問題に五分でも時間を割いたはずがないのだ」(3)。ポーリングはなぜここまで急いだのか？　そして、見るからにいい加減なやり方をしたのか？　その考えられる理由については、あとで触れることにする。

ふたつめに、ポーリングがタンパク質のモデルを構築するもとになったデータと、DNAのモデルを構築するもとになったデータとでは、質がだいぶ違った。αヘリックスの場合、ポーリングの共同研究者のロバート・コリーが、アミノ酸や単純なペプチドの大きさ、体積、角度位置といった構造上の情報を山のように生み出していた。対照的に、DNAの場合、ポーリングはほとんど孤立状態で作業していた。手元にあった唯一のX線写真は、A型とB型の混合物から得られた低品質なものだったので（彼はその事実を知らなかった）、ほとんど使い物にならなかった。さらに悪いことに、ポーリングはX線回折写真が撮影された標本の水分含量が高いことを知らなかった。DNA標本中の物質の三分の一以上が水であるという事実を無視した結果、ポーリングは密度の計算を誤り、三本鎖という誤った結論に至ったわけだ。最後に、コリーがタンパク質の構成要素に関して入念な研究を行なったのに対し、ヌクレオチドの構成要素である塩基については、それに匹敵する努力はなされなかった。

それに、ふたつの驚くべき物忘れも加わった。ひとつはシャルガフの塩基の比率について、もうひとつは自分自身の自己相補性の原理についてだ。塩基Aの量とTの量が等しく、Cの量とGの量が等しいというシャルガフの発見は、塩基が何らかの方法で互いに対《つい》をなし、三本鎖ではなく二本鎖を形成していることを示していた。ポーリングはのちに、塩基の比率については知っていたが忘れていたと述べている。シャルガフ自身は、これこそがポーリングの過ちの唯一最大の原因だと考え、こう話した。「ポーリングは、彼のDNA構造のモデルで、私の結果を考慮し忘れた。その結果、彼のモデルは、化学的な証拠と照らし合わせて意味をなさなくなってしまったのだ」

ポーリングのもうひとつの物忘れは、さらに驚くべきものだ。ポーリングは一九四八年、遺伝子が構造的に相補的なふたつの部分からなるとすれば、複製は比較的簡単であると話していたのを思い出してほしい。この場合、それぞれの部分が、もう一方の部分を生成するための鋳型《いがた》の役割を果たすことができる。すると、ふたつの相補的な部分の複合体は、全体として、自分自身を複製するための鋳型の役割を果たすことができるわけである。明らかに、この自己相補性の原理は、二本鎖構造を強く示唆するものであり、どう考えても三本の鎖からなる構造とは相容《あいい》れないものだった。(4)それでも、ポーリングは、DNAモデルの構築に取りかかるころには、この原理をすっかり忘れてしまっていたようだ。

私は、当時ポーリングのもとでポスドクをしていたアレクサンダー・リッチとジャック

・ダニッツに話を聞いたのだが、ふたりともこう口を揃えた。もしポーリングがロザリンド・フランクリンの撮影したB型DNAの51番X線写真を見ていたら、彼はDNA分子が一八〇度対称であり、三本鎖構造ではなく二本鎖構造を指し示しているとすぐに気づいただろうと。(5) しかし、先ほども話したように、ポーリングは特にフランクリンの写真を見ようともしなかった。

二〇一一年一月、私はジェームズ・ワトソンに、ポーリングの的外れな三重らせんモデルを見たとき、どれくらい驚いたかを訊《たず》ねてみた。ワトソンは笑った。「驚いたかって？ライナスがあんなミスを犯すなんて筋書きじゃ、フィクション小説にもならんかっただろうよ。私はあの構造を見た瞬間、〝これはめちゃくちゃだ〟と思ったんだから」

ポーリングが悲惨なモデルを作り上げた数々の潜在的原因を詳しく探っていくと、もっと深いレベルの疑問が次々と浮かんでくる。なぜポーリングはあんなに急いだのか？ 見るからにいい加減なやり方をしたのか？ 重要な事実を忘れたのか？ 化学の基本法則を無視したのか？

一見したところ、DNA構造の解明をめぐる〝競争〟などなかったというピーター・ポーリングの証言が本当だとするなら、ライナスがあれほど急いだのは余計に不思議に思える。先ほど、父親にとってDNAは興味深い化学物質のひとつにすぎなかったというピーターの発言を紹介したが、その発言がなされた関心をそそる文章の中で、彼はこうも言っている。「ＤＮＡ構造の発見の物語は、大衆紙で〝二重らせんをめぐる競争〟と説明されてきたが、それはとうてい正しいとはいえない。競争していた人物がひとりだけいるとすれば、それはジェームズ・ワトソンだ」。さらに、「モーリス・ウィルキンスはいかなる場所でも誰とも競争しなかった」し、フランシス・クリックは単に「難しい問題に頭を使う」のが好きだったとも説明している。[6] 私はアレクサンダー・リッチとジャック・ダニッツにこの件を訊《き》いてみたのだが、ポーリングに関していえば、競争などなかったと考えているようだ。それではどうして、彼はあれほど発表を急いだのか？「彼はいつだって負けず嫌いだったからね」とリッチは答えた。それは確かにそのとおりだが、説明の一部でしかありえない。というのも、αヘリックスのときは、ずっと慎重で我慢強かったからだ。皮肉な話だが、αヘリックスでの大勝利が三重らせんでの大敗北に寄与したことは間違いない。ポーリングは、αヘリックスの成功をもとに、三重らせんでも同じ成功を再現できると思い込んだのだ。そういう意味では、これは「帰納《きのう》的推論」の典型例だった。つまり、過去の経験に基づいて確率論的な推測を立てるという常套《じょうとう》戦略に、あまりにも頼りすぎてしまったのである。

　誰もが常に帰納的推論をしている。[7] 通常は、比較的わずかなデータに基づいて正しい判断を下すのに役立つ。たとえば、「シェイクスピアはたぐいまれなる才能を持つ○○○だった」という文章を完成させてみてほしい。ほとんどの人はおそらく「劇作家」と答えるだろう。そして、そう答えるのは完全にごもっともだ。「料理人」や「トランプ・プレイヤー」と入れて文章を完成させても、論理的におかしなところはまったくないのだが、たぶん出てきた単語は実際のところ「劇作家」だろう。帰納的推論を使えば、蓄積した経験を用いて、もっとも可能性の高い答えを選び、問題を解決できるのだ。経験豊富なチェス・プレイヤーと同じように、私たちはふつう、合理的な答えの候補を一つひとつ分析したりはしない。むしろ、もっとも可能性が高いと思うものを選び出すわけだ。これは人間の認知に欠かせない部分である。心理学者のダニエル・カーネマンは、そのプロセスについてこう説明している。「われわれは永久に疑心暗鬼の状態の中で生きていくことはできない。だから、考えうる最善の物語を作り上げ、その物語が真実であるかのように生きるのだ[8]」。ところが、帰納的推論は確率論的な推測を含むので、間違ってしまうこともある。時には大間違いにつながることも。ポーリングの構造に対する直感は、常に正しかった。彼はこの過去の経験に基づいて、近道ができると思い込んだ。DNAの場合、彼は自分自身の過去の輝きの犠牲になったわけだ。

　しかし、そもそも彼はなぜ近道をしなければと思ったのか？　ワトソンとクリックがいたからでは決してない。ポーリングはふたりの活動にほとんど気づいていなかったからだ。むしろ、キングス・カレッジや、ことによってはキャヴェンディッシュ研究所が、高品質なX線データを握っていると知っていたからである。ポーリングは、往年のライバルであるブラッグ、ペルーツ、ケンドリュー、あるいはウィルキンスが、DNAの正確な構造を発見する日は遠くないと思い込んだに違いない。その結果、ポーリングは一か八かの賭けに出て、負けたのである。(9)

しかし、ポーリングが自身のモデルの発表を大きく遅らせていたら、ケンブリッジ大学かロンドン大学の研究者が、正しいモデルを先に発表していたことはまず間違いない。ポーリングはワトソンとクリックのことを具体的に意識していたわけではないが、ライバルのほうが有利であることはわかっていた。そう考えると、計算ずみのリスクを冒《おか》すのは、そんなに無謀ともいえなかったのかもしれない。

もう少し憶測を働かせると、ポーリングが発表を急ぐことに決めたのは、「フレーミング効果」と呼ばれる人間の認知バイアスとも関連していたのかもしれない。(10)フレーミング効果は、損失に対する強い嫌悪を示している。たとえば、お店がふつう、挽肉《ひきにく》を「脂身《あぶらみ》一〇パーセント」ではなく「赤身九〇パーセント」と宣伝するのはなぜだろうと思ったことはないだろうか？　それは、意味は一緒でも、「赤身九〇パーセント」というラベルのほうが買ってもらえる確率が高いからだ。同じように、九〇パーセントの雇用率を約束する経済政策のほうが、一〇パーセントの失業率を強調する経済政策よりも、票を獲得しやすい。数々の研究が証明しているように、われわれが損失を痛いと感じる度合いは、同じ量の利益をうれしいと感じる度合いよりも大きい。そのため、人々はネガティブな枠組みを提示されると、リスクを求める傾向がある。ポーリングも、損失の可能性に直面したとき、あえてリスクを冒すほうを選んだのかもしれない。

次の謎に話を移そう。ポーリングはなぜシャルガフの法則を忘れてしまったのか？ そして、もっと重大なことに、なぜ自分がひらめいた遺伝システムの自己相補性を忘れてしまったのか？ ポーリングは、ようやくDNA研究に本腰を入れると決めた時点でも、DNA分子が生命の神秘、つまり細胞分裂と遺伝のメカニズムを解明する鍵であると、完全に確信していなかった。彼が自己相補性の原理を忘れたのは、この事実を如実に示していると思う。この結論を裏づける手がかりは主に四つある。（1）父親にとってDNAはひとつの興味深い化学物質にすぎなかったというピーターの証言。ポーリングは結局のところ、化学者であって生物学者ではなかった。（2）グッゲンハイム財団代表にDNA構造の〝発見〟を知らせる手紙の中で、ポーリングはかなり冷めたこんな文章を付け加えている。「核酸の構造の問題はタンパク質の構造と同じくらい重要であると、おそらく生物学者は考えるだろう」（「おそらく生物学者は考えるだろう」という煮え切らない表現に注目）。(11)（3）ワトソンとクリックのDNAモデルが発表されたときの大騒ぎが落ち着くと、ポーリングの妻のエヴァ・ヘレンは、彼にこんな鋭い質問をぶつけた。「そんなに重要な問題なら、どうしてもっと真剣に取り組まなかったの？」(12)。（4）ポーリングとコリーの（三重らせんに関する）論文そのものが、ポーリングがDNAを重要だと思っていなかったもっとも有力な証拠といえるかもしれない。ポーリングとコリーは、自分たちのモデルの生物学的な意味合いについて、あいまいにしか論じていない。ふたりは論文の冒頭の段落で、核酸が細胞分裂や細胞増殖のプロセスに「かかわって」いて、遺伝形質の伝達に「関与」している証拠があると、まるで他人事のように述べている。オリジナルの原稿の最終段落になってようやく、情報のコーディング（複製ではない）という話題に漠然と触れ、「したがって、われわれの提唱する構造では、最大数の核酸を構築でき、高い特異性が実現しうる」と述べている[13]。ポーリングはＤＮＡが致命的な役割を果たすと確信していなかった。だからこそ、遺伝というテーマや、遺伝に関するポーリングの重大な主張の数々は、彼の頭の中でＤＮＡの構造という問題から大きく切り離されていたのではないかと私は思う。

シャルガフの法則を忘れていた件については、私の意見を言うならそれほど不思議でもない。ひとつめに、ポーリングはエルヴィン・シャルガフを個人的に嫌っていた。この事実は間違いなく、彼がシャルガフの結果に注目しなかったひとつの要因になったといえよう。ふたつめに、ポーリングはＤＮＡの研究中、絶えず邪魔を入れられていたことを思い出してほしい。彼はタンパク質の研究を完成させるべく励んでいたし、マッカーシズムとの厳しい政治的闘争にも巻き込まれていた。そのため、集中できる時間がほとんどなかったのである。実際に、一九五三年三月二七日、ピーターがＤＮＡに関する原稿を受け取ったわずか二カ月後、ポーリングはピーターに宛てた手紙の中で、「ちょうど今、私は新しい強磁性理論に関する論文に、最後の仕上げを加えているところだ」とコメントしている。(14)彼はもう別のことを考えていたわけだ！　これがプラスに働くはずもなかった。スウェーデンの研究者たちの大規模な研究によると、自然な記憶障害（良性老人性物忘れと呼ばれるもの）は、注意が分散している場合や、注意をすばやく切り替えなければならない場合に発生しやすい。(15)したがって、ポーリングがシャルガフの法則を覚えていなかったのも、そう不思議ではないのだ。

最後に残るのは、まったく驚きとしか言いようのない疑問である。ポーリングはなぜ、モデルを構築するとき、DNAの酸としての性質といった、化学の基本法則の一部を無視してしまったのか？　世界でもっとも著名な化学者が、化学の初歩でドジを踏んでしまったのはなぜなのか？

私は分子生物学者のマシュー・メセルソンに、ポーリングの過ちのこの側面について、意見を訊《き》いてみた。(16)当時、大学院生としてポーリングに師事していたメセルソンは、こう推測している。ポーリングはこの問題について考えてはいたものの、あとでなんとかなると確信していたのではないか？　この推測は、DNAモデルを構築しているあいだのポーリングの全般的な考え方と確かに一致する。彼の思考プロセスは次のような感じだったに違いない。彼は側鎖《そくさ》が外側にあるらせん状の鎖からなるタンパク質モデルを提唱し、大成功を収めた。そのため、彼はDNAも鎖の織り合わされた構造になっていて、側鎖（この場合は塩基）が外側にあると考えた。これにより、軸に沿った詰め込みの問題が生じたが、ポーリングにとって、残りの性質はすべて、ある意味ではあとで解決すればいい〝細部〟にしか見えなかったのだ。ここでも、過去のαヘリックスの成功が、どうやら彼の目をくらませたようだ。残念ながら、今ではわかりきったことであるが、往々にして悪魔はその細部にこそ宿るものなのだ。

ジャック・ダニッツは、私との会話の最中、ポーリングから言われたある言葉を思い出した。ポーリングは自身の科学研究に対する考え方を見事に総括するような、こんな言葉を彼に言ったのだという。

　いいかいジャック、名案を思いついたと思ったら、とにかく発表しなさい！　間違いを恐れちゃいかん。科学では、間違いは何の害も及ぼさない。科学界には、すぐに間違いを見つけて訂正してくれるような優秀な人間がたくさんいるのだ。恥をかくかもしれんというだけで、害は何もない。プライドは傷つくがね。しかし、もし名案なのに発表しなければ、科学が損失をこうむるかもしれんのだ。

実際、三本鎖構造はポーリングの名声に傷を付けたことを除けば、何の害も及ぼさなかったとダニッツは付け加えた。ダニッツはさらに、ポーリングは十分に大きな貢献をしたのだから、そろそろ許し、忘れてあげるべきではないかとも語った。「許す」の部分については、まったく同意見だが、私は実のところ、忘れるべきではないと考えている。私がこれまで証明しようとしてきたとおり、聡明な人間が犯した過ちを分析することで得られるヒントは多いのだ。

二重に見える

DNA構造が発見されるまでの残りのいきさつは、これまで何度となく語られてきたが、最近発見されたフランシス・クリックの書簡は、ワトソンとクリックのモデルが発表される前の慌ただしい活動について、新たな光を当てている。

ポーリングの過ちがきっかけとなり、ブラッグはワトソンとクリックにDNAモデルの研究へと復帰することを認めた。数週間もしないうちに、ワトソンはロンドンを訪れた。そこで、同じくポーリングの失敗に喜んだウィルキンスは、フランクリンに知らせることもなく、独自の判断でかの有名なB型DNAの51番写真（図14）をワトソンに見せた。この行動が倫理的にどうなのかという問題については、これまでかなり語り尽くされている。私のささやかな意見を言わせてもらえれば、この件について注目すべき点が主に三つあると思う。ひとつめに、ウィルキンス自身が（ゴズリングから渡された）写真のコピーを所持していたという点については、どうやら問題はなかったようだ。というのも、フランクリンはバークベック・カレッジに研究の拠点を移すためにキングス・カレッジを去るところで、研究所所長のサー・ジョン・ランドールから、DNAに関するすべての研究結果はキングス・カレッジが独占的に所有すると知らされていたからだ。ふたつめに、フランクリンの未発表の研究結果を別の研究所のメンバーに見せる前に、彼女に相談しておくべきだったという点については、ほとんど異論はない（少なくとも私から見れば）。最後に、ワトソンとクリックが論文内でフランクリンの貢献をきちんと認めているかどうかについては、意見の分かれるところである。ふたりの言葉を引用するので、みなさん自身で判断してもらいたい。「われわれはまた、ロンドン大学キングス・カレッジのM・H・F・ウィルキンス博士、R・E・フランクリン博士、およびその共同研究者たちの未発表の実験結果や理論の一般的性質について知ったことによっても、刺激を受けた」[17]。いずれにせよ、この写真がワトソンに与えた影響は劇的だった。暗い十字模様は、らせん構造の紛れもない印だったのだ[18]。彼がのちに、「唖然とし」、「胸が早鐘のように高鳴るのを覚えた」と表現したのも不思議ではない[19]。

ワトソンとクリックはそれから数週間、塩基がらせん状のはしごの段の部分を形成するという、自分たちの思い描くモデルを構築するために、必死で取り組んだ。しかし、最初のころはうまくいかなかった。シャルガフの塩基比率から得られる手がかりをすっかり忘れていたワトソンは、すべての塩基が自分自身と対《つい》をなし、アデニンとアデニン（A－A）、シトシンとシトシン（C－C）、グアニンとグアニン（G－G）、チミンとチミン（T－T）ではしごの段が形成されていると誤解した。ところが、塩基CとTの長さは、GとAの長さと異なるため、これでは段の長さがバラバラになってしまい、51番写真に見られる対称的な模様とつじつまが合わなかった。もうひとつ、別の問題もあった。それぞれの段を形成するふたつの塩基同士の結合は？　はしごの段と〝脚〟の部分（糖とリン酸で構成されると考えられた）とのあいだの結合は？　ここでもまた、ワトソンとクリックは間違った道に迷い込もうとしていたのだが、そんなときに助けを差し伸べたのが、オフィスを共有するジェリー・ドナヒューだった。[20] ポーリングの元教え子だったドナヒューは、水素結合にかけては何でも知っていた。ドナヒューは、教科書でさえチミンとグアニンの水素原子の位置を誤っているものが多いとふたりに指摘した。水素原子の位置を正したことで、塩基同士の結合に新しい可能性が開《ひら》けた。塩基同士のほかの組み合わせ（同じ塩基同士以外）をいろいろと試すうちに、ワトソンは突然、ふたつの水素結合で結ばれたA－Tの塩基《えんき》対《つい》と、同様に結ばれたG－Cの塩基対が、まったく同一であることに気づいた。はしごの段の長さも同じになった。さらに、この組み合わせであれば、シャルガフの法則も自然と説明がつく。AとT、GとCが必ず対になるとすれば、明らかに、DNAの任意の区間におけるAとTの分子の数と、GとCの分子の数は同じになるだろう。そのころ、もうひとつの貴重な情報が、マックス・ペルーツ経由で手元に入ってきた。それは、医学研究局の生物物理学委員会がキングス・カレッジを訪問するのに備えて、フランクリンが記した報告書だった。この報告書に記載されている結晶状DNAの対称性から、クリックはDNAの二本の鎖が反平行であると結論づけた。つまり、逆向きに走っているということ

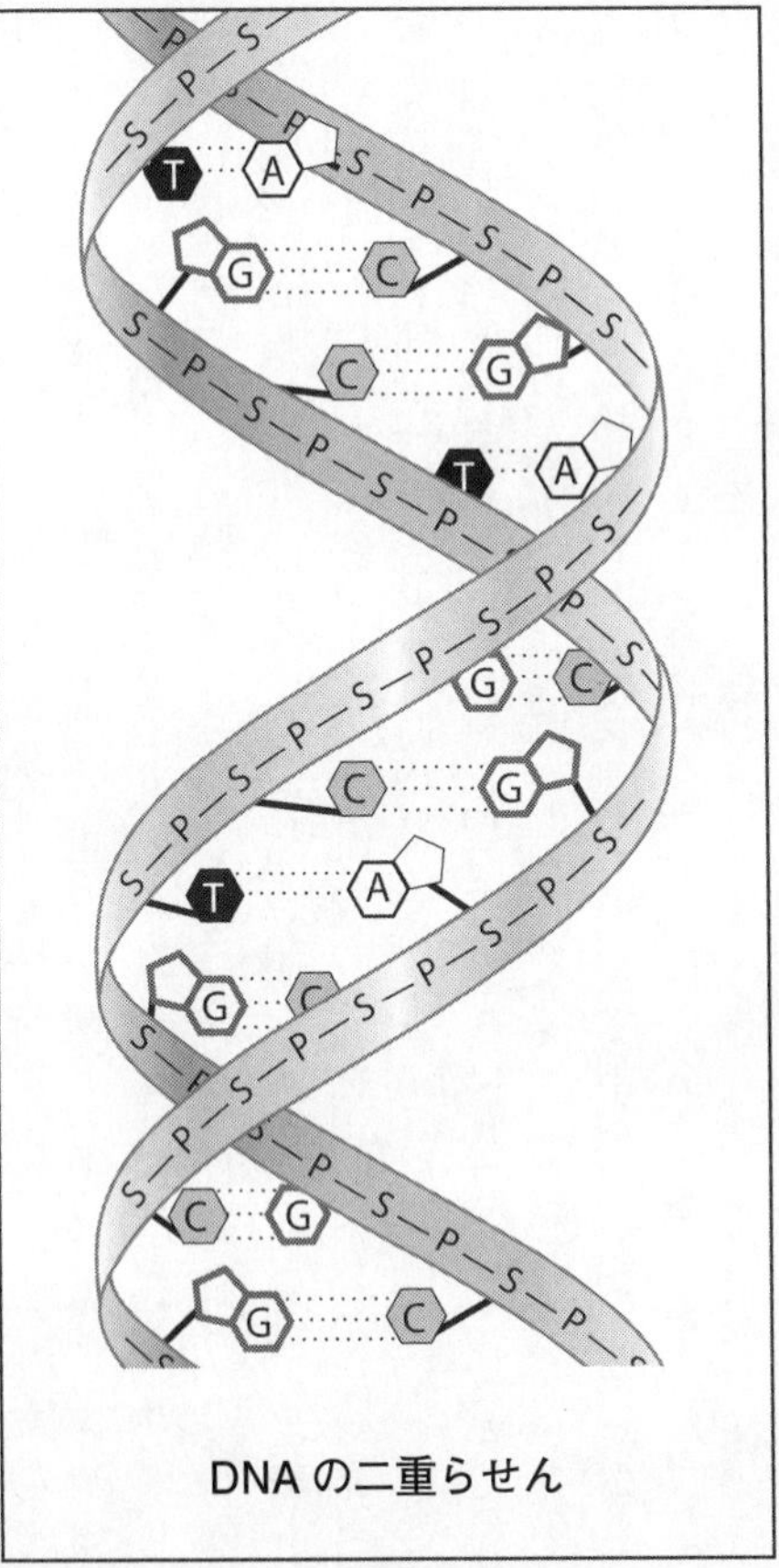

図15

とだ。(21)

こうして完成したのが、かの有名な二重らせん構造である。二本のらせん状の鎖(骨格)は、リン酸と糖が交互に並んでおり、対になった塩基が糖と結合し、はしごの段を形成している(図15)。この時点で、ワトソンとクリックは自分たちのモデルが正しいと確信しきっていたので、《ネイチャー》誌に短い論文を提出し、モデルを発表したくてうずうずしていた。今ではすっかり有名なワトソンの記述によれば、論文すら発表しないうちに、クリックは常連客でにぎわう昼時《ひるどき》のパブ〈イーグル〉に乗り込み、ワトソンとふたりで「生命の秘密を発見した」と豪語したのだという。図16は、クリックがその宣言をしたイーグル内の場所だ。一九五三年三月一七日、クリックはその論文のコピーをウィルキンスに送った。長く〝紛失〟していたクリックの書簡の中から、その原稿に添えられた手紙の下書きが見つかった。その一部は次のとおりだ。

モーリス殿

われわれの手紙の下書きを同封する。まだブラッグには見せていないので、誰にも見せないでいただけるとうれしい。この段階で君に手紙を送付する目的は、次の二点について承認をいただきたいからだ。

(a) 君の未発表の研究に関する参照番号8番の参照

（b）謝辞
　訂正の希望があれば知らせていただきたい。一両日中に返答がない場合は、このままで異論はないものとみなすのであしからず。[22]

　この手紙の下書きと、《ネイチャー》の編集者のひとりに宛てたもう一枚の下書き（どうやら送付されなかったようだ）を見るかぎり、クリックとワトソンは当初、《ネイチャー》に原稿を提出するのは自分たちだけだと思っていたようだ。現実には、キングス・カレッジのふたつのグループも、《ネイチャー》に論文を提出した。ウィルキンスは、おそらく同じ日に書いたクリックへの簡単な手紙の中で、「ほぼ未修正の下書きを同封

図16

する。君の手紙のことは何と呼べばいいだろうか？」と述べている。この手紙に同封されていたのは、ウィルキンス自身の原稿の下書きだった。三つめの論文は、ロザリンド・フランクリンとレイモンド・ゴズリングによるものだった。

クリックは状況を理解すると、全員で全員の原稿を確認しようと提案した。「関係者全員が読みもせずに、《ネイチャー》に共同で論文を送るのは不合理だろう。われわれは彼女の「フランクリンの」論文を見たいし、彼女もわれわれのを見たいはずだ」。ウィルキンスは同意した。彼は新しく見つかった「月曜日」（おそらく三月二三日月曜日）付の手紙で、「ロザリンドのやつは明日発送する」と述べている。さらに、「レイモンドとロザリンドは君のやつを持っているから、これで全員が全員のを確認したことになるだろう」と付け加えている。

しかし、新しく見つかった書簡の中でもっとも面白いのは、おそらくポーリングに関する部分だろう。まず、クリックは、フランクリンがもうすぐイギリスにやってくるポーリングに会いたがるかもしれないという事実に、不快感を示した。「彼女が実験データをポーリングに渡そうと考えないともかぎらない。そんなことになれば、君ではなくポーリングが間違いなく構造を証明するだろう」。これに対し、ウィルキンスは苛立った様子でこう返信した。「ロザリンドがポーリングに会いたがっているとしたら、私たちに何ができる？　会わないほうがいいと言えば、余計に会いたくなるだけだろう。それにしたって、いったいどうしてみんな揃いも揃って、そんなにポーリングに会いたがるのだろう……。今ではレイモンド［・ゴズリング］までポーリングに会いたいと言い出している！　いったいどうなっているんだ」[23]。このやり取りは、ポーリングが学者人生の中で最悪の時期にあっても、みんなの畏敬を集めていたことを如実に表わしている。

そして、《ネイチャー》の一九五三年四月二五日号に、DNA構造に関する三つの論文が掲載された。ひとつめは、二重らせん構造について記述したワトソンとクリックの画期的な論文[24]。この論文は長さにしてわずか一ページちょっとだったが、なんという一ページだろうか！　ワトソンとクリックは冒頭でこう感謝を述べた。「核酸の構造は、すでにポーリングとコリーによって提唱されている。ふたりは親切にも、発表前にわれわれに原稿を確認させてくれた」。しかし、そのすぐあとでこう付け加えた。「われわれの意見では、この構造は不十分である」。続けて、「同一の軸を中心に巻きついた二本のらせん状の鎖」からなる「まったく異なる構造」について簡潔に説明している。特に、この構造の「画期的な特徴」は、「二本の鎖がプリン塩基とピリミジン塩基によってつなぎ留められている方法」だとしている。

ワトソンとクリックのモデルは、遺伝情報のコーディングがどのように実現するのか、DNA分子がどのように自分自身を複製するのかというふたつの謎の答えもすぐさま示唆した。その詳細は、最初の論文からわずか五週間後に発表された二本めの論文で明かされた[25]。ワトソンとクリックは、遺伝コードの根底にあるメカニズムについてこう提唱した。「われわれのモデルのリン酸と糖からなる骨格は完全に規則的であるが、塩基対はどのような順序であっても、この構造にうまくはまり込む。よって、分子が長くなると、数多くの順列が可能になる。したがって、この塩基の配列こそが遺伝情報を含むコードである［傍点引用者］可能性が高いと考えられる」。メッセージは単純明快だった。たとえばアミノ酸を生成するのに必要な遺伝的指令のコードは、はしごの段にあたる塩基の具体的な配列に刻み込まれているということだ。たとえば、Ｃ‐Ｇ、Ｇ‐Ｃ、Ｔ‐Ａという配列は、アルギニンというアミノ酸を形成するためのコードであり、Ｇ‐Ｃ、Ｃ‐Ｇ、Ｔ‐Ａという配列は、アラニンのコードである。また、ＤＮＡの複製は、（一九四八年にポーリングが漠然と予測したとおり）〝ファスナーを開ける〟ようにして二重らせん状のはしごの中心部分を解《ほど》くことによって行なわれる。これにより、ＤＮＡは半分ずつになり、それぞれにはしごの脚の部分と、段の片側が含まれることになる。一方の鎖の塩基配列によって、もう一方の鎖の塩基配列が決まるので（Ｔは常にＡと対をなし、Ｇは常にＣと対をなすため）、明らかに、片方の分子に分子全体を構築するのに必要なあらゆる情報が含まれていることになる。たとえば、ＤＮＡの一方の鎖に沿った塩基配列がＴＡＧＣＡであるなら、もう一方の鎖の配列は相補的になるので、必ずＡＴＣＧＴとなる。このようにして、もともとの鎖から、二本の新しい完全なはしごを生成できるので、ＤＮＡ分子の複製が実現するというわけだ。

最初の論文で、ワトソンとクリックは複製機構について詳しく述べていないが、たった一言、「われわれが仮定した特定の塩基対が、そのまま遺伝情報の複製機構を示唆するものであることに、われわれは気づいている」とだけ述べている。クリックののちの説明によれば、この不可解なほど短い文章（科学史家の中には、「言い渋り」と表現する者もいる）は、実際のところ、一種の折衷案《せっちゅう》だったのだという。(26) クリック自身は最初の論文で遺伝学的意味について論じたかったのだが、ワトソンはこの構造がまだ間違いの可能性もあると危惧《きぐ》していたのだ。したがって、この発言は単に先取権を主張するものだった。ワトソンがこのモデルにまだ疑いを抱いていたという事実は、彼の当時の手紙によく表われている。

先ほどお話ししたように、《ネイチャー》には、ワトソンとクリックの最初の論文とともに、ふたつの論文が掲載された。ひとつはウィルキンス、アレクサンダー・ストークス、ハーバート・ウィルソンによる論文である。(27) 彼らは一部のX線結晶構造解析データを分析し、単離した繊維だけでなく、生体系そのものの中にも、らせん構造が存在するという証拠を提示した。その後、ウィルキンスと彼の共同研究者、さらにはマシュー・メセルソン、アーサー・コーンバーグらが研究を重ね、ワトソンとクリックのモデルとその結論が正しいことを詳細に確かめた。

《ネイチャー》の一九五三年四月二五日号に掲載された三つめの論文は、フランクリンとゴズリングによるものだった。(28) この論文には有名なB型構造のX線写真が掲載された。フランクリンの科学に対する考え方全般を反映するかのように、原稿は次のように注意深く記されていた。

われわれは構造Bの繊維図形の完全な解釈を述べるつもりはないが、次の結論は述べられる。この構造はおそらくらせんである。リン酸基はこの構造単位の外側、直径約二〇オングストロームのらせん構造上にある。この構造単位はおそらく、繊維軸に沿った間隔が一定でない、ふたつの同軸の分子で構成されている。……(中略)……したがって、われわれの考え全般は、先ほどワトソンとクリックが提唱したモデルと矛盾するものではない。

フランクリンの見事なX線回折写真が、DNAの構造全体や具体的な大きさに関し、重要な情報を提供したという点について、異論のある者はほとんどいないだろう。悲劇的なことに、ロザリンド・フランクリンは一九五八年、三七歳のときにがんで亡くなった。がんに侵《おか》されたのは、DNA構造の解明につながったX線を過剰に浴びたことが原因とも考えられる。フランクリンの死から四年後、ワトソン、クリック、ウィルキンスは、DNA

の分子構造および生体の情報伝達におけるDNAの意義を発見した功績により、ノーベル生理学・医学賞を共同受賞した。ノーベル賞は故人には与えられないうえに、四人以上では共同受賞できないので（同じ年、同じ部門）、フランクリンが一九六二年まで生きていたらどうなっていたのかは、永遠にわからない。

二〇〇九年、かの有名な51番写真（Photograph 51）は、成功を収めたアンナ・ジーグラー脚本の演劇のタイトルになった。[29] タイトルが示すとおり、この演劇では、ロザリンド・フランクリンとモーリス・ウィルキンスの多難な関係をフィクションとして描いている。ワトソンは演劇の感想を求められると、モーリス・ウィルキンス役は「しゃべりすぎ」で、クリックを演じた役者は実物のクリックを表現しきれていないと語った。というのも、クリック役は「中古車セールスマン」みたいな雰囲気だったからだ。

敗北を認めるのは誰でもイヤなものだが、それは科学者も例外ではない。ポーリングはピーターに宛てた一九五三年三月二七日付の手紙で、最初に〝何気なく〟こう記している。

> 君からフランクリン嬢に連絡を取って（もしこれがいい案だと思うならだが）、会う手はずも整えてくれるといいだろう。キングス・カレッジの面々（フランクリン嬢はキングス・カレッジを去って、今はバークベック・カレッジのバナールのところにいる）も私に訪問してほしいと思っているなら、おそらく同じ日に予定を組み込めると

思う。だが、この件で私から連絡を取るつもりはない[30]。

その後、別の段落で正確な旅程を説明したあと、こう続けている。

ワトソンとクリックから、彼らの構造について簡単に説明した手紙をもらった。《ネイチャー》に送る手紙のコピーが同封されていた。彼らの構造はとても面白いと思う。大きな反論はない。ただ、われわれの構造に対する彼らの反論も、そう大きなものではないと思う。

その後、同じ手紙の中で、ポーリングはDNA分子の水分含量が非常に重要かもしれないと認めている。「われわれは……（中略）……三つのヌクレオチド残基が配置されていることを裏づける主張をしている。……（中略）……しかし、ある程度乾いた核酸の標本に、およそ三〇パーセントの水分が含まれているとすれば、……（中略）……同じ長さに残基はふたつだけということになるだろう」。そして、彼はこう結論づけた。「ウィルキンスの写真がこの疑問をずばり解決してくれるはずだと思う」

私はアレクサンダー・リッチに、ポーリングが本当に三重らせんモデルで行けると思っていたのか、そして二重らせんが正しいかどうかわからないと思っていたのかを訊《たず》ねてみた。リッチの答えはなかなかきっぱりとしていた。「もちろん、ポーリングは二重らせんが正しいモデルだとわかっていたさ。正しいかどうかわからないとかなんとかいうのは、単なる強がりだよ」。実際、ポーリングは四月の第一週にケンブリッジ大学を訪れ（図17は一九五三年の彼）、ワトソンとクリックのワイヤー・モデルやフランクリンのX線写真を確認し、クリックの説明を聞くと、この構造は正しそうだと潔く認めた。数日後、ポーリングとブラッグは、ベルギーのブリュッセルで開催されるソルベー会議に向けて出発した。世界有数の研究者が集まるその会議で、ブラッグはまず二重らせんを発表した。とても粋《いき》なことに、発表後の議論の最中にポーリングはこう認めた。「コリー教授と私が核酸の構造を提唱してからたった二カ月だが、われわれのモデルはおそらく間違っていると認めざるをえないと思う」[31]

図17

ポーリングの過ちに特に〝輝かしい《ブリリアント》〟面はないと主張することもできる。なんといっても、彼のモデルは内側と外側があべこべだったし、鎖の本数も間違っていたのだ。それでも、ポーリングの手法、考え方、そして複雑なタンパク質分子の研究で見せた過去の驚くべき成功が、ワトソンとクリックの刺激や知力の源《みなもと》になったことは確かである。一九九九年三月二一日に発表された短い記事の中で、ワトソンはポーリングについてこう記している。「失敗というものは、不愉快なほど偉大さの近くをうろついている。今にして重要なのは、彼の過去の不備ではなく、彼の完璧さである。私はポーリングが五〇年前に、生命の根底にあるのは生気《せいき》ではなく化学結合だけだと断言したのを覚えている。この言葉がなければ、クリックも私も成功しなかったかもしれない」(32)

DNA構造の発見によって、無数の研究の扉が開かれた。その今日までの集大成ともいえるのが、二〇〇三年四月に正式に完了したヒトゲノム計画だ。これは人間のDNAを完全に解読するプロジェクトである（データの分析は今後もずっと続けられるが）。その過程で、数々の驚きがあった。たとえば、二〇〇〇年を迎えるまで、生物学者たちは、ヒトゲノムの中にタンパク質をコードする遺伝子がおよそ一〇万個含まれていると考えていた。ところが、二〇〇四年一〇月の国際ヒトゲノム・シーケンス決定コンソーシアムの発表では、推定二万五〇〇〇個以下にまで減った。これはC・エレガンスという単純な線虫《せんちゅう》の遺伝子数よりも少し多い程度なのだ！　近年、安価で高速な遺伝子のシーケンシング技術が普及したことで、科学者たちは人間の起源の新しい全体像を描けるようになった。シベリアの洞窟で見つかった四万年前の少女の小指のかけらを遺伝子解析にかけると、新しい見方が浮かび上がってくる。(33)現生人類は単にアフリカから行進してきたわけではなく、むし

1. ウィルソン　2. ペルーツ　3. ショーメーカー　4. ワトソン　5. ダニッツ
6. クリック　7. ウィルキンス　8. ケンドリュー　9. リッチ　10. ポーリング
11. コリー　12. アストベリー　13. ブラッグ

図18

ろ現在は絶滅してしまった少なくともふたつの古代の人類の集団と出会い、交配していたというものだ。

DNAの構造や機能の発見は、自然選択が作用しうる遺伝的変異の性質を明らかにし、進化にも光を当てた。生命のプロセスは化学と物理学の法則から生じるものであるというポーリングの主張は、DNAパターンを形成し、変異させうる要因を理解することで、検証できるようになったのだ（図18は、一九五三年九月に開催された「タンパク質の構造に関するパサデナ会議」の一部参加者の写真。αヘリックスや二重らせんの発見に貢献したキー・パーソンたちが数多く写っている）。

遠い将来、DNAを理解し、DNA分子を修正できるようになったら、いったいどんな機会が開けるのか、想像もつかないほどである。人間の平均寿命が大幅に延びるかもしれないし、新しい生命体が作れるかもしれない。DNA構造を解読することで、すでにさまざまな病気の遺伝的基礎が理解できるようになり、治療法の探究に革命が起きている。ゲノム時代の到来は、科学捜査の分野でも、今まで想像もできなかったような成果を実現してきた。たとえば、二〇〇一年、炭疽菌《たんそ》が封入された手紙で五人が亡くなったあと、アメリカ連邦捜査局（FBI）は、攻撃に使われた炭疽菌株の微生物ゲノム全体（五二〇万塩基対）の配列を解析した。その結果、炭疽菌はある陸軍研究所のものである可能性が高いと判明した。それと同時に、DNAとタンパク質の構造が解明されたことで、生命の起源という問題も、今まで以上に面白く、答えの出しうる疑問へと変わった。しかし、こうした探究は、純粋な生物学よりもさらに根本的なレベルへと及んでいった。この生命の構成要素、つまり情報が刻み込まれている自己複製する分子は、いったいどこからやってきたのか？　そして、物理学的な面でいえば、さらに深い起源までさかのぼる。ポーリングの水素結合にとって欠かせない水素原子は、いったいどうやって宇宙に誕生したのか？　また、生命にとって欠かせない重元素、たとえば炭素、酸素、窒素、リンは？

ロシア出身の物理学者、ジョージ・ガモフは、DNA内の四つの塩基がアミノ酸からのタンパク質合成を制御する仕組みを、早いうちから理解することを試みたひとりだ。ガモフはカリフォルニア大学バークレー校の放射線研究所を訪れていた際、らせん構造モデルの遺伝学的な意味合いを説明したワトソンとクリックの論文を見せられた。(34) 興奮した彼は、ジョージ・ワシントン大学に戻るやいなや、彼らのモデルについて考えはじめ、すぐさまワトソンとクリックに手紙を送った。「親愛なるワトソン博士とクリック博士、私は物理学者であって生物学者ではないのですが……」といくぶん申し訳なさそうに切り出すと、すぐに本題に移った。ＤＮＡ内の塩基に対応する四つの文字と、タンパク質を構成する二〇種類のアミノ酸のあいだの関係を、純粋なる数値的な暗号解読の問題として解くことはできないだろうか？　結局、ガモフの数学的な解は間違っていたものの、生物学の問題を情報という言語の中でとらえるきっかけにはなった。

そのおよそ五年前、ガモフはさらに根本的な問題を解決すべく励んでいた。宇宙における水素とヘリウムの起源だ。彼の答えは非常に見事だった。しかし、その答えでは、ヘリウムよりも重い全元素の存在を説明することはできなかった。この気の遠くなるような課題は、別の天体物理学者・宇宙論学者の手に託《たく》された。ずばり、フレッド・ホイルである。彼は一方では、宇宙全体の進化に興味を持っていた。そしてもう一方では、宇宙における生命の誕生にも。彼は二〇世紀でもっとも高名な科学者であると同時に、もっとも物議を醸す科学者でもあった。

第8章　ビッグバンのB

われわれ一人ひとりにおいてこれほど重要なものである哲学は、単なる技術的な問題ではない。人生というものの真の深い意味に対して、われわれがおおよそ暗黙のうちに抱く感覚なのである。読書で得られるのはその一部でしかない。哲学は、われわれ個人が宇宙の緊張や圧力、そのすべてを見たり感じたりする方法そのものなのだ。

——ウィリアム・ジェームズ

一九四九年三月二八日、夜の六時半、天体物理学者のフレッド・ホイルは、哲学者のバートランド・ラッセルや劇作家のサミュエル・ベケットといった知識人たちを取り上げてきたBBCの教養番組専門チャンネル《サード・プログラム》で、ラジオ・レクチャーを行なった。彼はこの講演の中で、宇宙では絶えず物質が生成されているという自身のシナリオと、宇宙には明確な始まりがあるという対立理論を対比しつつ、のちに物議を醸すことになる発言をした。

　すると、これまでの理論に観測的検証を施《ほどこ》すという問題になってくる。これまでの理論は、宇宙の全物質が遠い過去のある時点で起きた一回の巨大な爆発《ビッグバン》で作られた「傍点引用者」という仮説に基づいたものだ。現在では、このような理論はすべて、何らかの点で観測的事実の要請に矛盾することがわかっている[1]。

　この講演こそ、「ビッグバン」という用語が誕生した瞬間だった。以来、ビッグバンという言葉は、われわれの宇宙が成長を始めた最初の出来事と密接に関連づけられるようになった。一般に考えられているのとは違って、ホイルはこの言葉を揶揄《やゆ》するような意味で使ったわけではない。むしろ、聞き手のイメージを膨らませようとしただけなのだ。皮肉にも、ビッグバンという用語を作り広めたのは、ビッグバン・モデルの根底にある考えに常に反対していた科学者だったのである。この名称は国民投票でも勝ち残っている[2]。一九九三年、《スカイ&テレスコープ》誌は、ビッグバンよりもいい名称の案を読者から募った。一般的には、宇宙について公正な認識を広めるための行為だったと見られている。三人の審査員（科学の大衆化に尽力した有名な天文学者、カール・セーガンもそのひとり）

が一万三〇九九件の提案を吟味したものの、ふさわしい代案は見つからなかった。本章のタイトル（「ビッグバンのＢ」）は、フレッド・ホイルとテレビ・プロデューサーのジョン・エリオット脚本によるイギリスのＳＦテレビ・ドラマ《アンドロメダのＡ（*A for Andromeda*）》にならって付けたものだ。ドラマは七話からなり、一九六一年に放映。女優のジュリー・クリスティが初めて主役を演じた。

フレッド・ホイルは、一九一五年六月二四日、イギリスのウェスト・ヨークシャー州のビングリーという町の近くにある村、ギルステッドに生まれる。(3) 父親はウールや生地の商人であり、第一次世界大戦中に機関銃部隊に召集され、フランスに派遣された。母親は音楽を学び、しばらく地元の映画館でサイレント映画のピアノ伴奏をしていた。フレッド・ホイルは、もともとは化学者になる予定だったのだが、ケンブリッジ大学で数学を学んだ。あまりの才能と実績から、一九三九年にはケンブリッジ大学セント・ジョンズ・カレッジのフェローに選ばれたほどだ。一九五八年には、ケンブリッジ大学の名誉あるプルーム教授職（天文学・実験哲学）に就いた。ちなみに、チャールズ・ダーウィンの息子のジョージ・ダーウィンも、一八八三年から一九一二年までこの教授職に就いていた。

自立心が強く、時に自ら不和を呼び込むホイルの性格は、幼いころからその兆候が見られた。彼はのちにこう振り返っている。「五歳から九歳まで、私はほとんどいつも教育制度と闘っていた。……（中略）……嫌でも通わなくてはならない学校という場所があると母親から聞かされると、私は愕然とした。自分自身で決めた物事ではなく、〝教師〟が決めた物事について考えなければならない場所があるとはね[4]」。型どおりの物事を嫌う彼の性格は、大学時代になっても変わることはなかった。一九三九年には、彼いわく「現実的な理由」で博士号の取得を見送ることにした。つまり、所得税を抑えるためだ[5]！

そういうわけなので、この好奇心と自立心に満ちた思想家が、やがて一流の科学者となったのも不思議ではない。天体物理学や宇宙論に対する貢献という意味でいえば、少なくとも四半世紀は常にトップを走りつづけていたといえよう。と同時に、彼は決して論争を避けなかった。「研究で本当に価値のあることを成し遂げるには、仲間の意見の逆を行く必要がある。単なる変わり者になることなく、それをうまく成し遂げるには、繊細な判断力がいる。すぐには解決できない長期的な問題については特にそうだ[6]」と彼はかつて記した。このあとすぐにわかるように、ホイルは自分自身で口にした教訓に忠実だった。度を越すほどに。

第二次世界大戦がなかったとしても、一九三九年はホイルにとって重要な年だった。偶然にも、彼の研究指導教員のうちふたりが、別の場所で仕事に就くため、ケンブリッジ大学を続けざまに去ったのだ。三人めの指導教員は、量子力学の生みの親のひとりである偉大な物理学者、ポール・ディラックだった。量子力学は、原子内部のミクロな世界に関して革命的な見方をもたらした。一九二〇年代に画期的な理論が次々と生まれたのと比べると、一九三〇年代後半の科学はいささか退屈だった。ホイルがのちに記したところによれば、彼は一九三九年のある日、ディラックからこう言われたのだという。「一九二六年なら、そう優秀な人間でなくとも、重大な問題を解くことは可能だった。ところが今では、いくら優秀な人間が、解くべき重大な問題を見つけられずにいるのだ」[7]。ホイルはこの警告を胸に留め、純粋な理論核物理学から星々の世界へと照準を移した。

ホイルの数々の実績の中で、私が本書で取り上げるのは、あるひとつの分野に対するほんのいくつかの貢献だ。ずばり、天体核物理学である。この分野におけるホイルの研究は、恒星やその進化に対する現代的理解のよりどころとなる、大きな柱のひとつとなった。彼はその過程で、複雑性や生命の要《かなめ》である炭素原子が、宇宙でどのように形成されたのかという謎を解き明かした。しかし、ホイルの功績の価値をきちんと理解するため、まずはホイルが偉大な研究を行なうことになった背景を理解しておこう。

物質の歴史の幕開け

アメリカの理科室の壁のどこかに必ずといっていいほど貼られているものといえば、元素周期表である(図19)。英語がアルファベットからなる単語で構成されているのと同じように、宇宙にある通常の物質はすべて、これらの元素からなる。元素とは、単純な化学的手法ではそれ以上分解または変更できない物質を指す。一般的には、ロシアの化学者、

元素周期表

1 H																	2 He
3 Li	4 Be											5 B	6 C	7 N	8 O	9 F	10 Ne
11 Na	12 Mg											13 Al	14 Si	15 P	16 S	17 Cl	18 Ar
19 K	20 Ca	21 Sc	22 Ti	23 V	24 Cr	25 Mn	26 Fe	27 Co	28 Ni	29 Cu	30 Zn	31 Ga	32 Ge	33 As	34 Se	35 Br	36 Kr
37 Rb	38 Sr	39 Y	40 Zr	41 Nb	42 Mo	43 Tc	44 Ru	45 Rh	46 Pd	47 Ag	48 Cd	49 In	50 Sn	51 Sb	52 Te	53 I	54 Xe
55 Cs	56 Ba	57 La*	72 Hf	73 Ta	74 W	75 Re	76 Os	77 Ir	78 Pt	79 Au	80 Hg	81 Tl	82 Pb	83 Bi	84 Po	85 At	86 Rn
87 Fr	88 Ra	89 Ac**	104 Rf	105 Db	106 Sg	107 Bh	108 Hs	109 Mt	110 Ds	111 Rg	112 Cn	113 Nh	114 Fl	115 Mc	116 Lv	117 Ts	118 Og

* ランタノイド	58 Ce	59 Pr	60 Nd	61 Pm	62 Sm	63 Eu	64 Gd	65 Tb	66 Dy	67 Ho	68 Er	69 Tm	70 Yb	71 Lu
** アクチノイド	90 Th	91 Pa	92 U	93 Np	94 Pu	95 Am	96 Cm	97 Bk	98 Cf	99 Es	100 Fm	101 Md	102 No	103 Lr

図19

ドミトリー・メンデレーエフが、周期表の基礎となる周期的な規則性に気づき（一九世紀半ば）、当時まだ周期表に載っていなかった未発見の元素の性質を予言したと考えられている。[8]周期表は多くの点で、エンペドクレスやプラトンが火、空気、水、土を物質の基本的な構成要素と見ていた時代から、科学がどれだけ進歩してきたかを物語っているシンボル的な例といえよう。

余談だが、面白いことに、世界最小の周期表が二〇一一年、イギリスのノッティンガム大学の化学者、マーティン・ポリアコフの毛髪に刻み込まれた。[9]刻印作業は同大学のナノテクノロジー・センターで行なわれた（毛髪は誕生日プレゼントとしてポリアコフに返却された）。

現在、周期表は一一八の元素で構成されている（最新のテネシンは二〇〇九年に発見）。そのうち、地球上に天然に存在するのは九四種類である。ちょっと考えてみれば、これは基本的な構成要素にしてはかなり数が多い。そういうわけで、誰かがこんな疑問を持つのも時間の問題だった。これらの化学元素はいったいどこから来たのか？　このどちらかというと複雑な物質たちには、もっと単純な起源がありうるのだろうか？

実際、周期表が発表される前にも、こうした疑問を投げかけた人はいた。イギリスの化学者、ウィリアム・プラウトは、一八一五年と一八一六年発表のふたつの論文で、あらゆる元素の原子は、実際のところ異なる数の水素原子が凝縮されたものであるという仮説を立てた。[10] 天体物理学者のアーサー・エディントンは、プラウトの仮説の全般的な考え方と、物理学者のフランシス・アストンによる原子核の実験結果を組み合わせ、独自の予想を立てた。一九二〇年、エディントンは四つの水素原子が何らかの方法で融合し、ひとつのヘリウム原子を形成しうるという説を提唱した。[11] 四つの水素原子の合計質量とひとつのヘリウム原子の質量のわずかな差は、質量とエネルギーの関係を示すアインシュタインの有名な等式、$E=mc^2$（「E」はエネルギー、「m」は質量、「c」は光速）に従い、エネルギーという形で放出されると考えられた。そうすれば、太陽は質量のほんの数パーセントを水素からヘリウムに変えるだけで、数十億年は輝いていられると彼は推定した。あまり知られていない事実だが、同じころ、フランスの物理学者のジャン・バティスト・ペランも、とてもよく似た考えを表明している。[12] 数年後、エディントンはさらに、太陽などの恒星は、核反応を通じてひとつの元素を別の元素に変換する天然の〝実験室〟になりうると推測した。キャヴェンディッシュ研究所の一部の物理学者は、ふたつの陽子がお互いの静電反発力を乗り越えられるほど、太陽の内部温度は高くないと反論したが、エディントンはそういう輩《やから》に対して、「もっと熱い場所を見つけてきなさい」と忠告したことで有名だ。[13] エディントンとペランの仮説によって、天体物理学の分野では恒星内「元素合成」という考えが生まれた。高温の恒星内部で少なくとも一部の元素が合成されうるという考え方である。これまでの話から察しがついているかもしれないが、エディントンはアインシュタインの

図20

相対性理論（特に一般相対性理論）の熱烈な支持者だった。あるとき、物理学者のルードヴィグ・シルバースタインがエディントンに歩み寄り、一般相対性理論を理解している科学者は世界で三人しかいないといわれており、そのうちのひとりがエディントンだと伝えた。エディントンがしばらく黙り込んでいると、シルバースタインは「そんなに謙遜しなさんな」と励ました。すると、エディントンはこう答えた。「まったく逆です。三人めは誰だろうと考えていたところなんです(14)」。図20は、ケンブリッジ大学にいるエディントンとアインシュタイン。

さて、元素の形成の話を続けるためには、原子のごく基本的な性質をいくつか押さえておかねばなるまい。ここで、ごくごく簡単におさらいしておこう。通常の物質はみな原子で構成されており、すべての原子の中心には微小な原子核がある（原子の半径は原子核の半径の一万倍以上）。その原子核を中心として、電子が軌道の雲を描くように動いている。原子核は陽子と中性子で構成され、両者の質量はほとんど同じである（中性子のほうが陽子よりもわずかに重いが）。どちらも、電子のおよそ一八四〇倍の質量を持つ。安定した原子核の中に束縛されている中性子は安定しているが、自由中性子は不安定であり、平均約一五分でひとつずつの陽子、電子、反ニュートリノへと崩壊する。反ニュートリノは、非常に軽くてほとんど見えない、電気的に中性の粒子である。不安定な原子核中の中性子も同様に崩壊することがある。

この世に存在する原子の中で、もっとも単純で軽いのは水素原子だ。水素原子の原子核はひとつの陽子しか含まない。この陽子を中心としてひとつの電子が軌道を描いて回転しており、その軌道は量子力学を用いて確率的に計算できる。また、水素は宇宙の中でもっとも豊富な元素でもあり、通常の物質（「バリオン」物質という）の約七四パーセントを占める。バリオン物質とは、恒星、惑星、人間を構成する物質である。周期表（図19）の行《ぎょう》に沿って左から右へとひとつ移動するたびに、原子核内の陽子の数と周囲を回る電子の数はひとつずつ増加する。陽子と電子は数が同じなので（しかも、大きさの等しい正反対の電荷を持っているので）、通常の状態では原子は電気的に中性となる。

周期表で水素の次に来る元素はヘリウムであり、原子核にふたつの陽子を持つ。加えて、ヘリウムの原子核にはふたつの中性子も含まれる（全体として電荷はない）。ヘリウムは水素に次いで二番めにありふれた元素であり、宇宙の通常の物質の約二四パーセントを占める。同一の化学元素に分類される原子は、陽子の個数が同じなので、この数をその元素の「原子番号」と呼ぶ。たとえば、水素の原子番号は1、ヘリウムは2、鉄は26、ウランは92だ。原子核にある陽子と中性子の総数を「原子量」と呼ぶ。たとえば、水素の原子量は1、ヘリウムは4、炭素（陽子と中性子が六つずつ）は12だ。同じ化学元素であっても、原子核内の中性子の数が異なるものがあり、これをその元素の「同位体」と呼ぶ。たとえば、ネオン（陽子一〇個）には、原子核に一〇個、一一個、一二個の中性子を持つ同位体がある。こういった異なる同位体を表わすために、一般的には ^{20}Ne、^{21}Ne、^{22}Ne という表記が使われる。同じように、水素（陽子一個。^{1}H）にも、通常「重水素《デューテリウム》」と呼ばれる同位体（原子核に陽子と中性子が一個ずつ。^{2}H）と、「三重水素《トリチウム》」と呼ばれる同位体（陽子一個と中性子二個。^{3}H）が天然に存在する。

　さて、さまざまな元素の合成という中心テーマに戻ろう。二〇世紀前半の物理学者たちは、周期表に関する数々の疑問と直面した。第一の疑問は、「元素はいかにして作られたのか？」というものだ。しかし、それだけではない。なぜ金《きん》やウランのような一部の元素はきわめて稀少《きしよう》なのに（よって値段も高い！）、鉄や酸素のような元素はずっとありふれているのか（酸素は金よりもおよそ一億倍もありふれている）？　また、なぜ恒星はほとんど水素とヘリウムで構成されているのか？

当初から、元素の形成プロセスに関する考えは、恒星の莫大なエネルギー源に関する考えと密接に結びつけられてきた。ヘルムホルツとケルヴィンは、太陽のゆっくりとした収縮とそれに伴う重力エネルギーの放出が、太陽のエネルギー源だと主張していたのを思い出してほしい。しかし、ケルヴィンがはっきりと証明したように、この貯蔵エネルギーだけでは、太陽がエネルギーを放射できる時間には限りがある。せいぜい数千万年だ。この上限は、地質学や天体物理学の証拠と厄介なほど矛盾していた。地質学や天体物理学の証拠によって、地球も太陽も数十億歳以上であることは、ますます揺るぎなくなっていたからだ。エディントンはこの紛れもない食い違いにちゃんと気づいていた。一九二〇年八月二四日、ウェールズのカーディフで開かれた英国科学振興協会の会議のスピーチで、彼は未来を予見したようなこんな発言をしている。

伝統という惰性だけが、収縮仮説を生き長らえさせている。いやむしろ、もう生きてはいないが埋葬されていない死体と言うべきか。しかし、その死体を埋葬すると決意するのであれば、まずはわれわれの置かれた立場を正直に認めようではないか。恒星は、われわれのあずかり知らない手段を通じて、何らかの膨大な量の貯蔵エネルギーを利用している。この貯蔵エネルギーとは、あらゆる物質にふんだんに存在することが知られている原子内部のエネルギーのほかに、とうてい考えられないのだ［傍点引用者］(15)。

エディントンは、四つの水素原子核が融合してひとつのヘリウム原子核になることで、恒星はエネルギーを得られるという説を熱烈に擁護していたのだが、このプロセスが実際に起こる具体的なメカニズムを思いついていたわけではなかった。特に、先ほど挙げた相互的な静電反発力の問題を解決する必要があった。その問題とはこうだ。ふたつの陽子（水素原子の原子核）は、どちらも正《せい》の電荷を帯びているので、電気的に反発しあう。このクーロン力（フランスの物理学者、シャルル＝オーギュスタン・ド・クーロンに由来）は、作用する距離が長いので、原子核の大きさを上回る距離においては、陽子同士に働くもっとも強い力となる。しかし、原子核の内部では、強く引きつけあう核力が支配しているので、電気的な反発力を乗り越えられる(16)。したがって、エディントンの思い描くように、恒星の中心部で陽子が融合するためには、陽子がランダムな運動の中で、「クーロン障《しょう》壁《へき》」を乗り越え、引きつけあう核力を通じて相互作用できるような十分に高い運動エネルギーを得る必要があるのだ。しかし、エディントンの仮説には、見たところ問題があった。太陽の中心部の計算上の温度が、陽子に必要なエネルギーを与えるほど高くないという点だった。古典物理学なら、このシナリオは死刑を宣告されたも同然だっただろう。粒子にそのような障壁を乗り越えるだけのエネルギーがなければ、どうあがいてもほかの粒子とは相互作用しえないのだ。幸い、量子力学が救いの手を差し伸べた。量子力学とは、原子内部の粒子や光の挙動について記述する理論である。量子力学では、粒子は波のように振る舞うことができ、すべてのプロセスは本質的に確率で記述される。波は粒子のように一カ所に局在するわけではなく、広がりを持つ。護岸にぶつかった海の波の一部が護岸の向こう側に移動するのと同じように、クーロン障壁を乗り越えるにはエネルギーが足りない陽子同士であっても、（微小とはいえ）一定の確率で相互作用する。こうした障壁を乗り越える量子力学の「トンネル効果」を用いて、一九二〇年代後半、物理学者のジョージ・ガモフと、それとは別にふたつのチーム（ロバート・アトキンソンとフリッツ・ハウターマンス、およびエドワード・コンドンとロナルド・ガーネイ）は、恒星内部の条件のもとでは、陽子が実際に融合しうることを示した。[17]

ドイツの物理学者、カール・フリードリヒ・フォン・ヴァイツゼッカーと、アメリカの物理学者、ハンス・ベーテおよびチャールズ・クリッチフィールドは、四つの水素原子核が融合してひとつのヘリウム原子核が形成される核反応ネットワークを初めて精密に記述した。ベーテは一九三九年に発表された見事な論文で、水素がヘリウムに変換し、エネルギーが生成される経路について、二通りの説を論じた。[18] ひとつは陽子‐陽子連鎖反応（ｐ‐ｐチェイン）と呼ばれるもので、まずふたつの陽子が結合して重水素（水素の同位体であり、原子核に陽子と中性子をひとつずつ持つ）が形成され、そこにもうひとつ陽子が結合し、重水素がヘリウムの同位体となる。[19] ふたつめのメカニズムは炭素‐窒素（CN）サイクルと呼ばれるもので、炭素と窒素の原子核が触媒としてのみ働くサイクル反応である。いずれにしても、最終的には四つの陽子が融合してひとつのヘリウム原子核が形成され、エネルギーが放出される。ベーテは当初、われわれの太陽は主にCNサイクルによってエネルギーを生成していると考えていたが、カリフォルニア工科大学のケロッグ放射線研究所のその後の実験で、太陽の主なエネルギー源になっているのはp‐pチェインであることがわかった。CNサイクルがエネルギー生成の大半を占めるようになるのは、もっと質量の大きな恒星のみである。

すでに気づいていると思うが、CNサイクルはその名称が示すように、触媒として炭素原子と窒素原子の存在が欠かせない。しかし、ベーテの理論は、そもそもいかにして宇宙で炭素や窒素が形成されたのかを示しきれていなかった。ベーテは炭素が三つのヘリウム原子核の融合によって合成される可能性を考えてはいた（ヘリウム原子核には陽子がふたつ、炭素原子核には六つ含まれている）。ところが、彼は計算を終えるとこう断言した。「現在の条件のもとでは、ヘリウムよりも重い原子核を恒星内部で恒久的に生成しうる手立てはない」。[20] つまり、太陽と似た大半の恒星に見られる密度と温度では、という意味だ。ベーテはこう結論づけている。「［ヘリウムよりも］重い元素は、恒星が現在の温度や密度の状態に落ち着く以前に作られたと想定せざるをえない」

　ベーテの宣告は深刻な難題を生んだ。当時の天文学者や地球科学者たちは、別々の化学元素におおむね共通の起源があるはずだと結論づけていたからだ。特に、銀河系全体で炭素、窒素、酸素、鉄といった原子の相対存在度がほぼ同じであるという事実は、明らかに何らかの共通の形成プロセスが存在することを示唆していた。したがって、ベーテの宣告を受け入れるとすれば、現在の恒星が平衡状態に達する前に作用しえた、何らかの共通の合成メカニズムを考える必要があったのだ。

　ベーテの理論が身動きの取れない行き詰まりへと向かうかに見えたちょうどそのとき、多彩な才能を持つジョージ・ガモフ（仲間からはふつう「ジョー」と呼ばれていた）と、彼の教え子である博士課程の学生、ラルフ・アルファーが、名案に思えるアイデアを発表した。もしかすると、元素はビッグバンと呼ばれるきわめて高温・高密度な初期の宇宙で形成されたのではないか？　明快さという点で、この発想そのものは天才的だった。ガモフとアルファーの主張によれば、この高密度な原始の火の玉の中では、物質は高度に圧縮された中性子のガスで構成されていた。ふたりはこの原始の物質を「アイレム（ylem）」と呼んだ（古代ギリシャ語の yle と中世ラテン語の hylem に由来。どちらも「物質」という意味）。これらの中性子が陽子と電子に崩壊しはじめると、残りの中性子の海からいちどにひとつずつ中性子が連続的に捕獲され（そしてその後、その中性子が陽子、電子、反ニュートリノに崩壊することで)、原理的には、水素よりも重いあらゆる原子核が生成されうる。原子はこのようにして、中性子をひとつ捕獲するたびに一段ずつ、周期表の階段をのぼっていくとされ、このプロセス全体は、特定の原子核が別の中性子を捕獲する確率と、宇宙の膨張(一九二〇年代後半に発見。次章で扱う)によって制御されると考えられた。宇宙の膨張により、時間の経過とともに物質の全体的な密度がどう減少するのか、ひいては核反応の速度がどう低下するのかが決まるというわけである。計算のほとんどはアルファーが行ない、その結果は《フィジカル・レビュー》誌の一九四八年四月一日号にて発表された[21](ガモフはエイプリル・フールに論文を発表するのが好きだった)。突拍子もないことを思いつき実行するのが常であったガモフは、ハンス・ベーテ(計算とは何の関係もなかった)を論文の共同執筆者に加えれば、三人の名前(アルファー、ベーテ、ガモフ)がギリシャ語のアルファベットの最初の三文字(アルファ、ベータ、ガンマ)にぴったり対応することに気づいた。結局、ベーテは論文に名前を加えることを認めた。この論文は「アルファベット論文」と呼ばれることも多い[22]。同じ年、アルファーは物理学者のロバート・ハーマンと共同で、ビッグバンの残留放射の温度を予測した。この放射は現在では「宇宙マイクロ波背景放射」と呼ばれる(生涯だじゃれを追求しつづけたガモフは、著書『宇宙の創造』の中で、ロバート・ハーマンは「名前をデルタと変えることをあくまで承知しなかった[23]」と冗談を飛ばしている。彼が言っているのは、ギリシャ語の四番めの文字、デルタのことだ）。

アルファーとガモフの構想は見事だったが、すぐに問題が判明した。確かに高温のビッグバンの中の元素合成によって、水素とヘリウムの同位体の相対存在度（また、少量のリチウムと微量のベリリウムおよびホウ素の存在）を説明することはできたものの、それよりも重い元素の生成で、いかんともしがたい問題にぶち当たった。その問題は、単純な力学的比喩を使うと理解しやすい。はしごの段がところどころ抜けていると、はしごをのぼるのは非常に難しいのだ。天然には、原子量が5または8の安定した同位体が存在しない。つまり、ヘリウムの安定同位体は原子量が3と4のものだけ、リチウムの安定同位体は原子量が6と7のものだけ、ベリリウムの安定同位体は原子量が9のものだけ（原子量10のものは不安定だが、寿命は長い）、という具合である。原子量5と8がぽっかりと抜けている。したがって、ヘリウム（原子量4）は別の中性子を捕獲して、中性子捕獲メカニズムを続けられるだけの時間、崩壊せずにいる原子核を生成することはできないのだ。リチウムも、原子量8の部分にギャップがあるため、同じような難点を抱えている。この原子量のギャップのせいで、ガモフとアルファーのやり方では、それ以上の進展は不可能だった。偉大な物理学者のエンリコ・フェルミでさえ、共同研究者とこの問題を詳しく調べた結果、ビッグバンによる合成では、「元素が形成された仕組みを説明できない」と残念そうに結論づけた[24]。

炭素とそれより重い元素はビッグバンでは生成できないというフェルミの結論と、太陽のような恒星内ではこうした元素を生成できないというベーテの主張はこうして、悩ましい謎を生んだ。重元素はどこでどのように合成されたのか？　そこで登場したのがフレッド・ホイルである。

神は言われた――「ホイルあれ」と

一九四四年の秋も深まってきたころ、ホイルは海軍レーダーに関する戦時活動でアメリカに行くと、その機会を利用して、当時もっとも有力な天文学者のひとりだったウォルター・バーデに会った。当時、彼の勤めるカリフォルニア州のウィルソン山天文台には、世界最大の望遠鏡があった。ホイルはバーデから、巨大な恒星は最期が近づくと、中心部がきわめて高温・高密度になりうることを学んだ。この極限の状況について調べるうち、彼は一〇億度近い温度では、陽子とヘリウム原子核が容易にほかの原子核のクーロン障壁《しょうへき》を突き破り、高頻度で核反応やその逆の反応が起こるため、粒子全体が「統計的平衡」と呼ばれる状態に達しうることに気づいた。

核統計的平衡の状態では、核反応が継続して起こるが、それぞれの反応とその逆の反応が同じ割合で起こるため、全体的に元素の存在度は変化しない。そのため、彼は統計力学という物理学分野の強力な手法を用いれば、さまざまな化学元素の相対存在度を推定することができると主張した。しかし、実際にその計算を行なうには、関連するすべての原子核の質量を知る必要があった。だが、その情報は戦時中には手に入らなかった。ようやく一九四五年春になって、ホイルは核物理学者のオットー・フリッシュから質量の表を入手した。その後の計算の結果、一九四六年に画期的な論文が発表された。[25] この論文の中で、ホイルは恒星内部で炭素以降の元素が形成される仕組みに関する理論の大枠を述べている。そのアイデアは度肝《どぎも》を抜くものだった。炭素、酸素、鉄はずっと存在していたわけではないというのだ（つまりビッグバンでいっぺんに形成されたわけではない、ということだ）。むしろ、生命にとって不可欠なこれらの原子は、恒星の核融合炉内で作られたという。少し考えてもみてほしい。現在、DNAの二本鎖を構成する個々の原子は、何十億年も前に、さまざまな恒星の中心部で生まれたかもしれないというのだから。われわれの太陽系全体は、およそ四五億年前、祖先の恒星の内部で調理された材料を混ぜ合わせてできたものなのだ。一〇年後にホイルと共同研究を行なうことになる天文学者のマーガレット・バービッジは、一九四六年の王立天文学会の会議でホイルの発表を聞いたときの体験を、こう見事に表現している。「私は王立天文学会の講堂に座りながら、ただただ驚嘆していた。明るい光が偉大な発見を照らし出したときの、無知のベールを取り払われたようなすばらしい感覚を体験していたのだ」[26]

自身の生まれかけの理論から導かれる結果を精査しているうち、ホイルはある発見に満足した。観測結果が示唆しているのとまったく同じように、周期表の鉄周辺の元素の存在度に、著しいピークが見られたのだ。このピークはのちに「鉄ピーク」と呼ばれるようになるが、鉄ピークが一致したことは、ホイルにとって方向性が正しいという証拠だった。しかし、はしごの段が抜け落ちているという事実、つまり原子量5と8の安定した原子核がないという事実は、あらゆる元素を生成する詳細な（骨組みだけではない）原子核反応ネットワークを構築するにあたって、相変わらず悩みの種《たね》となった。

この原子量のギャップ問題を回避するため、ホイルは一九四九年、三つのヘリウム原子核の融合によって炭素原子核が作られる可能性（以前にベーテが見切りを付けた可能性）について再検証することにし、この問題を自身の教える博士課程の学生のひとりに任せた。ヘリウム原子核はアルファ粒子とも呼ばれるので、この反応はふつう「トリプル・アルファ（3α）」プロセスと呼ばれる。運の悪いことに、その学生は博士課程の研究を完了する前に研究を中止することにしたのだが（そうしたのはホイルの教え子の中でも彼だけだった）、正式な登録を取り消すことができなかった。(27) ケンブリッジ大学では、このような場合の学問上のエチケットとして、明確な決まりが定められていた。その学生自身または独立した研究者が結果を発表するまで、ホイルはその問題に手を付けることさえ許されなかったのだ。結局、ふたりの天体物理学者が研究結果を発表した。といっても、そのうちのひとりの研究はほとんど注目されなかったが。

北アイルランドで活躍したエストニア出身の天文学者、エルンスト・エピックは、一九五一年、寿命の終わりに近づき収縮している恒星の中心部では（恒星自体は膨張して赤色《せきしょく》巨星《きょせい》になる）、温度が数億度に達する可能性があると主張した。(28) この温度になると、ヘリウムの大半は融合して炭素になるという。しかし、エピックの論文はあまり有名とはいえない《アイルランド王立アカデミー紀要（*Proceedings of the Royal Irish Academy*）》に発表されたため、彼の論文について知る天体物理学者は少なかった。

当時、コーネル大学でキャリアをスタートさせたばかりの天体物理学者、エドウィン・サルピーターも、彼の論文のことは知らなかった。一九五一年夏、サルピーターは招待を受けてカリフォルニア工科大学のケロッグ放射線研究所を訪れた。そこでは、情熱的な天体核物理学者のウィリアム・ファウラーと彼のグループが、天体物理学にとって重要だと考えられていた核反応の研究にますますのめり込んでいた。エピックと同じ考えから出発し、サルピーターは赤色巨星の中心部の灼熱《しゃくねつ》状態の中で起こるトリプル・アルファ・プロセスについて検証した。(29) ホイルの教える大学院生が途中で放棄したのとまったく同じ問題だ。彼は三つのヘリウム原子核が同時に衝突することはまず考えられないことにすぐさま気づいた。むしろ、ふたつのヘリウム原子核がくっついているあいだに、三つめが衝突する可能性のほうが高かった。彼はすぐに、非常に低い確率とはいえ、二段階のプロセスで炭素が生成される可能性に気づいた。第一ステップでは、ふたつのアルファ粒子が結合して非常に不安定なベリリウムの同位体（^{8}Be）が形成される。そして第二ステップでは、ベリリウムが三つめのアルファ粒子を捕獲して、炭素を形成するわけだ。それでも、ひとつ深刻な問題が残っていた。実験の結果、このベリリウムの同位体は平均約10^{-16}秒（〇・〇〇〇〇〇〇〇〇〇〇〇〇〇〇〇一秒）というほんの短時間で、ふたつのアルファ粒子へと崩壊してしまうことがわかったのだ。問題は、温度が一億Kを超えると、この短命のベリリウム原子核の一部が崩壊する前に三つめのヘリウム原子核と融合しうるほど、反応速度が高くなるかどうかという点だった。

サルピーターの論文を読んだとき、ホイルが真っ先に抱いた感想は、教え子の大学院生の不運な出来事のせいで、これほど重大な計算をしそこねてしまった自分自身に対する怒りだった。しかし、核反応ネットワーク全体をより詳しく調べてみると、サルピーターの仮定のもとでは、すべての炭素が生成とほぼ同時に別のヘリウム原子核と融合し、酸素に変わってしまうとホイルは推測した。およそ三〇年後、彼はこの重大な気づきについて、「かわいそうな老いぼれエド。不運なやつだ。私は内心そう思った」と表現している[30]（実際のところ、エド・サルピーターはホイルの九歳年下だった）。しかし、これはトリプル・アルファ反応そのものがダメなアイデアだったことを示しているのだろうか？　ホイルが驚くべき物理学的直感と明晰な思考を発揮したのは、まさにこの種の場面だった。彼は自明な事実を開始点にした。「^{12}Cを合成する何らかの方法があるはずだ」。なんといっても、炭素は宇宙に比較的豊富なだけでなく、生命にとって欠かせないものでもある。考えられるありとあらゆる反応を頭の中で評価したあと、ホイルはこう結論づけた。「３αに勝《まさ》るものはない」。では、どうすれば炭素が酸素に変わらずにすむのか？　ホイルの頭の中では、その方法はたったひとつだった。「３αは従来の計算よりもずっと高速で起こる必要がある［傍点引用者］」(31)。言い換えれば、ベリリウムとヘリウムが非常に簡単に、しかもすばやく融合し、崩壊するよりもずっと高い速度で炭素が生成される必要があったのだ。

しかし、炭素合成の速度を大幅に上げる方法とは？　核物理学者たちはその答えをひとつだけ知っていた。炭素原子核の「共鳴状態」である。共鳴状態とは、原子核同士の反応確率がピークに達するような状態、あるいはその際に原子核が持つエネルギーの値である。ホイルは、炭素原子核が、ベリリウム原子核とアルファ粒子の合計質量に相当するエネルギー（＋運動エネルギー）とぴったり一致するエネルギー準位を持っていれば、ベリリウムとアルファ粒子の融合速度は大幅に増加することに気づいた。つまり、不安定なベリリウム原子核が別のヘリウム原子核（アルファ粒子）を吸収し、炭素を形成する確率がぐっと上昇するわけだ。ところが、ホイルは共鳴状態が炭素の合成に役立つことを指摘しただけではなかった。彼は目的の効果を得るのに必要な炭素原子核のエネルギー準位を正確に計算したのである。核物理学者たちは、原子核のエネルギーを測定するのに、ＭｅＶという単位を用いる（一ＭｅＶは一〇〇万電子ボルト）。計算の結果、ホイルは炭素の生成量と実際に観測された炭素の宇宙存在度が一致するためには、炭素原子核の最低のエネルギー準位（基底状態）よりも約七・六八MeVだけ高い、^{12}Cの共鳴状態が必要だと結論づけた[32]。さらに、ホイルは当時知られていた^{8}Beと^{4}Heの原子核の対称性を用いて、この共鳴状態の量子力学的な性質を予言した。

これは非常に驚異的としか言いようがなかったが、ひとつだけ〝小さな〟問題があった。そのような共鳴状態の存在は知られていなかったのだ！　天体物理学の一般的な証拠を用いて、核物理学に関するきわめて精密な予言（それも、核物理学に基づいて計算するよりもずっと精密な予言）をしようと考えるだけでも、非常識きわまりないのだが、ホイルはそうするだけの大胆さを持ち合わせていた。

一九五三年一月。彼は数カ月間のサバティカルを取り、カリフォルニア工科大学で過ごしていた。炭素原子核の未知のエネルギー準位に関する新しい予言を引っ提《さ》げて、ホイルは真っ直ぐにケロッグ研究所のウィリアム・ファウラーのオフィスに乗り込み、ファウラーのグループに、自分の予言を検証するための実験を実施してほしいと頼んだ。ふたりが出会ったときの出来事は、今や伝説になっている[33]。ファウラーはこう振り返る。「そのおかしな男は、私たちのしていたほかの重大な研究をすべて中断してでも、この状態を探すべきだと考えていた。私たちはいわば鼻であしらった。帰ってくれ、若僧。研究の邪魔だ[34]」

ホイルの記憶では、彼との出会いはもっとポジティブな雰囲気だった。

驚いたことに、私が自分の抱えている難問について説明したとき、ウィリーは笑わなかった。彼がケロッグの面々［核物理学グループのウォード・ウェイリング、ウィリアム・ウェンゼル、ノエル・ダンバー、チャールズ・バーンズ、ラルフ・ピクスリーなど］を呼んできたのがその場だったのか、数時間後や翌日、はたまた翌々日だったのかは思い出せない。……（中略）……そのとき、全会一致で新しい実験を行なうべきだという決断が下されたのだ。[35]

二〇〇一年のインタビューでは、ウォード・ウェイリングもノエル・ダンバーも、この出会いについては詳しいことを覚えていなかったが、チャールズ・バーンズは、ファウラーのどちらかというと狭いオフィスがすし詰めになったのを覚えている。「フレッドが自説を披露するあいだ、聴衆は見るからに彼の話を疑っていた。ウィリー自身も半信半疑のようだった」とバーンズは記す。ふたりが出会ったときの正確な出来事はともかく、結果的に、「ケロッグの面々」が実験を行なうことを決めたのは確かだ。そして、必要な測定を行なうのに最適な実験環境を持つのは、ウォード・ウェイリングと彼の共同研究者たちのグループだということになった。[36]

ウェイリング、ダンバー、そして共同研究者たちは、この問題に挑むために、窒素（^{14}N）の原子核に重水素（^{2}H）を衝突させることにした。この核反応によって、炭素（^{12}C）の原子核とアルファ粒子（^{4}He）が生成される。放出されるアルファ粒子のエネルギーを入念に調べてみると（エネルギーの総量は保存される点に注意）、高いエネルギーを持って放出される粒子（よってエネルギー保存則により、炭素はエネルギーの低い基底状態になる）だけでなく、より低いエネルギーを持って放出される粒子も検出された。つまり、炭素原子核に一定のエネルギーが残っているということだ。結果は一目瞭然だった。数週間もしないうちに、彼らの実験グループは、七・六八ＭｅＶ（誤差〇・〇三ＭｅＶ）という炭素の共鳴を発見した。これはホイルの予言と見事に一致していたのである！　この結果について説明したわずか一ページ強の論文の冒頭で、その核物理学者たちはこう記した。「ホイルはこのプロセス［ベリリウムとヘリウムの融合］によってヘリウムより重い元素の初期の形成を説明している」。そして、こんな感謝で論文を結んだ。「この準位の天体物理学的な重要性について指摘してくれたホイル教授に感謝したい」[37]

ホイルは驚くほど見事に予言を的中させたにもかかわらず、栄光に浸《ひた》るのはまだ早いと考えていた[38]。炭素が生き残るためには、炭素原子核がもうひとつの重要な条件を満たす必要があった。炭素がすべて酸素に変わってしまうほどの速さで四つめのアルファ粒子を捕獲することはできないという条件である。言い換えれば、酸素原子核に炭素とアルファ粒子の反応速度を早めるような共鳴状態がないという確証が必要だったのだ。この炭素生成理論の勝利を完璧なものにするため、ホイルはそのような共鳴状態が発生しないこと、つまり酸素のそれぞれの準位のエネルギーが、共鳴を起こすであろう値よりも一パーセントほど低いことを示した。

このような大勝利を手中に収めたホイルは、大急ぎで結果を世界に発表しただろうと思うかもしれない。ところが実際には、自身の予言が正しいことを確認してから半年以上たってようやく、ホイルはアルバカーキで開かれたアメリカ物理学会の会議でそのことを手短かに報告しただけだった。(39) その後も、ホイルは自身の偉業について大げさに騒ぎ立てることはなかった。一九八六年にはこうコメントしている。

ある意味では、これは些末《さまつ》なことにすぎなかった。しかし、物理学者たちからは、画期的で見事な予言だと見られていた。そのおかげで、元素は初期の高温の宇宙で合成されたという今までの考えから、元素は恒星内部で合成されたというより平凡な考えへと、物理学者たちを改心させるのに、私の予言は期待以上の効果を発揮したのだ。(40)

ホイル以外の人々は、彼の予言を「些末なことにすぎない」とは考えていなかった。あのにぎやかなジョージ・ガモフは、ホイルが元素合成理論において果たした役割について自身の見解をまとめる際、「新創世記」というタイトルで面白おかしくこう記している。

はじめに神は放射とアイレムとを創造された。アイレムは形も数もなく、核子たちが淵のおもてを狂おしくかけめぐっていた。神は「質量数二あれ」といわれた。すると質量数二があった。神はその重水素を見て、よしとされた。

神はまたいわれた、「質量数三あれ」。すると質量数三があった。神はそのトリチウムと三質量ヘリウム《トラルフィウム》［ヘリウムの同位体 ^{3}He に対してガモフが付けたニックネーム］を見て、よしとされた。そこで神は次々と数をいわれ、ついに超ウラン元素までこられた。しかし神はご自分の仕事をふりかえられたとき、よくなかったと気づかれた。数の勘定に熱中されて、質量数五を呼びそこなわれたのである。そのため、当然、五より重い元素はできるはずなどなかったのだ。

神はひどく失望され、まず、宇宙ともう一度契約して最初からやりなおそうと思われた。しかし、それでは単純すぎると思いなおされた。そこで、全知全能の神は、ご自分のあやまちをまったくありえない仕方で訂正することを決意された。

そして神は「ホイルを呼べ」といわれた。するとホイルがあった。神はホイルに目を向けられ……重い元素をおまえの好きな仕方でつくるようにといわれた。そこでホイルは、重い元素を星の中でつくって超新星の爆発によって宇宙へまき散らそうと決心した。しかし彼は、そのやり方では、もし神が質量数五を呼ぶのをお忘れにならなかったらアイレムの中の核合成で生じたであろう諸元素存在量比の曲線を得るほかなかった。
　そこでホイルは、神の助けによって、そのやりかたで重い元素をつくった。しかし、そのやり方はあまりにも複雑だったので、いまではホイルも神も他のだれもどうやってそれを行なったのかを明らかにすることができない。[41]

つまり、この「新創世記」によれば、神さえも過ちを犯したのだ！

スウェーデン王立科学アカデミーも、ホイルの予言を些末なこととは考えなかった。一九九七年、スウェーデン王立科学アカデミーは「恒星や星の進化における核過程の研究に対し、画期的な貢献を行なった」として、ホイルとサルピーターに名誉あるクラフォード賞（ノーベル賞が与えられる学問分野を補う分野の人々に贈られる）を贈呈した。スウェーデン王立科学アカデミーは賞の発表に際してこう指摘した。「おそらく、この分野における彼の［ホイルの］最大の貢献は、自然界における炭素の存在から、炭素原子核に基底状態を超える一定の励起《れいき》状態が存在することを実証した論文である。この予言はのちに実験的に確かめられた[42]」

ホイルは、この炭素のエネルギー準位の予言について引き続き追究するため、恒星内元素合成理論の基礎を確立する論文を発表した。恒星内元素合成とは、大半の化学元素とその同位体が、巨大な恒星内部の原子核反応によって、水素とヘリウムから合成されたとする考え方だ。一九五四年発表のこの論文で、重元素の存在度が現在のようになったのは、恒星の進化の直接的な結果であると説明した[43]。恒星は常に重力と闘っている。重力に逆らう力がなければ、恒星は重力によって中心に向かって崩壊してしまうだろう。しかし、中心部の原子核反応に〝点火〟することで、恒星はきわめて高い温度を生み出し、そこから生じる高圧力によって、自身の重みを支えているのだ。ホイルの説明によれば、中心部でそれぞれの核燃料が使い尽くされるたびに（まず水素が融合してヘリウムが作られ、次にヘリウムから炭素、炭素から酸素……という具合に進む）、重力収縮によって中心部の温度が上昇し、ついには次の段階の原子核反応に〝点火〟される。こうして中心部の燃焼を繰り返すたびに、鉄に至るまでの新しい元素が合成されるとホイルは推論した。燃焼する中心部は、必ずそのひとつ前の段階よりも小さくなるので、恒星はたまねぎの皮のような構造になる。そして、それぞれの層は、そのひとつ前の原子核反応の主生成物、いわば〝燃えかす〟で構成される（図21）。鉄の原子核はもっとも安定しているため、いったん鉄の中心核が形成されると、もうそれ以上、原子核からより重い原子核への融合によって核エネルギーは得られなくなる。重力と闘う内部の熱源を失った恒星の中心核は、崩壊して大爆発を起こす。このいわゆる超新星爆発によって、作られたあらゆる元素が星間

超新星爆発を起こす前の恒星の内部構造

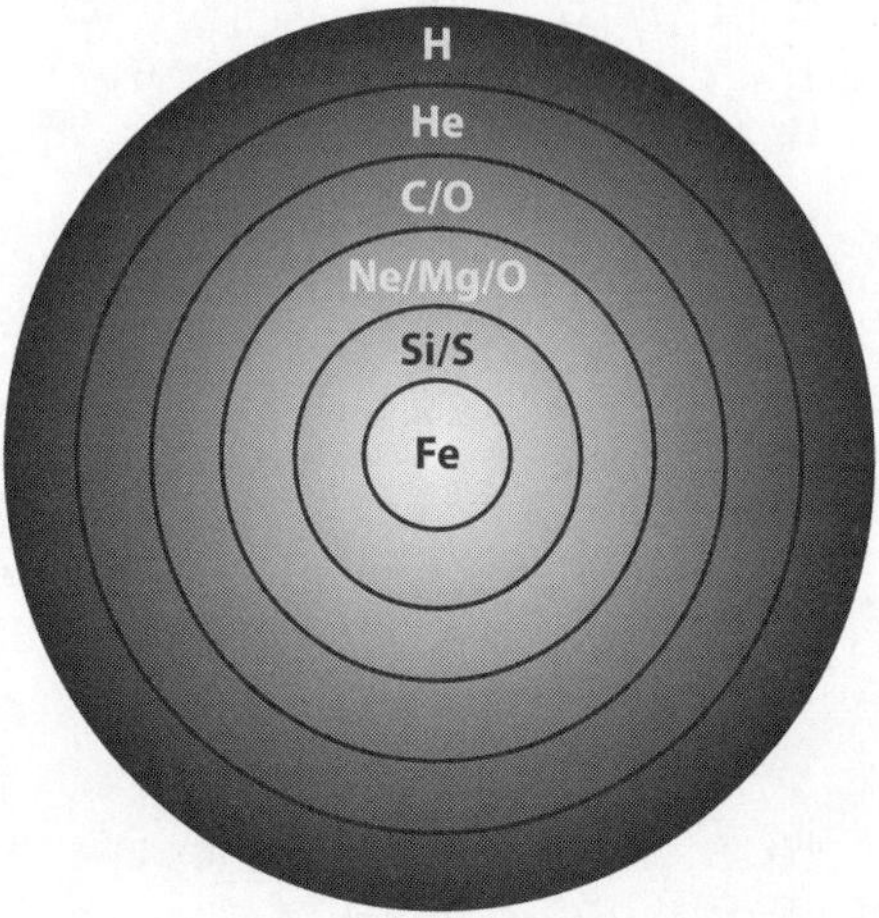

図21

空間に勢いよくばらまかれ、星間空間のガスを豊かにする。このガスから、次世代以降の恒星や惑星が形成されるわけだ。爆発中の温度は非常に高くなるため、中性子が恒星内の物質に衝突することで、鉄より重い元素が形成される。ホイルのシナリオは、今日《こんにち》でも恒星の進化の全体像を描いたものと考えられている。意外にも、恒星内元素合成理論の発展に大きな役割を果たしたこの論文は、発表当時はそれほど注目されなかった。もしかすると、核物理学界ではあまり知られていない新しい天体物理学誌に掲載されたからかもしれない。

　ウィリアム・ファウラーも、炭素

の共鳴準位に関するホイルの予測に感銘を受けた。実際、ホイルとともに研究を行なうため、次のサバティカルをケンブリッジ大学で過ごしたほどである。ファウラーとホイルの共同研究、そしてふたりと天文学者夫妻のジェフリー&マーガレット・バービッジの共同研究は、天体物理学の世界でもっとも有名な研究のひとつへとつながった。一九五七年に発表されたバービッジ、バービッジ、ファウラー、ホイル(四人の頭文字を取ってB2FHと呼ばれることも多い)による歴史的な共同論文は、恒星内でホウ素よりも重い全元素が合成される仕組みについて、包括的な理論を提唱した。(44) ミュージシャンのジョニ・ミッチェルは「私たちは星くず」と歌ったが、ある意味では、この歌詞はホイルの一九五四年の論文とB2FHの論文を一言でまとめていたといえよう。四人の研究者は、恒星や隕石内の重元素の存在度に関する膨大な天文学的データと、一九五二年一一月一日に太平洋のエニウェトク環礁《かんしょう》で行なわれた水爆実験など、数々の実験から得られた重要な核データを組み合わせ、自分たちの理論計算を裏づけた。彼らは恒星内で元素を合成する八つもの核過程について記述し、これらの過程が起こるさまざまな天体物理学的な環境を特定した。B2FHは、「恒星間で化学組成が大きく異なる」という観測的な証拠こそ、全元素がビッグバンで合成されたのではなく、恒星内で合成されたという理論を裏づける強力な根拠であると指摘した。この指摘は正しかった。

力作とはまさしくこのことだった。一〇八ページにもおよぶ長大な論文は、ロマンチックなタッチで始まっている。人類の運命を支配するのは星々なのかという疑問について述べた、シェイクスピアのふたつの矛盾する一節を引用しているのだ。ひとつめは、「星々なのだ。われわれの頭上にある星々が、人間のありようを支配するのだ」という『リア王』の一節。その次に、「しかしもしかすると」という言葉をはさんだあと、ふたつめの引用がある。「ブルータスよ、過ちは星の定めの中ではなく、われわれ自身の中にあるのだ」という『ジュリアス・シーザー』の一節だ。四人は論文の最後に、恒星内のそれぞれの同位体の相対存在度を決定するためにあらゆる手を尽くすよう、観測者たちに呼びかけている。相対存在度はさまざまな核反応シナリオの検証に使えるからだ。図22は、一九六七年にケンブリッジ大学理論天文学研究所で撮影された写真。二列め中央がフレッド・ホイル、向かって彼の右がマーガレット・バービッジ。最前列中央がウィリアム・ファウラー、向かって彼の左がジェフリー・バービッジ。

B2FH論文が実現できなかったことがひとつある。どれだけがんばっても、ホイルと共同研究者たちは、恒星内の元素合成では非常に軽い元素の存在度を説明できなかったのである。重水素、リチウム、ベリリウム、ホウ素はあまりにも脆《もろ》かった。恒星内部の熱は、これらの元素が作られるのではなく、核反応によって破壊されるのに十分だったのだ。宇宙に二番めに多い元素であるヘリウムにも問題が見つかった。これは意外に思えるかもしれない。明らかに恒星内ではヘリウムが形成されているからだ。なんといっても、四つの

理論天文学研究所グループ、1967年

（後列）M・グリビン、J・R・グリビン、M・ウッズ、R・ハーディング、R・C・フィッシャー、N・バトラー、C・ニコルズ
（二列め）P・ソロモン、R・V・ワゴナー、F・ウェストウォーター、F・ホイル、E・M・バービッジ、D・D・クレイトン、P・H・ファウラー
（前列）S・A・コルゲート、G・R・バービッジ、W・A・ファウラー、J・N・イスラム、J・フォークナー

図22

水素からヘリウムへの融合こそが、太陽のような大半の恒星の主なエネルギー源になっているはずではないのか？　問題はヘリウムの合成そのものではなく、十分な量の合成にあった。詳細な計算から証明されたように、恒星内元素合成から予言されるヘリウムの宇宙存在度は、わずか一～四パーセント程度である。一方、観測値はおよそ二四パーセントだ。このことから、ガモフとアルファーが提唱したように、ビッグバンが軽元素の唯一の生成源としか考えられなかった。

お気づきかもしれないが、元素の起源（ホイルの言葉を借りれば「物質の歴史」）に関する物語には、ある種の〝宇宙論的な妥協〟が含まれている。ガモフはすべての元素がビッグバン直後の数分間（ガモフいわく「鴨肉のローストポテト添えを調理し終えるよりも短い時間」）で作られたと考えたかった。一方のホイルは、すべての元素が恒星の長い進化の過程で、恒星内部で作られたと考えたかった。自然はその折衷案《せっちゅう》を選んだ。重水素、ヘリウム、リチウムのような軽元素はビッグバンで合成されたが、それよりも重い全元素、特に生命にとって欠かせない元素は、恒星内部で調理されたわけである。

ホイルは、自身の提唱する物質の歴史をバチカンでも説明する機会を得た。B2FH論文が刊行されるほんの数ヵ月前、ローマ教皇庁科学アカデミーとバチカン天文台が、バチカンで「恒星の種族」に関する科学会議を開催した。二〇名近い招待者の中には、当時の天文学界や天体物理学界のもっとも高名な科学者たちもいた。ファウラーとホイルはふた

図23

りとも元素の合成に関する研究結果を発表し、(45)ホイルは会議全体を物理学の視点から総括することも求められた。(46)オランダの天文学者のヤン・オールトは、天文学の視点から会議を総括した。一九五七年五月二〇日に行なわれた会議の開会式で、出席者たちはローマ教皇のピウス一二世に会った。図23は、ホイルが教皇と握手しているところ。ホイルの右側、こちらに背を向けて立っているのがウィリアム・ファウラーで、教皇の右側、こちらを向いているのがウォルター・バーデだ［訳注：メガネをかけている人物ではなく、その後ろに立っている人物のこと］。

あとは歴史を見てのとおりだ。ケロッグ研究所の実験および理論プログラムは、ウィリアム・ファウラーの力強いリーダーシップのもと、天体核物理学の拠点となった。さらに、ファウラーは一九八三年にノーベル物理学賞を受賞した（天体物理学者のスブラマニアン・チャンドラセカールとともに）。ファウラー自身も含め、多くの人々はホイルも共同受賞してしかるべきだったと感じた。[47] 二〇〇八年、ジェフリー・バービッジはこうとまで言っている。「恒星内元素合成理論はフレッド・ホイルひとりの功績である。それは一九四六年と一九五四年のホイルの論文や、B2FHによる共同論文を見ればわかる。B2FH論文を書き上げるにあたって、われわれ全員がホイルのそれまでの研究を組み込んだのだ[48]」

それではなぜ、ノーベル賞はホイルに贈られなかったのか？　意見はさまざまだ。ジェフリー・バービッジは、個人的な書簡のやり取りをもとに、ホイルがノーベル賞から外された大きな理由は、ファウラーがB2FHのリーダーだという（彼によると不当な）認識があったからだと結論づけた。ホイル自身は、ノーベル賞選考委員会を批判したために落選したと考えていたようだ。委員会がパルサーの発見に関して、実際に発見を行なった大学院生のジョスリン・ベルではなく、彼を指導するアントニー・ヒューイッシュにノーベル賞を贈呈したとき、ホイルは委員会を批判したのだ。また、ホイルがビッグバンに関して異端ともいえる見方にこだわったのが、落選の大きな要因になったと考える者もいた。この件については、次章で詳しく論じる。

その異端ともいえる見方とはどのようなものだったのか？　ホイルがビッグバンに反対

した背景は？

第二次世界大戦中、ホイルがサリー州ウィットリーにある海軍本部通信事業団(Admiralty Signals Establishment)で研究を行なっていた時期があった。そこで、彼はふたりの年下の同僚、ヘルマン・ボンディおよびトマス・〝トミー〟・ゴールドと親しくなった。ふたりともオーストリア生まれのユダヤ人であり、ナチズムの台頭から逃れるためにイギリスにやってきた。皮肉にも、ウィットリーの海軍施設で働く前、オーストリア出身のふたりは、イギリス政府から敵国人として拘束されていたこともあった。

ゴールドはホイルの第一印象についてこう語っている。「彼はかなりの変人に見えた。こちらが話しかけてもまるで聞いていないように見えたし、彼の強い北部訛《なま》りはとても場違いに感じられた」。しかし、彼の見方はすぐさま変わった。

また、人の話を聞いていないように見えるホイルの態度は、私の誤解だと気づいた。むしろ、彼は非常によく聞いていたし、記憶力も抜群だった。私の言ったことを、私自身よりもずっとよく覚えていることが何度となくあったもので、あとになってそう気づいたのだ。彼のあの態度は、「私は聞いていない」と言うためではなく、「私に影響を与えようとしないでくれ。自分の考えは自分で決めるから」と言うためのものだったのだ。(49)

ホイル、ボンディ、ゴールドの三人は、その海軍のレーダー研究施設で働く合間を縫って、天体物理学について話しあいはじめた。そして、三人のやり取りは戦後も続いた。(50)一九四五年、三人は全員ケンブリッジ大学に戻り、一九四九年まで毎日数時間、ボンディのところに集まった。このあいだに、三人は「宇宙論」について考えはじめた。宇宙論とは、観測可能な宇宙全体をすべてひとつのものとして取り扱う研究分野である。王立天文学会はボンディに、膨大な知識をまとめた総説（当時は note と呼ばれていた）を書くよう依頼した。(51)ホイルはそのテーマとして宇宙論を勧めた。ホイルの考えによると「宇宙論というテーマは長いこと休止状態だった」からだ。ボンディは宇宙論の知識を身に付けるため、過去の文献を読みあさった。そのひとつが、物理学者のハワード・パーシー・ロバートソンが発表した一九三三年の包括的な論文『相対論的宇宙論（Relativistic Cosmology）』だ。ホイルはこの論文を以前に読んだことがあったものの、もういちど詳しく読んでみることにした。ふたりとも気づいたように、この論文はまるで百科事典のようだった。というのも、宇宙の進化のさまざまな可能性について、意見を提示することなく、どちらかといえば冷めた論調で網羅《もうら》していたからだ。ホイルはいつもながらのあまのじゃくな態度で、すぐにこう考えはじめた。「本当に彼［ロバートソン］は網を十分に広く張ったのだろうか？　ほかの可能性はないのか？」。そのころ、ゴールドは宇宙についてより哲学的な考えに浸《ひた》っていた。これが一九四八年に提唱された「定常宇宙論」の種《たね》になったのである。このあとすぐに説明するように、定常宇宙論は一五年以上、ビッグバン理論の有力なライバルであった。過熱しがちな論争の的《まと》になるまでは。

第9章　永遠に同じ？

大胆な発想、根拠のない憶測、思弁的な思考は、自然を理解するための人間の唯一の手段である。……（中略）……自分の発想を反駁《はんばく》の危険にさらそうとしない人たちは、科学のゲームには参加していないのだ。

――カール・ポパー

フレッド・ホイルの研究の中でもっとも長く衰えることのないものといえば、天体核物理学や恒星の進化の分野における研究だ。しかし、彼の大衆向けの書籍や有名なラジオ番組で彼のことを覚えている人の大半にとっては、宇宙論学者や定常宇宙論の共同創始者というイメージが強いだろう。では、宇宙論学者とはいったいどういう人のことを指すのだろう？

「地球にいちばん近い惑星と地球との距離は？」という疑問は、現代宇宙論の疑問とはいえない。もっとスケールの大きい疑問、たとえば「銀河系からもっとも近い銀河までの距離は？」という疑問さえ、宇宙論の疑問とはみなされない。宇宙論とは、われわれにとって観測可能な宇宙の平均的な性質を扱う学問だ。つまり、人類のもっとも高性能な望遠鏡で到達できる範囲全体にわたって均一化したときに得られる性質である。銀河は重力によってまとまり、小さな集団や巨大な銀河団を形成することが多いが、十分な量のサンプルを取れば、宇宙は非常に一様《いちよう》で等方《とうほう》的に見える。言い換えれば、宇宙に特別な場所なるものはなく、どの方向を見ても同じ景色が広がっているのだ。統計的にいえば、宇宙から一辺が五億光年以上の立方体を切り取って見てみると、場所にかかわらず、中身という点ではほぼ同じに見える（一光年は光が一年で進む距離であり、およそ九兆四六〇〇億キロメートル）。このおおまかな一様性は、われわれの望遠鏡の〝地平線〟に向かってスケールを上げていくと、どんどん完璧なものになっていく。宇宙論とはまさに、われわれがたまたま存在する銀河であっても、望遠鏡をたまたま向けた方角であっても、答えの変わらない疑問を扱う学問なのである。

アインシュタインは一九一七年、大きなスケールでの空間の一様性と等方性という仮定を導入したが、イギリスの天体物理学者のエドワード・アーサー・ミルンが一九三三年に発表した論文では、この単純化された予想が一種の基本原理の地位にまで昇格している。

ミルンはこの原理を「拡張相対性原理」と呼び、「自然界の法則と自然界で起こる出来事の両方、つまり世界そのものは、どの場所にいる観測者にとっても同じに見える」という条件を課した[1]。今日《こんにち》では、一様性と等方性の仮定は「宇宙原理」と呼ばれており（ドイツの天文学者、エルヴィン・フィンレー＝フロイントリッヒの命名）、この原理が正しいことを示すもっとも有力な直接的証拠が、〝創造の残光《ざんこう》〟こと宇宙マイクロ波背景放射の観測から得られている。宇宙マイクロ波背景放射は、高温・高密度・不透明な原始の火の玉の名残《なごり》であり、全方向から観測され、一万分の一を超える精度で等方的である（天文学者のロバート・キルシュナーの言葉を借りれば、「赤ん坊のお尻よりもずっときめが細かい」）。また、銀河に関する大規模な調査の結果は、高い一様性も示している。〝適正な標本〟といえるくらい十分に大きく宇宙を切り取って調査を行なえば、どんなに目を惹く構造的特徴でも、ちっぽけなものにすぎなくなり、平均化されるのだ。

　宇宙原理は、空間内のさまざまな位置に適用してみると非常に有効だと証明されたので、それなら宇宙原理を拡張して時間にも適用できないかと考えるのは、ごく自然なことだった。つまり、大きなスケールで見れば、宇宙の外観は物理法則と同じように不変だとは考えられないか？　この大きな疑問は、一九四八年にホイル、ボンディ、ゴールドによって提起された。面白いことに、その著名な三人がこの疑問を唱えたきっかけは、『夢の中の恐怖』というイギリスのホラー映画だったかもしれない（図24は映画のオリジナル・ポス

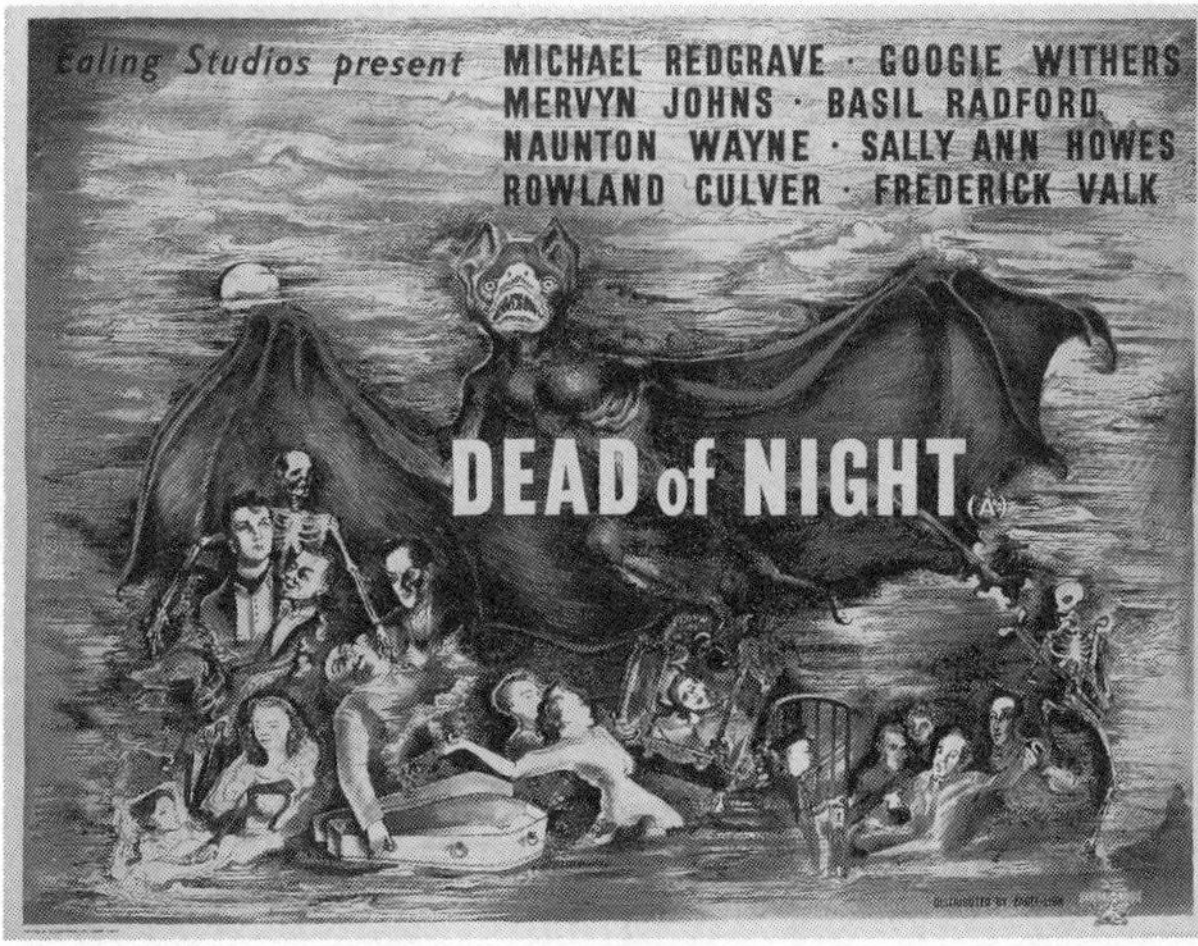

図 24

ター）。ホイル自身は一連の出来事をこう説明している。

> ある意味、定常理論は、ボンディ、ゴールド、私の三人でケンブリッジにある行きつけの映画館を訪れた夜に始まったといってもいいかもしれない。……（中略）……その映画『夢の中の恐怖』は、四つの怪談話からなるのだが、映画の数人の登場人物が語る怪談話には、一見すると何のつながりもない。ところが、面白いのはそこからだ。四話めの結末が、思いがけず一話めの始まりとつながっていたのだ。こうして、永遠に終わらないサイクルができあがっていたわけだ。[2]

三人でトリニティ・カレッジに戻ると、ゴールドがふとこう訊《たず》ねた。「もしも宇宙があんな風だったら？ 宇宙が始まりも終わりもなく永遠に循環を続けているとしたら？」。つまり、そのアイデアは確かに面白かったが、一見するとある発見と矛盾しているように思えた。ベルギーの司祭で宇宙論学者のジョルジュ・ルメートルと、天文学者のエドウィン・ハッブルは、宇宙が膨張していることを発見していたのだ。宇宙の膨張は、むしろ直線的な進化を示しているように見えた。つまり、高温・高密度の始まり（ビッグバン）が存在し、時間の矢に明確な方向性があるように見えたわけだ。ホイル、ボンディ、ゴールドは、ハッブルの発見とその潜在的な意味合いについて、すでに何度も議論を重ねていたので、もちろんこうした発見については十分に理解していた。一九七八年のインタビューで、ゴールドはそうした真剣な分析の数々について、こう振り返っている。

実際のところ、ホイルと私でカレッジ内のボンディの部屋に座って、ずいぶんと長い時間、「ハッブルの発見はいったいどんな意味を持つのか？」と議論した時期があったのです。ホイルがいつもそう求めてきたものでね。……（中略）……すべての銀河が離れて飛び去っているということは、宇宙空間は将来的にひどく閑散とした場所になるのか？ 昔は非常に高密度だったのか？(3)

こうした考察は、思いもよらない結果に結びついた。ホイル、ボンディ、ゴールドは、観測された宇宙の膨張を、不変の宇宙という理論の枠組みに収めることができないか、真剣に考えはじめたのである。

しかし、その興味深い話題に飛び込む前に、少しだけ一九二〇年代にタイムスリップしてみよう。宇宙の膨張の発見は、二〇世紀最大の天文学的発見であるだけでなく、ホイルの過ちとアインシュタインの過ちの両方に、決定的な役割を果たしている。そこで、少し回り道をして、宇宙の膨張の発見の歴史についておさらいしておくと参考になるだろう。この物語は特に重要性が高い。というのも、二〇一一年、一連の出来事の歴史にとても面白い新たな展開があり、天文学界や科学史界に大きな騒動を巻き起こしたからだ。

宇宙の膨張：（翻訳に埋もれた）忘れもの《ロスト・イン・トランスレーション・アンド・ファウンド》

宇宙論学者が「宇宙は膨張している」と言うとき、主に銀河の見かけ上の運動から得られる証拠をもとにして発言している。よく用いられる非常に単純化した例をご紹介しよう。きっと想像の助けになるはずだ。

ゴムの球面上にしか存在しない二次元の世界を想像してほしい（図25）。つまり、この世界の銀河は、小さな丸いパンチくず（穴開け用のパンチで穴を開けたときにできるくず）を球面に接着したものだ。この世界の住人にとっては、球体の内部の空間も外部の空間も存在しない。表面だけが宇宙全体だ。この世界には中心がない点に注意。つまり、表面上にあるパンチくずは、どれも特別でない（球《きゅう》の中心自体はこの世界の一部ではないので誤解のないように）。また、この宇宙には境界も端《はし》もない。ある点が球面上を一定の方向に動いたとしても、端まで到達することはない。

ここで、この球体が膨張しているとしたらどうなるだろう？　あなたが球面上のどのパ

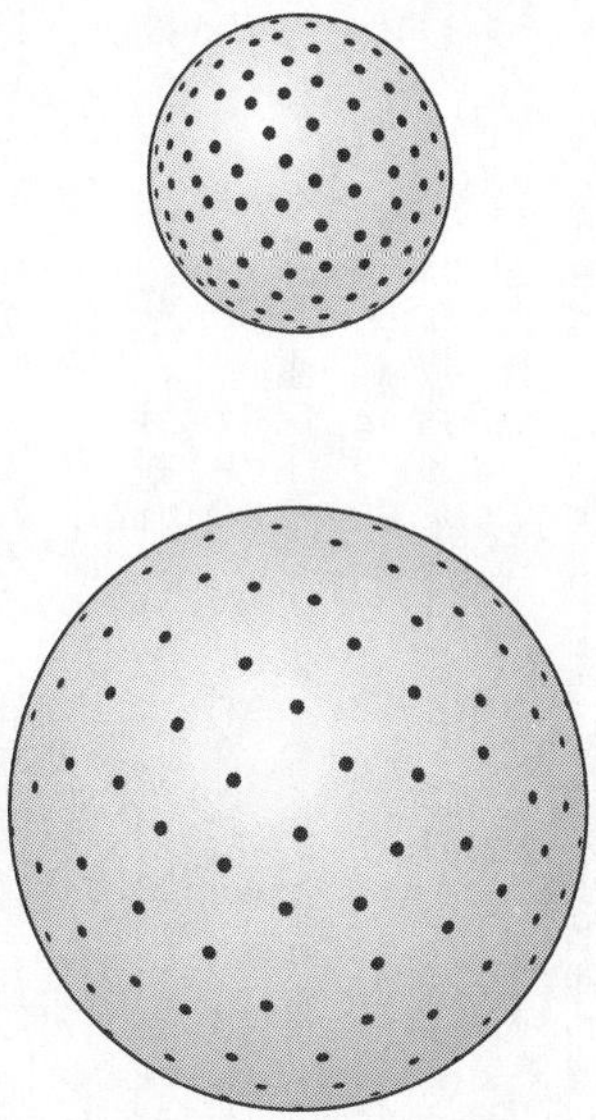

膨張宇宙のモデル

図25

ンチくずの中にいるとしても、ほかのすべてのパンチくずが、あなたから遠ざかる方向に後退していくのが見えるだろう。さらに、遠くにあるパンチくずほど速く遠ざかる。たとえば、あるパンチくずの二倍の距離の地点にあるパンチくずは、二倍速く遠ざかる（同じ時間で二倍の距離だけ離れるため）。別の言い方をすれば、後退速度は距離に比例するわけだ。アインシュタインの一般相対性理論は、われわれの宇宙の時空（空間と時間を組み合わせてひとつの連続体として扱ったもの）を織りなす構造の振る舞いは、この単純化した例を逆にたどる論法で説明できる。つまり、遠くにあるすべての銀河がわれわれから後退しているという発見と、後退速度が距離に比例するという事実を考え合わせると、われわれの宇宙空間は伸びているということになるのだ（この話題については第10章でもういちど取り上げる）。ただし、宇宙の膨張を手榴弾《しゅりゅうだん》の爆発のようなイメージでとらえてはいけない。手榴弾の爆発の場合、爆発はすでに存在する空間の内部で発生するものだし、明確な中心（と端）がある。宇宙の場合、後退運動が起こるのは空間の構造そのものが伸びているからだ。また、どの銀河もほかの銀河と異なるわけではない。つまり、どの場所から見ても、ほかのすべての銀河が全方向に遠ざかっているように見えるわけだ。

宇宙の膨張の発見と結びつけられる重要人物といえば、ハッブルである。ふつうはハッブル宇宙望遠鏡の名前の由来にもなった天文学者のエドウィン・ハッブルは、一般的にハッブルは、（助手のミルトン・ヒューメイソンと共同で）数十個の銀河の距離と後退速度を測定したとされる。そして、一九二九年に発表された論文で、銀河がわれわれからの距離に比例した速度で遠ざかっているという法則を提唱した。[4] この彼の名前を冠《かん》した「ハッブルの法則」を用いて、ハッブルとヒューメイソンは現在の全体的な膨張速度を求めた。それによれば、距離が三二六万光年離れるごとに、銀河の後退速度は毎秒およそ五〇〇キロメートル増加するという。

ハッブルの当初の観測距離がそう長くなかったことを考えると、観測結果から宇宙の膨張を推察するには思い切った信念が必要だっただろう。とはいえ、宇宙の膨張を裏づけるような理論的な説は、観測が行なわれる前からすでにいくつか提唱されていた。実際、一九二二年には早くも、ロシアの数学者のアレクサンドル・フリードマンが、一般相対性理論から、物質で満たされた境界のない膨張する宇宙が存在しうることを示していた。[5] フリードマンの結果に注目した者はほとんどいなかったものの（アインシュタイン自身は別だ。彼は最終的にフリードマンの結論が数学的に正しいことは認めたが、「物理学的な重要性をほとんど見出せない」という理由で、彼の結論を退けた）、動的な宇宙という考え方は一九二〇年代に影響力を帯びはじめていた。そういうわけで、ハッブルの観測結果を宇宙の膨張という観点でとらえる考え方は、ある程度すんなりと広まったのだ。

物理学者は時として、自らの研究対象の歴史を無視しがちだ。結局のところ、発見の内容が周知の事実になってしまえば、その発見者が誰であるかなど、誰も気にしないのである。名案がみな自国のものだと言い張るのは、全体主義国家くらいなのだ。ソ連に関して、こんな古いジョークがある。とある要人が、モスクワの科学博物館へと案内される。ひとつめの部屋には、聞いたこともないロシア人の巨大な絵が飾ってある。この人は誰かと彼が訊《たず》ねると、「この人は〇〇というラジオの発明者です」と教えられる。ふたつめの部屋にも、まったく知らない人物の巨大な肖像画がある。「電話の発明者です」と主人が伝える。あと十数部屋、同じようなやり取りが続く。そして最後の部屋には、それまでの絵とは比べものにならないほど大きな絵がある。「これは誰ですか？」と客は驚いて訊ねる。すると、主人は笑ってこう答える。「今までの部屋にいた男たち全員を創作した男です」

しかし、ごくまれに、発見があまりにも重大すぎて、その発見に至った道筋（と正しい発見者）を理解することに、大きな価値があるケースもある。宇宙の膨張の発見はまず間違いなくこの部類に属する。宇宙の膨張が、宇宙に始まりがあったことを示唆しているという事実だけを取ってみてもそうだ。

二〇一一年、宇宙の膨張の発見者と呼ぶにふさわしいのは誰なのかをめぐって、熾烈《しれつ》な論争が巻き起こった。[6] 特に、いくつかの論文は、一九二〇年代、エドウィン・ハッブルに発見の先取権を与えるために、何らかの不当な検閲《けんえつ》が行なわれたのではないかという疑惑まで投げかけた。

そこで、この論争ともっとも関連の深い背景情報をごく簡単に紹介しておこう。

一九二二年二月までに、天文学者のヴェスト・スライファーは、四一個の銀河の視線速度（観測者の視線方向に沿った速度）を測定していた。[7] 一九二三年に出版された著書で、アーサー・エディントンは銀河の視線速度を一覧し、「正《せい》の〔後退〕速度が圧倒的に多いことは、非常に印象的である。しかし、南天の星雲の観測結果が欠落しているのは不幸であり、最終的な結論を導きえない」と指摘した[8]（当初、銀河〔galaxy〕はそのぼやけた外観から、星雲〔nebula〕と呼ばれていた。nebulaは「霧」や「雲」を意味するラテン語）。一九二七年、ジョルジュ・ルメートルは画期的な（フランス語の）論文を発表した。タイトルは『銀河系外星雲の視線速度について説明しうる、一定質量で半径が増加する一様な宇宙』（英訳タイトルはA Homogeneous Universe of Constant Mass and Increasing Radius Accounting for the Radial Velocity of Extra-Galactic Nebulae）である。[9] 不幸なことに、この論文は読者のほとんどいない《ブリュッセル科学会年報（*Annals of the Brussels Scientific Society*）》に発表された。この論文の中で、ルメートルはアインシュタインの一般相対性理論の方程式の動的な（膨張を示す）解を発見し、そこから現在「ハッブルの法則」と呼ばれている法則の理論的基礎を導き出した。ハッブルの法則とは、後退速度が距離に正比例するという事実である。しかし、ルメートルは単なる理論的計算よりも先に進んだ。彼はスライファーの測定した銀河の速度と、一九二六年にハッブルが測定した光度[10]から求められる銀河のおおよその距離を用いて、暫定的な〝ハッブルの法則〟の存在を突き止め、宇宙の膨張速度を求めたのだ。この膨張速度の数値（今日でいうハッブル定数）として、ルメートルは六二五という値を得た（単位はキロメートル毎秒毎メガパーセク。一メガパーセクは三二六万光年）。二年後、エドウィン・ハッブルは、ハッブル定数として約五〇〇という値を得た(11)（現在では、どちらの値も一桁近く間違っていることがわかっている）。実際には、ハッブルは実質的にルメートルと同じ後退速度、つまりスライファーの算出した速度を用いていたのだが、論文ではそれがスライファーの研究結果だとはいっさい述べなかった。ただし、ハッブルはより正確な恒星の距離指標を部分的にもとにした、高精度な距離を用いた。ルメートルは、自分の用いた距離が近似値にすぎないという事実をきちんと理解していた。そのため、当時入手できた推定距離の精度では、自分の発見した直線関係が正しいかどうかを評価するには不十分に思えると結論づけた。

ここまでの説明だけを読むかぎり、ほとんどの人は、宇宙の膨張やハッブルの法則の仮の存在を発見したのはルメートルで、この法則を詳しく裏づけたのがハッブルとヒューメイソンだとするのが公正だと認めるだろう(12)。ハッブルとヒューメイソンによるその後の非常に緻密な観測によって、スライファーの速度の測定値は、より長大でずっと正確な距離へと拡大されていった。しかし、ここから事態はますます複雑になっていく。

一九三一年三月、ルメートルの一九二七年の論文の英訳が、イギリスの《王立天文学会月報（*Monthly Notices of the Royal Astronomical Society*）》に発表された(13)。ところが、オリジナルのフランス語版にあった数段落が削除されてしまったのである。特に、ハッブルの法則について記述し、四二個の銀河の（近似的な）距離と速度を用いて六二五というハッブル定数の値を導き出した段落だ。さらに、推定距離の潜在的な誤差について論じた段落と、相対論的な膨張から得られる速度と距離の比例関係の解釈に関して述べたふたつの脚注も、まるまる削られていた。もともとの脚注の中では、データの分類方法に応じて、五七五および六七〇という二通りのハッブル定数も算出されていたにもかかわらず、である。

この論文を翻訳したのは誰なのか？　そして、なぜこれらの段落は英語版から削られたのか？　二〇一一年、数名のアマチュア科学史家が、ルメートルの論文の中でハッブルの法則とハッブル定数の算出について扱った部分を、何者かが故意に検閲したのではないかと訴えた。カナダの天文学者、シドニー・ファン・デン・ベルフは、ルメートルの論文がエドウィン・ハッブルの先取権の主張をそこなわないよう、何者かが〝選択的な編集〟を行なったと推測した。「数式の一部を抜き取るという行為は、故意に行なわれたに違いない」と彼は指摘した。[14]南アフリカの数学者、デイヴィッド・ブロックはもう少し突っ込んでいる。[15]彼は、エドウィン・ハッブル自身がこの壮大な〝検閲〟に手を染めた可能性もあると主張した。膨張宇宙を発見した名誉が、ハッブル自身や、彼が観測を行なったウィルソン山天文台のものになるようにするためだ。

二〇年以上、ハッブルの名を冠したハッブル宇宙望遠鏡とともに研究を行なってきた身として、私はもっと入念に事実を見定めるため、その犯人捜しをしてみたくなった。そこで私は、ルメートルの論文の翻訳をめぐる状況を調べることから始めた。

まず、私は当時の《王立天文学会月報》の編集者、つまり天文学者のウィリアム・マーシャル・スマートからジョルジュ・ルメートルに送られた手紙の原本のコピーを入手した。(16)この手紙(図26a・b)で、スマートはルメートルの一九二七年の論文を《王立天文学会月報》に再掲載する許可を求めた。というのも、王立天文学会の評議会は、彼の論文がその重要性の割にあまり知られていないと感じていたからだ。この手紙のもっとも重要な段落にはこう書かれている。

要するに、ブリュッセル科学会[その年報にルメートルのオリジナルの論文が発表された]からも許可がいただけたら、貴殿の論文を英語に翻訳したいと思っています。それと、もしこの件で追加などがあれば、それも喜んで掲載するつもりです。もし追加がある場合は、セクション1~nは主にブリュッセルの論文からで、残りのものは新規という具合に(またはもっとエレガントな方法で)注記を挿入することもできます。私個人としても天文学会の一員としても、ご許諾いただけることを願っております。

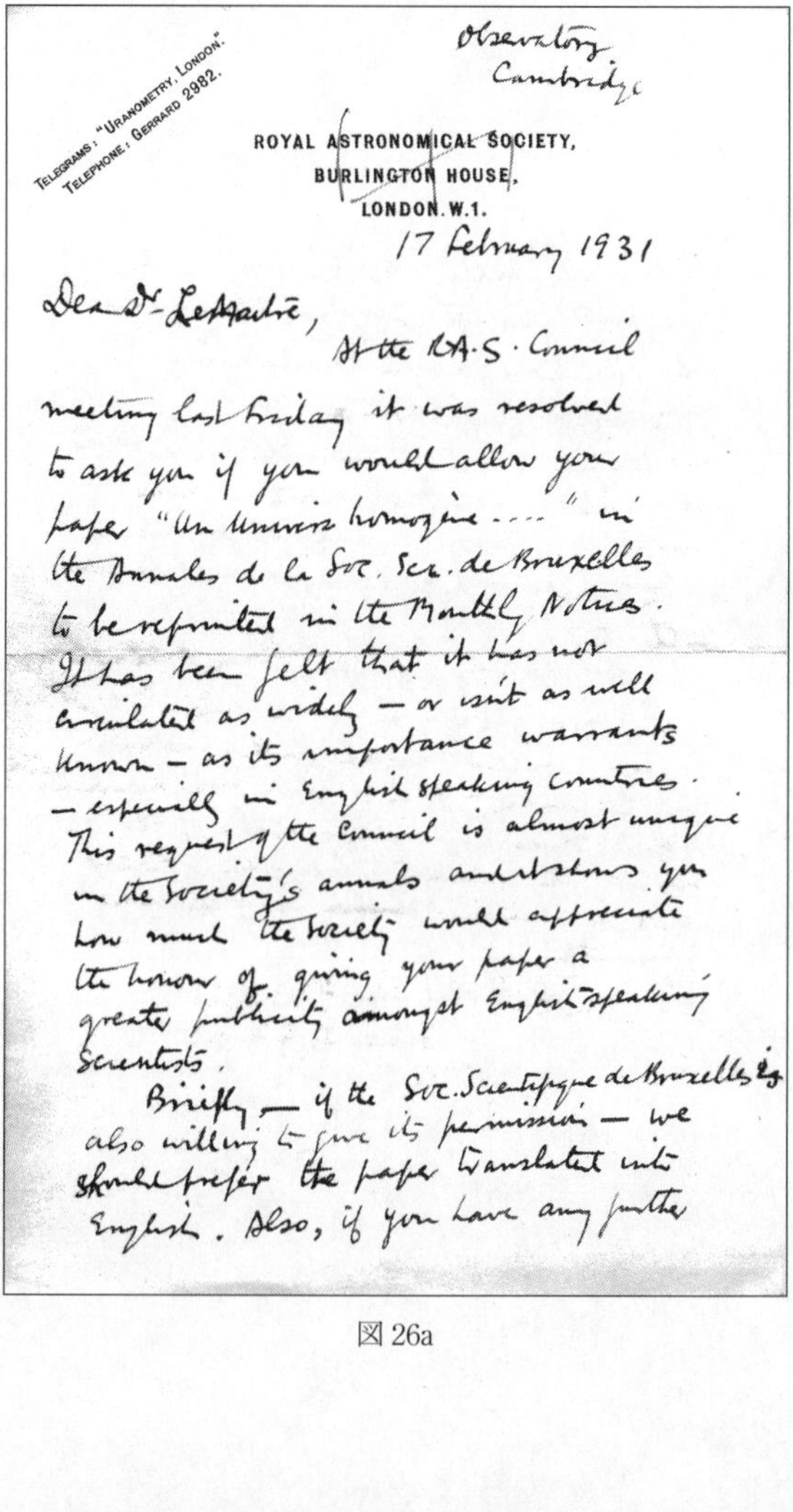

Observatory
Cambridge

TELEGRAMS: "URANOMETRY, LONDON."
TELEPHONE: GERRARD 2982.

ROYAL ASTRONOMICAL SOCIETY,
BURLINGTON HOUSE,
LONDON. W.1.

17 February 1931

Dear Dr Lemaître,

At the R.A.S. Council meeting last Friday it was resolved to ask you if you would allow your paper "Un Univers homogène ...." in the Annales de la Soc. Sci. de Bruxelles to be reprinted in the Monthly Notices. It has been felt that it has not circulated as widely — or isn't as well known — as its importance warrants — especially in English speaking countries. This request of the Council is almost unique in the Society's annals and it shows you how much the Society would appreciate the honour of giving your paper a greater publicity amongst English-speaking scientists.

Briefly — if the Soc. Scientifique de Bruxelles is also willing to give its permission — we should prefer the paper translated into English. Also, if you have any further

図 26a

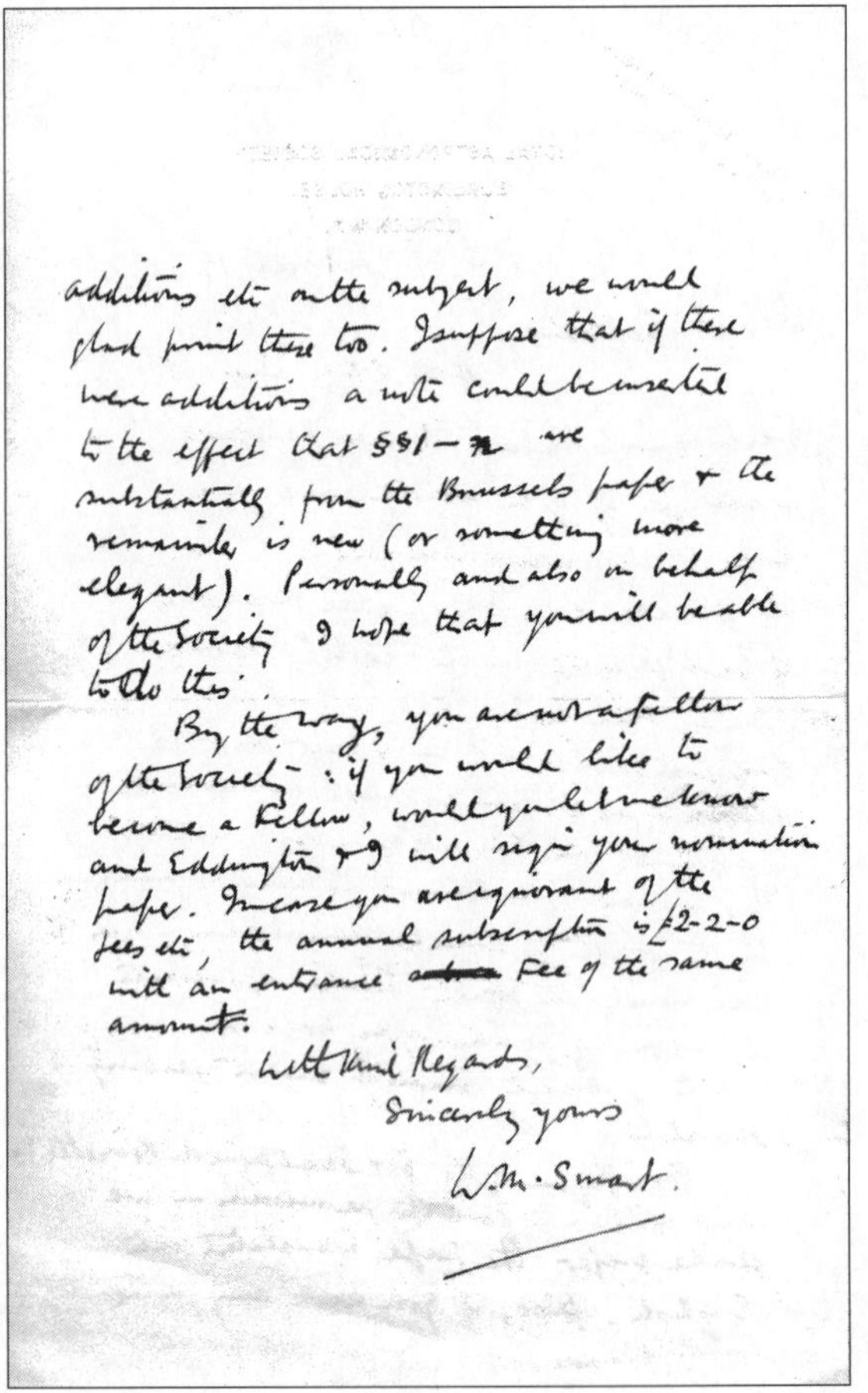
additions etc on the subject, we would glad print these too. I suppose that if there were additions a note could be inserted to the effect that §§1–n are substantially from the Brussels paper & the remainder is new (or something more elegant). Personally and also on behalf of the Society I hope that you will be able to do this.

By the way, you are not a fellow of the Society: if you would like to become a Fellow, would you let me know and Eddington & I will sign your nomination paper. In case you are ignorant of the fees etc, the annual subscription is £2-2-0 with an entrance fee of the same amount.

With kind Regards,

Sincerely yours

W. M. Smart.

図 26b

　私の第一印象としては、スマートの手紙の文面に邪心などまったく感じなかったし、余計な編集や検閲をしようという意図もまるでうかがえなかった。[17]私はこの第一印象が正しいという相当な確信を持っていたが、ふたつの大きな謎が未解決のままだった。誰が論文を翻訳したのか？　誰が段落を削除したのか？　これらの疑問の決定的な答えを見つけるために、私はロンドンの王立天文学会図書館にあるすべての評議会の議事録と、現存する一九三一年のすべての書簡を調べ、この問題をさらに詳しく追究することにした。無関係な書類に何百枚と目を通し、あきらめかけたころ、私はふたつの〝決定的証拠〟を発見した。ひとつめに、一九三一年二月一三日の評議会の議事録にこう報告されていた。「ジャクソン博士の動議により、ルメートル神父に、論文『銀河系外星雲の視線速度について説明しうる、一定質量で半径が増加する一様な宇宙』、あるいはその英訳を《王立天文学会月報》に掲載する許可を求めることが決議された」。[18]もちろん、これはスマートからルメートルへの手紙で触れられている決定のことである（面白い余談だが、同じ議事録の中にこんな報告もある。「サー・アーサー・エディントンの動議により、評議会の会議で喫煙を認めるかどうかが議論された。その結果、午後三時半以降の喫煙を認めることが決議された」）。ふたつめの証拠は、スマートの手紙に対するルメートルの一九三一年三月九日付の返信だ（図27）。こう書かれている。

Louvain, le 9 mars I93I

Dear Dr. Smart

I highly appreciate the honour for me and for our society to have my I927 paper reprinted by the Royal Astronomical Society. I send you a translation of the paper. I did not find advisable to reprint the provisional discussion of radial velocities which is clearly of no actual interest, and also the geometrical note, which could be replaced by a small bibliography af ancient and new papers on the subject. I join a french text with indication of the passages omitted in the translation. I made this translation as exact as I can, but I would be very glad if some of yours would be kind enough to read it and correct my english which I am afraid is rather rough. No formula is changed, and even the final suggestion which is not confirmed by recent work of mine has not be modified. I did not write again the table which may be printed from the french text.

As regards to addition on the subject, I just obtained the equations of the expanding universe by a new method which makes clear the influence of the condensations and the possible causes of the expansion. I would be very glad to have them presented to your society as a separate paper.

I would like very much to become a fellow of your society and would appreciate to be presented by Prof. Eddington and you.

If Prof. Eddington has yet a reprint of his May paper in M.N. I would be very glad to receive it.

Will you kind enough to present my best regards to professor Eddington

and beleive

yours sincerely

G Lemaître

40 rue de Namur
Louvain

図27

親愛なるスマート博士

私の一九二七年の論文を王立天文学会に再掲載していただけるとのこと、私やブリュッセル科学会にとって非常に光栄です。論文の翻訳をお送りします。ただし、視線速度に関する暫定的な議論については、明らかに現実では［現在ではという意味。ルメートルはフランス語の actuel（現在の）を actual（現実の）と訳してしまったとみてほぼ間違いない］注目に値しないため、再掲載しないほうがよいと考えました。また、幾何学的な注釈も、このテーマに関する古代の「古い」論文と新しい論文の小さな文献目録で置き換えられると存じますので、再掲載は不要と考えました［傍点引用者］。翻訳版で省略した文章を示したフランス語版も同封します。なるべく正確に翻訳したつもりですが、ぜひそちらでも目を通し、私の英語を訂正していただけるとたいへん助かります。私の英語はかなり雑ですので。数式は変更していません。最終的な主張も、私の最近の研究では正しいと確認されてはいませんが、修正していません。フランス語版から印刷できる表については、書き直しませんでした。

このテーマに関する追加事項の件ですが、私はちょうど、新しい手法によって膨張宇宙の方程式を得たばかりです。これは凝縮の影響や膨張の考えられる原因を明らかにするものです。こちらは別個の論文として貴学会に提出できればたいへんうれしく思います。

> ぜひ貴学会の会員になりたいと思います。エディントン教授や貴殿の紹介をいただければありがたく存じます。
> もしエディントン教授が《王立天文学会月報》に掲載された彼の五月の論文の別刷り《リプリント》をまだお持ちでしたら、ぜひ受け取りたく存じます。
> くれぐれもエディントン教授によろしくお伝えください。[19]

これで、誰が論文を翻訳したのか、誰が段落を削除したのかをめぐるあらゆる憶測に、はっきりとひとつの区切りがついた。どちらもルメートル自身の仕業《しわざ》だったのである！

さらに、ルメートルの手紙は、一九二〇年代の（少なくとも一部の）科学者たちの科学に対する心理について、面白い事実を物語っている。ルメートルは、自分が最初に行なった発見について先取権を得ることに、まったくこだわっていなかったのである。ハッブルの研究結果が一九二九年にすでに発表されていたことを考えれば、ルメートルは一九三一年にもなって以前の暫定的な研究結果を繰り返し述べてもしょうがないと思ったのだ。むしろ、彼は前に進み、新しい論文『膨張する宇宙（The Expanding Universe）』を発表することを選び、実際にそうした。[20] 王立天文学会に加わりたいというルメートルの要望も、最終的に認められた。一九三九年五月一二日、ルメートルは正式に準会員に選ばれた。

定常宇宙

さて、「もしも宇宙があんな風だったら？」というゴールドの刺激的な疑問に戻ろう。映画『夢の中の恐怖』の循環する筋書きについて述べた発言だ。ゴールドのふたりの仲間、ホイルとボンディは、この可能性を受け入れられないと思っていた。少なくとも当初は。ホイルはすぐにゴールドの考えを突っぱね、「そんな可能性は夕食の前に反証してみせるよ」とあしらった。ところが、この〝予言〟は結果的に間違っていた。「少し遅めの夕食だったのだが、そう長くたたないうちに、全員がこれは完璧にありうる解だと話していた」とボンディは言う。(21) つまり、始まりも終わりもない永久不変の宇宙は、どんどん魅力的に見えてきたのである。しかし、その時点から、ホイルはこの問題に対して、残りの科学者仲間とは少し違ったアプローチを取りはじめた。

ボンディとゴールドの見方は、ある興味深い哲学的概念に基づいていた。もし本当に宇宙が進化し、変化しているなら、自然法則が永遠に有効であると信じる明確な理由はない、と彼らは主張した。結局のところ、その法則というのは、今ここで行なわれた実験に基づいて導かれたものだからだ。加えて、ボンディとゴールドは、最初に提唱された宇宙原理には、もうひとつ問題があると考えていた。宇宙原理では、宇宙のどの銀河にいる観測者にとっても、大きなスケールで見れば宇宙の全体像は同じに見えるものと仮定していた。しかし、宇宙が時間とともに絶えず進化しているとすれば、それを立証するためには別々の観測者が同時に情報を交換しなければならない。とすると、「同時」の正確な意味を定義する必要があるのだ。こういった障害を避けるため、ボンディとゴールドは「完全宇宙原理」を提唱した。[22] これはもともとの宇宙原理に、宇宙には優先的な時間はないという条件を追加したものだった。つまり、宇宙はどの地点からも常に同じように見えるという条件である。

　ホイルはふたりと別の道を行くと決めたものの、ボンディとゴールドのこの直感的な原理に説得力を感じた。というのも、ふたりの原理は、膨張宇宙の観測から推察される別の問題も解決していたからだ。ハッブルが求めた膨張速度は（結局その値は間違っていたが）、宇宙がたったの一二億歳であるという悪夢のようなシナリオを暗示していた。つまり、地球の推定年齢よりもはるかに若いことになる！　そこで、ホイル、ボンディ、ゴールドは、ハッブルの巨大な名声にも臆《おく》することなく（ボンディによると、一九三〇年代と四〇年代のハッブルの名声は実情にそぐわないほど大きなものだったという）、別の答えを見つける必要があると感じた。しかし、ボンディやゴールドとは違って、ホイルは哲学的というよりも数学的なアプローチを取った。[23] 特に、彼はアインシュタインの一般相対性理論の枠組みの中で、独自の理論を築いた。彼はまず、宇宙が膨張しているという観測的事実を足がかりにした。すると、即座にこんな疑問が持ち上がった。銀河がお互いに絶えず遠ざかっているとしたら、宇宙はどんどん閑散としていっているということなのか？

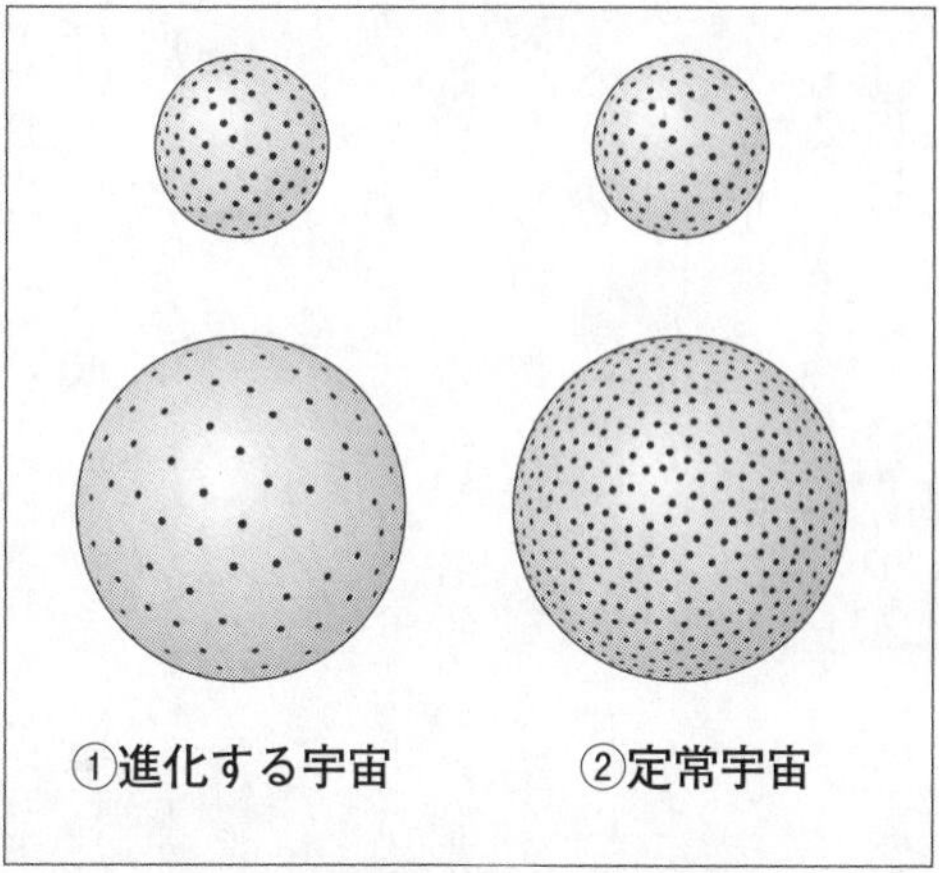

図28

ホイルはきっぱりノーと答えた。代わりに、宇宙全体で絶えず物質が作られており、宇宙の膨張によって物質の密度が薄まるのをちょうど補うような速度で、新しい銀河や銀河団が常に形成されていると主張したのだ。そうすれば、宇宙が定常状態を保つとホイルは推論した。かつて、彼はこんなとんちの効いたコメントをしたことがある。「あらゆるものが今のとおりなのは、今までは今までのとおりだったからだ」。定常宇宙と進化する（ビッグバン）宇宙の違いは、図28に図式化されているとおりだ。ここでも、膨張する球体の比喩を用いた。どちらの場合も、特定時点の宇宙（上）を起点とする。銀河は小さな丸いパンチくずで表わされている。進化のシナリオ（左側）の場合、一定時間がたつと、銀河はお互いから遠ざかり（左下）、物質の全体的な密度が下がる。定常状態のシナリオ（右側）の場合、新しい銀河が生まれるため、平均密度は一定に保たれる（右下）。

物質が無から絶えず作られるという考えは、初めはバカげているように思えるかもしれない。しかし、ホイルがすぐに指摘したように、たとえビッグバン宇宙論であっても、物質がどこから生まれたのかは誰にもわからないのだ。ホイルの説明によれば、唯一の違いは、ビッグバン・シナリオでは、全物質が一回の爆発的な始まりによっていっせいに作られたと考えるのに対し、定常状態モデルでは、物質が無限の時間にわたって一定の速度で作られてきた（そして今も同じ速度で作られている）と考える点である。ホイルは、物質が絶えず作られるという考え方のほうが（特定の理論という文脈の中でとらえたとき）、遠い昔に宇宙が作られたという考え方よりもずっと魅力的だと主張した。というのも、後者の場合、観測可能な効果が「科学にとって未知な原因」によって生じたことになるからだ。[24] 定常状態を実現するため、ホイルはアインシュタインの一般相対性理論の方程式に「物質創生場（creation field）」という項《こう》を追加した。その効果は物質が自然発生的に作られるというものだった。といってもどんな物質が？ ホイルは確信がなかったが、こう予想した。「もっともありうるのは中性子の生成であるようだ。その後の崩壊によって、天体物理学者の求める水素が供給されると考えられる。さらに、宇宙の電気的な中性も保証されるであろう[25]」。新しい原子が無の空間から物質化する速度は、あまりにも小さすぎて直接は観測できない。ホイルはかつて、「エンパイア・ステート・ビルディングと同じ体積に、一世紀あたり約一個の原子」が生まれると説明した。

定常状態シナリオの主な長所は、優れた科学理論には必ず期待されるように、反証可能であるという点だった。科学哲学者のカール・ポパーは、自然科学の理論体系について、こんな見解を表明している。

私が求めるのは、ある科学体系が肯定的な意味できっぱりと選別できることではなく、経験的なテストによって否定的な意味で選別できるような論理形式を備えていることである。すなわち、経験的な科学体系は、経験によって反駁《はんばく》されうるものでなければならないのである。(26)

定常状態モデルの予言によれば、地球から数十億光年離れた銀河は、統計的にいって、地球近くの銀河とまったく同じように見えるはずだ。とはいえ、数十億光年先の銀河から地球に光が届くまで数十億年かかるので、前者の銀河は数十億年前の姿なのであるが。ボンディはかつて、進化宇宙（ビッグバン）モデルの支持者たちにこう問いかけた。「過去の宇宙が現在とはまったく異なる状態だったと言うなら、大昔の姿を示す化石か何かを見せてくれ」。言い換えれば、たとえばもし、きわめて遠方の銀河が銀河系の近くの銀河と（平均的に）まったく異なる姿をしているとわかれば、われわれの宇宙は定常状態ではありえないということになるわけだ。

進化

ホイルと、ボンディおよびゴールドは、定常状態に関する論文を別個に発表したとき、ふたつのまったく異なる世界観のどちらを選ぶかと天体物理学界に問いかけた。ひとつはビッグバン・モデル。宇宙に高温・高密度状態の始まり（ルメートルのいう「原始の原子」）があると仮定するものである。ルメートルに加えて、ジョージ・ガモフもおそらくビッグバン・シナリオのもっとも熱烈な擁護者だったといえる。前章で説明したとおり、ガモフはすべての化学元素が宇宙の最初の爆発で形成されたとさえ考えていた（間違いだったが）。

このビッグバン・モデルとは対極にあるのが、定常宇宙モデルである。宇宙全体は膨張しているにもかかわらず、無限の過去と不変の宇宙風景を仮定するものだ。しかし、一九四〇年代後半の望遠鏡は、ビッグバン・モデルが示唆するような進化の傾向が存在するかどうかを検知できるほど、高性能ではなかった。一九四八年八月、ホイルは初めてエドウィン・ハッブルに会ったとき、当時世界最大になる予定の望遠鏡が最終テストを迎えるという話を聞いて喜んだ。カリフォルニア州のパロマー山に設置された口径五メートル強の望遠鏡である。ハッブルはすぐにでも遠方の銀河を観測しはじめたいと思っていた。ところが、残念なことに、パロマー山の望遠鏡の巨大な鏡をもってしても、非常に遠方にあるふつうの銀河から、ふたつのライバル理論のどちらが正しいかを明確に見分けられるほどの光を集めることはできなかった。

一九四八年一〇月、ホイル、ボンディ、ゴールドは、エディンバラで開かれた王立天文学会の小さな会議に出席した。三人は定常宇宙に関する考えを発表するために会議に招かれたのだ。ホイルはこの機会を活かして、永久不変の自立的な宇宙と生命との考えうる関係性について、初めて見解を述べた。

現代の天体物理学は、空間と時間が有限である宇宙、つまり将来的に全体が停止状態または熱的死《ねってきし》を迎える宇宙から、空間と時間の両方が無限である宇宙へと、われわれを容赦なくいざなおうとしているようだ。物理的進化の可能性、そしておそらく生命の可能性さえも、無限であろう。今日の天文学者の前に立ちはだかるのは、これらの問題だ。われわれの世代のうちに、合理的な確信をもってこれらの問題を解決できることを期待している。(27)

逆説的なことに、ホイルは後年、自然選択を批判したものの（彼はパンスペルミア説、つまり生命の起源が宇宙にあるという説に一定の役割があると主張していた）、彼の考え方の起源は、ダーウィンにまでさかのぼることができる。ダーウィンは、ケルヴィンの推定した地球の年齢に難色を示していたのを思い出してほしい。というのも、ケルヴィンの推定したような短い時間では、進化が作用するのに十分ではないと危惧《きぐ》していたからだ。ホイルはこの点で定常宇宙論の利点をほのめかしている。宇宙が過去にも未来にも永久に存在するなら、生命が生まれて進化するだけの無限の時間があることになるのだ。この疑問についてはのちほど触れる。ホイルが定常状態という説に異様にこだわった考えうる理由については、そこで議論したい。

ゴールド、ボンディ、ホイルの発表のあと、王立天文学会の会長である天文学者のウィリアム・グリーブズは、少し皮肉なコメントでその後の討論の開始を告げた。「宇宙論は天文学の一分野である。宇宙論が天文学の唯一の分野だと信じる者は疑わしいと思うこともあるが、もっとも重要な一部であることは、誰しも認めている」(28)。偶然にも、この会議には、二〇世紀でもっとも高名な物理学者のひとり、マックス・ボルンが出席していた。定常状態モデルの印象を訊《き》かれると、ボルンはこう述べた。

宇宙論学者の性格というものには、ただただ恐れ入るばかりだ！　原子物理学の初期の数々の発見以来、物理学者は次々と新しい粒子を見つけつづけている。だから宇宙論でも、世界の構造や進化に関する新しい理論が、どんどん発見されつづけることだろう。……（中略）……そうした論文の発表を聴講することができたのは、たいへんありがたく思う。ただ、半信半疑ではある。[29]

定常状態モデルが苦境に陥ろうとしているという最初の兆候は、光学望遠鏡ではなく、電波天文学によってもたらされた。宇宙は電波に対してほとんど透過的なため、電波望遠鏡のアンテナで、光学的にはまず検出できないような遠方の銀河（ただし電波スペクトル領域内で〟活動的〟な銀河）からも、信号をキャッチできる。一九五〇年代、イギリスとオーストラリアの科学者たちが第二次世界大戦中に得た専門知識を活かし、本格的な電波天文学計画を立ち上げた。この活動の先駆者のひとりが、ケンブリッジ大学キャヴェンディッシュ研究所の物理学者、マーティン・ライルだった。

ホイルとは違って、ライルは恵まれた環境で育った。父親はイギリス王のジョージ六世付きの医師だったし、ライル自身も最高の個人教育を受けた。一九四〇年代後半に太陽の画期的な電波観測をいくつか行なうと、ライルのグループは太陽系外の電波源を検出する野心的な計画に着手。観測技術が劇的に改良され、銀河系からの背景放射を除外できるようになると、ライルと共同研究者たちは、数十もの〟電波星〟が全天におおむね等方的に分布していることを発見した。あいにく、こうした電波源のほとんどは可視的でなかったため、距離を正確に測る手立てがなかった。ライルは、これらの電波源がわれわれの銀河内にある特殊な恒星だと考えており、電波天文学の愛好家たちが集まる小さな会合で、自身の見方をとことん訴え抜くつもりだった。

この通称「マッセイ会議」（主催者である原子物理学者のハリー・マッセイにちなむ）は、一九五一年三月、ロンドン大学ユニバーシティ・カレッジで開かれた。その会議には、ホイルとゴールドも出席していたのだが、ふたりとも疑いの色を隠さなかった。途中でゴールドが立ち上がり、ライルの結論に反論した。彼は個々の電波源が銀河系の平面方向に集中しているのではなく、全方向に均等に分布しているなら、銀河系の外部、それもずっと遠方にあるはずだと主張した。そうでないとすれば、電波源があまりにも近くに存在するために、比較的薄い銀河円盤の内部（一〇〇光年未満）にすべて収まっているとしか考えられなかった。電波源が銀河系全体に散らばっているというライルの仮説は、ゴールドから見れば受け入れられないものだった。ホイルもゴールドの見解に全面的に賛成すると、ライルはこんな皮肉なコメントをした。「理論屋たちは実験データを誤解していると私は思う」。これに対してホイルは、実際に光学的に特定されている六つやそこらの電波源のうち、五つが銀河系外部の銀河のものだと指摘した。ホイルは数年後、ライルが「理論屋」という単語を「劣等で忌《い》まわしい人種」という意味で使ったとコメントした[30]。

この一件は、定常理論家たちとライルとのあいだで起きた数々の大衝突のひとつにすぎ

Interest Gains In New Theory Of Universe
By Robert C. Cowen
Natural Science Writer of The Christian Science Monitor

British Astronomer Royal Supports Theory That Creation Is Continuing
By JOHN HILLABY
Special to THE NEW YORK TIMES

宇宙の新理論への関心が高まる　　イギリスの王室天文官、創造が続いているとの理論を支持

図29

なかったが、ホイルにも心の傷を残した。この件についていえば、勝ったのはゴールドとホイルだった。

マッセイ会議からおよそ一年後、天文学者のウォルター・バーデは、はくちょう座の方向にある電波源の距離を数億光年と算定し、ホイルの疑いが正しいことを確かめた。しかし皮肉にも、これらの電波源の長大な距離こそが、のちに宇宙の進化を支持するライルの主張の要石《かなめいし》となり、定常理論の凋落《ちょうらく》につながったのである（定常理論は、アメリカではあまり反響を生まなかった。しかし、一九五二年、王室天文官のサー・ハロルド・スペンサー・ジョーンズの講演のあと、いくつかの見出しにはなった。そのうちのふたつが図29だ。ひとつは《ニューヨーク・タイムズ》紙、もうひとつは《クリスチャン・サイエンス・モニター》紙のもの[31]）。

ライルはもういちど、定常宇宙論に反対して一時的に恥をかくはめになった。その一連の出来事は、最初はライルの勝利であるかのように見えたのだが。ビッグバン・モデルと定常状態モデルは、遠方の宇宙に対してまったく異なる予言をしていた。数十億光年のかなたにある銀河を観測しているとき、われわれは数十億年前のその銀河の姿を見ていることになる。絶えず進化する宇宙（ビッグバン・モデル）では、これは若いころの宇宙、つまり今とは異なる宇宙を観測しているという意味になる。一方、定常状態モデルでは、宇宙はずっと同じ状態で存在してきた。したがって、遠方の宇宙も、地球付近の宇宙の環境とまったく同じ姿に見えるはずである。ライルはこの検証可能な予言がもたらしたチャンスに飛びつき、膨大な量の電波源のサンプルを収集し、そのうちいくつが異なる強度区間に属するかを数えた。ほとんどの電波源は実際の距離を知る手立てがなかったので（光学望遠鏡の検出範囲外にあったのだ）、ライルはもっとも単純な仮定を立てた。つまり、平均すると、弱い信号が観測された電波源のほうが、強い信号が観測された電波源よりも遠方にあるという仮定だ。観測の結果、強い電波源よりも弱い電波源のほうが圧倒的に多かった。言い換えると、数十億光年の距離（すなわち、数十億年前の宇宙）にある電波源の密度のほうが、地球付近の現在の密度よりも、ずっと高いように見えたのだ。これは明らかに、永久不変の宇宙というモデルとは矛盾していた。しかし、年老いた現在の銀河よりも若い銀河のほうが強い電波信号を放出しやすかったと仮定すれば（現在では正しいとわかっている）、この観測結果は宇宙がビッグバンから進化したという説と両立しうるのだ。

ライルは一九五五年五月六日、名誉あるハレー講演（一七世紀の有名な天文学者、エドモンド・ハレーにちなむ）の最中に、自身の結果を発表した。ライルは定常状態モデルの提唱者を「ボンディほか」と呼び、ホイルの名前を一回も出さなかった。彼の下した裁定は紛れもないものだった。「電波星の大半が銀河系の外部にあるという結論は否定しがたいようだ。そしてこの結論を受け入れるのであれば、この観測結果を定常理論の観点から説明できる方法はないと思われる」

ライルはその一週間後、五月一三日の王立天文学会の会議でも、攻撃を続けた。ライルと彼の教え子のジョン・シェイクシャフトは、嬉々《きき》とした様子でこう締めくくった。「宇宙の遠方の領域はわれわれの近隣とは異なると結論づけざるをえない。この結果は定常宇宙論とは両立しえないが、進化理論の観点からは説明がつくだろう(32)」

その王立天文学会会議に出席していたゴールドとボンディは、この深刻な難問に直面すると、とっさに守りに回った。抜け目のないことに、ゴールドはライルが以前に間違いを犯したという点を聴衆に印象づけることにした。ゴールドは、彼自身が四年前に主張したとおり、「これらの電波源の多くがおそらく銀河系外にあるとようやく認められてうれしい」と指摘した。「ライル氏は当時、そんな主張をするのは証拠を誤解しているからに違いないと考えていたようだが」。さらに、提示された情報だけでは、「弱い電波源の大部分がきわめて遠方にあるとみなすのは非常に尚早である」とも付け加えた[33]。また、電波源がまったく同じではなく、固有の電波信号のあいだに幅広い強度が存在するとしたら、ライルが数えた弱い電波源の数は、遠方の電波源と近くの電波源を混同した結果ということもありうる、と彼は警告した。ボンディもライルの観測結果の解釈を疑っていた[34]。彼は、計数にあいまいさが残るため、決定的な推論は不可能だと考えていた。彼はこの点を強調するため、以前に銀河の数に基づいて宇宙の形状を求めようとしたところ、完全にバラバラな結論が出てしまったことがあるという事実を聴衆に思い出させた。

言うまでもなく、ホイル自身もライルの解釈には賛成しなかった。しかし、ホイルは長ったらしい論争に加わる代わりに、高精度な観測データが出てライルの結論がくつがえるのを待つことにした。多くの天文学者が驚いたように、そのような対立する観測結果が実際に出たのである。一九五七年、オーストラリアの電波天文学者たちが、ライルの以前の調査に深刻な欠陥があることを証明した。ライルが作成した電波源のマップはあまりにも不鮮明で、ふたつ以上の電波源の混ざり合ったものが、ひとつとして数えられているケースも多かったのだ。そのオーストラリアの天文学者たちにとって、結論は明らかだった。「この分析から得られた宇宙論的価値のある推論は、根拠のないものである」

ホイルはわざわざ喜ぼうともしなかった。一九五七年といえば、かの有名なB2FH論文が発表された年であり、ホイルは定常宇宙論よりも元素合成の研究にどっぷりとはまり込んでいたのだ。しかし、原子核の大半が（ビッグバンではなく）恒星の中心部で作られたという説が、（少なくとも部分的に）定常理論を裏づけているともみなせるという点に、ホイルが気づかないはずはなかった。同じ年、ホイルは王立協会の会員にも選ばれた。これで、学者としての地位でいえば、ライルにも引けを取らなくなった。しかし、ライルはあきらめなかった。ライルのチームは、観測機器とデータの処理・分析方法の両方に、大幅な改良を施《ほどこ》しつづけた。こうした努力の結果、ケンブリッジ電波源カタログの第三版（「3Cカタログ」と呼ばれる）が完成した。

一九六〇年代初頭になると、電子機器会社〈マラード〉の出資により、ライルのグループはまったく新しい電波天文台を自由に利用できるようになった。ライルとホイルの知的なつばぜり合いはその後も続き、最終的にある非常に気まずい事件へと発展した。ホイルはのちに、自伝『風吹けば都（*Home Is Where the Wind Blows*）』の中で、このトラウマ体験について記している。すべての始まりは、一九六一年初頭、〈マラード〉社からかかってきた何気なさそうな一本の電話だった。電話の主《ぬし》は、ホイル夫妻をある記者会見に招待した。その記者会見で、ライルがホイルにとって非常に興味深いと思われる新しい結果を発表するというのだ。ふたりがロンドンにある〈マラード〉本社に到着すると、ホイルの妻のバーバラは最前列の席に案内され、ホイルは舞台上の椅子に、メディアと向かいあう形で座らされた。ホイルは、今回の発表が強度に基づく電波源の計数に関連したものなのずもないと思っていた。彼はこう記している。

だろうと確信していたものの、結果が定常宇宙論に反するのであれば、自分が招かれるはずもないと思っていた。彼はこう記している。

ライルがもうすぐ発表しようとしている新しい結果が、私の見解と敵対するものだと考えるのは、料簡《りょうけん》が狭すぎはしないだろうか？　もし敵対するものだとしたら、私がきっとこんな風にあからさまにお膳立てされてなどいないだろう。きっと、ライルは定常理論と一致するような結果を発表しようとしているはずだ。そして最後には、誤解を招くような今までの報告について、丁寧な謝罪をしてくるに違いない。そういうわけで、私は同じくらい丁寧な返答を頭の中で組み立てはじめた。(35)

不幸にも、ホイルが絶対にありえないと思っていた出来事が起きた。ライルは登場するやいなや、前触れのとおり簡単な発表をするのではなく、四回めの大規模な調査結果について、専門用語だらけの難解な講義を始めた。そして最後に、今回の結果から、過去のほうが電波源の密度は紛れもなく高く、定常理論が間違いであることが証明されたと堂々と締めくくったのだ。ショックを受けたホイルは、ライルの結論に対するコメントを求められただけだった。信じられない気持ちと屈辱感でいっぱいになったホイルは、かろうじて二言三言《ふたことみこと》発しただけで、大急ぎで会場をあとにした。それから数日間のメディアのお祭り

図30

騒ぎには、ホイルもうんざりだった。彼は一週間まったく電話に出ず、二月一〇日の王立天文学会の会議も欠席した。ライルさえ、あの記者会見は一般的な礼儀を欠くものだったと感じていた。彼はホイルに電話して謝罪し、〈マラード〉の会見を引き受けたときには、「あんなひどい事態になるとは思ってもいなかった」と付け加えた。

しかし、大きなマナー違反だったとはいえ、純粋に科学的な面からいえば、ライルの主張はどんどん説得力を帯びていき、一九六〇年代半ばになると、天文学界の人々の圧倒的大多数は、定常理論の支持者が戦いに敗れたと認めるようになっていた（図30は、左から順に、ゴールド、ボンディ、ホイル。一九六〇年代のある会議に出席したときの様子）。また、きわめて活動的な銀河の発見によって、定常宇宙論に不利な証拠はいっそう強固なものとなった[36]。このような銀河では、中心部の大質量ブラックホールへの質量の降着によって、銀河全体の明るさを上回るほどの放射が放出される。こうした天体は「クエーサー」と呼ばれ、光学望遠鏡でも観測できるほど明るい。この観測により、天文学者はハッブルの法則を用いて電波源までの距離を求めることができた。その結果、クエーサーは現在よりも過去に多く存在したことが説得力のある形で証明されたのである。となれば、宇宙は進化していて、過去にはもっと高密度だったという結論は避けようがなくなった。ここまでくると、水門は解き放たれ、定常状態モデルに対する反論が洪水のように押し寄せた。特に、一九六四年に科学者のアーノ・ペンジアスとロバート・ウィルソンが行なった発見は、定常理論の頑強な支持者を除く全員にとって、定常理論の終焉を意味するものだった。

ペンジアスとウィルソンは、ニュージャージー州のベル研究所に勤め、通信衛星用のアンテナの研究を行なっていた。ところが困ったことに、彼らはそこらじゅうから何らかの背景電波ノイズを拾っていた。どの方向からも同じようにやってきていると思われるマイクロ波放射である。ペンジアスとウィルソンはこの厄介な〝雑音〟を装置の問題であると説明しようとして失敗すると、とうとう銀河間を満たす約三K（絶対零度よりも三度高い温度）の余剰温度を検出したと発表した。ところが、必要な背景知識を持ち合わせていなかったペンジアスとウィルソンは当初、自分たちの発見の意味がわからなかった。しかし、プリンストン大学のロバート・ディッケは、この信号の意味をすぐさま理解した。ディッケは、アルファー、ハーマン、ガモフが以前に予言したビッグバンの残存放射を検出するための放射計を開発しているところだった。結果的に、彼はペンジアスとウィルソンの観測結果を正しく解釈し、まさしくビッグバン理論を単なる仮説から、実験的に実証された物理学へと変えたのである。宇宙が膨張するにつれ、非常に高温・高密度で不透明な火の玉はどんどん冷却していき、やがて現在の約二・七Kという温度に行き着いたわけだ。

以来、宇宙マイクロ波背景放射の観測は、宇宙論の中でもとりわけ高精度な測定値を生み出してきた。現在では、この背景放射の温度は、二・七二五Kという有効数字四桁まで知られており、その強度は一定の熱源から予期されるとおりに波長とともに変化する。これはビッグバンの予言を裏づけている。この定常理論と対立する圧倒的な証拠を見せつけられても、ホイルは決して納得しなかった。ホイルは、宇宙マイクロ波背景放射がビッグバンの名残《なごり》ではなく、銀河系外の鉄の〝ひげ結晶《ウイスカー》〟によって作られると主張した。これが銀河の赤外線を吸収し、マイクロ波の波長で放射するわけだ。この鉄のひげ結晶は、たとえば超新星爆発によって放出された物質内で、金属蒸気から凝結したものだと考えられた。

ホイルの勇敢な努力も虚しく、一九六〇年代半ばから、ほとんどの科学者は定常理論に見向きもしなくなった。ホイルはその後も、定常理論と最新の観測結果との矛盾はすべて説明しうることを実証しようとしたが、彼の説明はどんどん不自然で信じがたいものに見えていった。さらに悪いことにホイルは、「単なる変わり者になる」ことのないためには欠かせないものだと自ら語っていた「繊細な判断力」さえも失ってしまったようだ。一九八八年、イタリアのボローニャで開催された「現代宇宙論を振り返る」というテーマの国際シンポジウムで、ホイルは「定常理論と対立する証拠の評価」と題する講演を行なった。この完全に時代錯誤な講演で、ホイルはビッグバンの有力な証拠（宇宙マイクロ波背景放射の存在、重水素、ヘリウム、リチウムといった軽元素の原始的な合成の必要性、電波源の数）はすべて、定常理論でも説明できることを聴衆に納得させようとした（失敗だったと言わざるをえないが）[37]。ホイルが自説を頑《かたく》なに守り抜いたのに対し、たとえば定常理論をともに提唱したヘルマン・ボンディは、まったく対照的な態度を取った。ボンディは、宇宙が本当に進化しているとするなら、宇宙の過去の姿を示す化石か何かを見せてくれと訴えていたのを思い出してほしい。ボンディは同じボローニャの会議で行なった自身の講演で、そのような化石の証拠が実際に見つかったことを認めた。ひとつは、ビッグバンで形成された見込みが高いと証明されたヘリウムの宇宙存在度。もうひとつは、ビッグバン理論の予言と見事に一致した宇宙マイクロ波背景放射である。そういうわけで、ボンディは潔くこう結論づけた。「よって、化石が見つかるかどうかという私の問いは、問いかけてからずいぶんあとになって、答えが見つかったのだ」

一方のホイルは、定常理論に若干の修正を加えた理論を唱えつづけた（彼は「準定常宇宙論」と呼んだ）。そして二〇〇〇年、八五歳という御年《おんとし》で、ホイルは著書『宇宙論への異なるアプローチ――静的宇宙からビッグバン、そして現実へと向かって（*A Different Approach to Cosmology: From a Static Universe Through the Big Bang Towards Reality*）』を刊行。[38]この本の中で、ホイルと共同研究者のジャヤント・ナーリカー、ジェフリー・バービッジは、準定常理論の詳細とビッグバン理論への反論について説明している。彼らは科学界に対する軽蔑を表現するため、この本のあるページに、泥道を歩くガチョウの群れの写真を掲載し、こんな説明文を付けた。「われわれからすれば、標準的（高温のビッグバン）宇宙論に服従する態度は、こういう風に見える。先頭を歩く数羽のガチョウを名指ししたいという衝動は、なんとか抑えたが」。しかし、このころになると、ホイルはもう長いこと宇宙論の一般通念から外れたところにいたので、修正された理論の欠陥をわざわざ指摘しようとする者さえほとんどいない始末だった。おそらく、この本についてもっともうまくまとめたのは、イギリスの《サンデー・テレグラフ》紙の書評だろう。同紙の書評は、本の内容というよりも、むしろホイルの情熱的な性格に言及したものだった。「ホイルはビッグバン理論の証拠について体系的に考察し、なかなかの一撃を食らわせている。猛烈な批判を展開する彼の勇敢さには、感心せずにはいられない。……（中略）……私もホイルと同じ八五歳を迎えたとき、彼の闘争心の一〇〇〇分の一でもいいから持ち合わせていたいものだ」

反対、そして否認

ホイルの過ちは、ふたつの重要な点で、ダーウィン、ケルヴィン、ポーリングの過ちとはいくぶん違った。ひとつめに、過ちが起きたテーマの規模という問題があった。ダーウィンの過ちは、彼の理論のたったひとつの要素に関するものにすぎなかった（きわめて重要な要素ではあったが）。ケルヴィンの過ちは、ある計算の根底にあるひとつの仮定に関するものだった（非常に重要な仮定ではあったが）。ポーリングの過ちは、たったひとつのモデルに影響を及ぼした（不幸にも、もっとも重要な分子のモデルに）。一方、ホイルの過ちは、宇宙全体についてのまるまるひとつの理論に関するものだった。ふたつめに、こちらのほうが重要なのだが、ホイルは定常状態モデルを提唱するという点では、何も間違いを犯したわけではなかった。ダーウィンは不備のある生物学的メカニズムの影響を理解していなかったし、ケルヴィンは想定外の物理学的プロセスを無視した。ポーリングは化学の基本法則を無視した。彼らとは違って、ホイルの理論そのものは大胆で、きわめて巧妙であり、当時存在していたあらゆる観測的事実とも一致していた。ホイルの過ちとは、どれだけ自説と対立する証拠を積み上げられても、自分の理論の破綻を認めようとしない、腹立たしいくらいの頑固さと、ビッグバン理論に対しては厳しく定常理論に対しては甘い判断基準にあったといえよう。この頑なな態度を生んだ原因は？　この興味深い疑問の答えを見つけるため、私はまず、ホイルの昔の教え子や年下の共同研究者の何人かに意見を訊《き》いてみた。

宇宙論学者のジャヤント・ナーリカーは、大学院生としてホイルのもとで学んで以来、ホイルの存命中、ずっと彼と共同研究を続けてきた。特に、ふたりは「ホイル＝ナーリカー理論」と呼ばれる、準定常状態モデルに適合する重力理論を築き上げた。ナーリカーは、ホイルがビッグバン・モデルに不満を覚えたのは、少なくとも最初は、ビッグバンのいくつかの物理的な前提に心から違和感を抱いたからではないかと述べた。(39) たとえば、ナーリカーの記憶によれば、ホイルは観測されているほかの背景放射（可視光、X線、赤外線）はすべて天体物理学的な天体（恒星、活動銀河など）と関連していると判明したのに、宇宙マイクロ波背景放射だけが、それとは違ってひとつの出来事（ビッグバン）と関連している理由がわからないと言っていたという。また、一九五六年ごろ、ホイルは恒星内ですべてのヘリウムを合成する方法さえ見つかれば、恒星が宇宙マイクロ波背景放射で観測されるエネルギーを何らかの方法で生成できると考えていた。より感情的な面でいえば、ホイルが信心深い人間でなかったという点も、宇宙が一瞬にして生まれたという説に反対したひとつの理由だったのかもしれないとナーリカーは感じた。

天体物理学者のピーター・エグルトンとジョン・フォークナーは、いずれも一九六〇年代初頭、ホイルのもとで研究生をしていたが（フォークナーは図22の最前列の向かっていちばん右）、ふたりの感じ方がだいぶ異なることを知って、私はちょっと驚いた。エグルトンの記憶にあるホイルは、当時の天体物理学において知っておくべきことは何でも知っていて、天体物理学界で名の通っている人は誰でも知っている人物だった[40]。エグルトンによれば、ヴィクトリア朝の学者、ベンジャミン・ジョウェットのことを指して使われた奇妙な一節は、ホイルの特徴を表わすのにもそっくりそのまま使えるのだという。「彼の知らないことは知識ではなかった」[41]。ホイルの科学観に関していえば、科学界が何かを信じたら、ホイルはその逆を信じ、どこまで行けるか確かめようとする、というのがエグルトンの印象だった。そこで私は、ホイルがあそこまでビッグバンを毛嫌いしたのはなぜだと思うかとエグルトンに問いただしてみた。するとエグルトンは、地球上の生命が自然な化学的進化を通じて誕生したという説を否定する気持ちが根底にあったのではないかと述べた。エグルトンが言うところによれば、ホイルは、生命が誕生するためには、ビッグバン理論から推察される宇宙の年齢よりもずっと長い時間が必要だと主張していた。これは興味深い点なので、少しあとでもういちど考察したい。

　フォークナーも、ホイルのビッグバンに対する意固地《いこじ》な態度には困惑していたと認めた[42]。彼の意見では、ホイルは「少し脱線し、自分の思いつき［定常理論］に愛着を抱いてしまい、あきらめがつかなくなった」のだという。もうひとつ、彼は興味深い指摘をしている。一九六〇年代後半になると、ホイルはいわゆる「規範的科学」への興味を失い、より一匹狼の路線を行くようになったという。

イギリスの王室天文官のマーティン・リースは、ホイルからケンブリッジ大学のプルーム教授と天文学研究所所長の両方の職を引き継いだ。(43) 彼はホイルのことをいい想い出として覚えている。リースの宇宙マイクロ波背景放射やクェーサーに関する一部の研究は、定常理論の崩壊に一役《ひとやく》買ってしまったのだが、ホイルは常に支えてくれたのだという。リースは今でも、誰よりホイルを尊敬している。リースの天文学研究所のオフィスの壁には、ホイルの写真が掛けられているほどだ。彼はホイルがビッグバン理論に反抗した理由について、ふたつの興味深い仮説を立ててくれた。ひとつめに、彼は科学的な孤立がもたらした悪影響を強調した。彼の説明によると、一九六〇年代半ばごろから、ホイルはほとんど親しい共同研究者としか科学の話をしなくなったという。つまり、ジャヤント・ナーリカー、チャンドラ・ウィクラマシンゲ、バービッジ夫妻といったごく少人数の集団だ。彼らはめったにホイルに異論を唱えなかったので、明らかに意見を改めるのに適した環境とはいえなかった。驚いたことに、ホイルはいつもとても優しく、励ましてくれたというが、リースと科学的な議論をすることはほとんどなかったらしい。それどころか、ホイルは自分の支持者以外の若い宇宙論学者たちと、新しい科学的発見について情報交換を行なうことはなかった。

リースはもうひとつ、フォークナーの指摘とよく似た面白い意見を述べている。彼の指摘によれば、科学者は、キャリアの終盤になると、長い科学研究に付きものの淡々とした一歩ずつの前進に興味を失い、まったく新しい科学分野、時には自分の専門分野からかけ離れた分野に目を向けることがあるのだという。ライナス・ポーリングが晩年、ビタミンCに異様なまでにこだわったのも、この現象の一例だというのだ。また、ホイルが地球上の生命の起源について的外れな研究を続けたのも、似たようなものだとリースは見ている。リース、エグルトン、フォークナーの指摘したような要因が、ホイルの頑固さの一因になったのは間違いない。ホイル自身のいくつかの発言が、その何よりの証拠である。著書『風吹けば都』で、彼は次のような印象的な文章を記している。

科学界の問題は有史以前の小さな狩猟集団までさかのぼる。当時、狩猟を成功させるには、集団の全員が必要だったに違いない。初めは正しい科学理論の方向性が不明なのと同じように、餌のある方向が不明だったので、集団はどの方向に行くかを決断し、それがランダムになされた決断であっても、全員がその決断に従う必要があった。正しい方向は選んだ方向と正反対だと訴える反対者は、集団から締め出されなければならなかった。ちょうど今日《こんにち》、コンセンサスと異なる意見を持つ科学者が、学術誌に論文を棄却され、研究助成金の申請を国家当局から即座に却下されるのと同じだ。有史以前の生活は大変だったに違いない。狩猟集団は、選んだ方向に餌が見つからなければ見つからないほど、同じ方向を探しつづけざるをえなかった。立ち止まって議論すれば、不安が生まれ、意見の相違が飛び出し、集団が壊滅的に崩壊してしまう危険性があるからだ。だからこそ、科学者は正解を導き出すことではなく、全員の考えが一致することを第一に考えるのだ。科学界を作り上げているのは、おそらくこうした本能的で原始的な動機なのだ。[44]

科学の主流に反対することを擁護するこれ以上強力な主張はないだろう。ホイルはこの文章で、二世紀の医学者、ペルガモンのガレノスと同じ言葉を繰り返している。「若いころから、私は多数派の意見を嫌い、真実と知識を求めてきた。なぜなら、人間の所有物の中でこれほど高貴で神聖なるものはないと信じていたからだ[45]」。しかし、リースの指摘したように、孤立はそれなりの代償を伴う。科学はAからBへと一直線に進歩していくわけではなく、批評的《クリティカル》な再評価や誤りを見つける相互的な交流を通じて、ジグザグの道をたどりながら進歩していく。ホイルがあれほど忌《い》み嫌った科学界による継続的な評価こそ、科学者が誤った方向に深く迷い込むのを防ぐ歯止めを生み出しているのだ。ホイルは学界内であえて孤立したことにより、こうした修正力を自ら否定してしまったのである。

ホイルの生命の起源に対する独特な考え方も、間違いなく定常理論をあきらめきれない要因になった。ホイル自身はこう表現している。

> 私が思うに、進化を宇宙論的に考えるうえで正しい哲学的視点は、超天文学的な問題とかかわっている。というのも、生物学的な秩序の起源を理解しようとしたとたん、超天文学的にならざるをえないからだ。これまで、超天文学的な規模の複雑性という問題に直面した生物学者たちは、おとぎ話に頼ってきた。これは、数百種類ある酵素のどのひとつのアミノ酸の規模を考察してもわかることである［ホイルはアミノ酸から二〇〇〇種類の酵素がランダムに形成される確率をおよそ一〇の四万乗分の一と推定した］。……（中略）……生物の起源という問題を合理的に解決しようとするならば、ほぼ無限のキャンバスを持つ宇宙が必要だ［傍点引用者］。つまり、ビッグバン宇宙論が予言するように、単位質量当たりのエントロピー［無秩序の度合いを測る尺度］が無尽蔵に増加したりはしないような宇宙である。このような無限のキャンバスを与えるためにこそ、定常理論が必要だ。少なくとも、私にはそう思えるのである。

言い換えれば、ホイルは、進化とともに無秩序の度合いが増していく宇宙では、生物のような秩序的なものが生まれるのに必要な条件が整わないと考えたわけだ。また、ハッブル定数の値が示唆するような宇宙の年齢は、複雑な分子が形成されるのに十分ではないとも考えていた。いちおう言っておくと、主流派の進化生物学者たちは、この主張をきっぱりと否定している。要するに、ホイルはあらゆるインテリジェント・デザイン説を特徴づける「時計職人の比喩」を再び持ち出そうとしていた。そのために、生細胞がランダムに発生する確率は、「竜巻ががらくた置き場の上を通過し、その中の材料からボーイング747が組み立てられる」ようなものであると訴えたのだ。生物学者のリチャード・ドーキンスは、この推論を「ホイルの誤謬《ごびゅう》」と呼び、生物の場合、複雑な生命構造がワン・ステップで生じる必要はないと指摘した。(46) 繁殖能力を持つ生物は、連続的な変化を経て複雑性を生み出すことができるが、無生物の場合、繁殖による修正を繰り返すことはできない。

ここまで、ホイルの過ちについて部分的な説明をしてきたが、ホイル自身は自分の間違いを否認しつづけたようだ。特にこの点について少し深く掘り下げるためには、否認という概念についてもう少し詳しく理解しておく必要がある。否認が共感を生むことはめったにない。特に科学界ではそうだ。(47) 当然ながら、科学者たちは否認を研究精神に反するものだととらえている。実験結果がそう求めるときには、古い理論は新しい理論に道を譲らなければならないものなのだ。それでも、研究を行なうのはやはり人間である。ジークムント・フロイトは、人間が自我を脅《おびや》かすトラウマや外的現実に対する防衛機制のひとつとして、否認という行為を築き上げたのだと仮定した。たとえば、否認が喪失の五段階のうちの第一段階であるというのは誰しも知っている〔訳注：精神科医のエリザベス・キューブラー＝ロスが提唱した「喪失」の五つのステップのこと。人間は自分自身の死や大切なものの喪失などに直面すると、「否認」→「怒り」→「取引」→「抑鬱《よくうつ》」→「受容」の五つの心理状態をたどるとされる〕。おそらくあまり知られていないのは、大がかりな活動において間違いを犯した体験が、そのようなトラウマになるということだ。司法制度にはその証拠が十分にある。凶悪犯罪の事件で、もともと有罪と認定された人物が、DNAの証拠や新しい証言の出現によって本当は無実だったと完全に判明したとしても、被害者も検察官も絶対に信じようとしなかった事件は山ほどあるのだ。悩める心の持ち主は、否認という行為を通じて、うまく片が付いたと思っていた体験を再開するのを避けるわけだ。もちろん、科学理論で間違いを犯すのと、無実の人間に誤って有罪判決を下すのとでは、比較にならない。それでも、その体験がトラウマであることは変わらない。そういう意味では、否認がホイルの過ちの一因になったと考えることもできるだろう。

私は何度も主張してきたとおり、定常宇宙論のアイデア、、、、そのものは、提唱された当時は抜群のアイデアだったと思っている。振り返ってみると、物質が絶えず創造される定常宇宙は、現在流行しているインフレーション宇宙モデルと多くの点で共通している。インフレーション宇宙モデルとは、宇宙が誕生直後に超光速で膨張したという予想である。いくつかの点で、定常宇宙は単にインフレーションが常に起こっている宇宙といえる。物理学者のアラン・グースは、特に宇宙の一様性と等方性を説明するため、一九八一年にインフレーション理論を提唱した。(48) ホイルは、一九六三年にナーリカーと共同で発表した論文の中で、彼らの提唱する物質創生場は「初期の非等方性［方向に対する依存性］や非一様性

「均一性からの乖離」を均一化するような働きをする」ことが証明されたと指摘し、「宇宙は初期の境界条件にかかわらず、観測された規則性を獲得するようだ」とも指摘している。これは、現在インフレーションによるものとされている性質そのものである。[49] ホイルのすばらしさは、互いに矛盾するふたつの理論を並行して追究できる数少ない科学者のひとりであったという事実にも表われていた。ホイルは生涯ビッグバンに抵抗していたわけ

図31

ではなく、むしろビッグバン原子核合成、特にヘリウムの宇宙存在度や超高温での元素合成に関する研究に、重大な貢献をしたのである。[50]

かつて、リース卿はホイルについて、「彼の世代でもっともクリエイティブで独創的な天体物理学者」と表現した。私も一介《いっかい》の天体物理学者として、この意見に心から賛成だ。ホイルの理論は、たとえ結局は間違いだとわかったものであっても、常に刺激的であり、間違いなく分野全体を盛り上げ、新しい説の生まれる引き金になった。そう考えると、ホイルが一九六六年に設立したケンブリッジ大学天文学研究所の彼の名前入りの建物の外に、ホイルの像（図31）が立っているのも不思議ではない。

ホイルが重大な貢献をしたのは確かだが、宇宙全体の仕組みに対する現在のわれわれの理解を築いた最大の功労者といえば、間違いなくアルベルト・アインシュタインだ。彼の特殊相対性理論と一般相対性理論は、この世でもっとも基本的なふたつの概念、つまり空間と時間に対するわれわれの見方を一新した。ところが、不思議なことに、「最大の過ち」という表現は、この史上最高の科学者のアイデアのひとつと密接に結びつけられるようになったのである。

第10章　「最大の過ち」

私が主題とするものは銀河を分散させるが、地球を結合させる。願わくは「宇宙斥《せき》力《りょく》」が人間を引き裂かざることを。

——サー・アーサー・エディントン

鍵を真上に投げると、ある最高の高さに到達し、再び手に戻ってくる。鍵は最高地点に達すると、一瞬だけ静止する。明らかに、この挙動を引き起こしているのは、地球の重力による引力だ。何らかの方法で、鍵を秒速約一一・二キロメートル以上の速度で投げ上げることができれば、たとえば二〇〇三年に地球から一一〇億キロメートル以上離れた場所で通信が途絶えた探査機「パイオニア10号」のように、鍵は地球を飛び出すだろう。しかし、地球の重力と拮抗《きっこう》する力がなければ、地球の重力だけで鍵が空中をふわふわとただようことはありえない。

一九二〇年代、ふたりの科学者がそれぞれ独自に、宇宙の時空の振る舞いも、それとよく似ていると考えられることを示した。そのふたりの研究者とは、ロシアの数学者で気象学者のアレクサンドル・フリードマンと、ベルギーの司祭で宇宙論学者のジョルジュ・ルメートルである。ふたりはアインシュタインの一般相対性理論を宇宙全体に適用した。彼らもすぐに気づいたように、宇宙内のすべての物質と放射の重力的な引力だけでは、時空（アインシュタインの考えた時間と空間の組み合わせ）は伸びるか縮むかの一方であり、一定の規模のまま安定して留まっていることはありえない。この重大な発見はやがて、われわれの宇宙は膨張しているというルメートルとハッブルの発見の理論的な背景となった。しかし、最初から話を始めよう。

一九一七年、アインシュタインは自身の一般相対性理論の方程式に照らして、初めて宇宙全体の進化を理解しようとした[1]。この試みは、宇宙論の問題を思弁哲学から物理学へと変えはじめたのである。このころ、宇宙の膨張はまだ発見されていなかった。さらに、アインシュタインは観測された宇宙の大規模運動をひとつも知らなかったうえに、このころになっても、ほとんどの天文学者は宇宙が銀河系だけで成り立っていて、その先には何もないと信じていたのだ。当時、天文学者のヴェスト・スライファーが観測した〝星雲〟の「赤方偏移《せきほうへんい》」（光の伸び。のちに銀河の後退速度を表わすものとして解釈される）は、あまり知られていなかったし、理解もされていなかった。天文学者のヒーバー・カーティスは、アンドロメダ銀河（M31）が銀河系の外側にある可能性を示す予備的な証拠を発表したが、われわれの銀河が宇宙の全体ではないという意味深い事実を、エドウィン・ハッブルがはっきりと裏づけたのは、ようやく一九二四年になってからのことだった。(2)

一九一七年、最大スケールで見れば宇宙は不変かつ静的であると確信していたアインシュタインは、自分自身の方程式で記述される宇宙が、自らの重みで崩壊しないようにするための策を見つける必要があった。物質が一様《いちよう》に分布している静的な構造を実現するため、アインシュタインは重力とちょうど釣り合う何らかの斥力が存在するはずだと推測した。その結果、一般相対性理論の発表からほんの一年ちょっとで、少なくとも一見するかぎり見事な解決策を考えた。彼は『一般相対性理論についての宇宙論的考察（Cosmological Considerations on the General Theory of Relativity）』と題する画期的な論文で、自身の方程式に新しい項《こう》を導入した。この項は驚くべき効果をもたらすものだった。斥力的重力である！　宇宙斥力は宇宙全体に作用するとされ、物質やエネルギーがもたらす力とはちょうど逆で、空間のあらゆる部分が別の部分を押しているとされた。このあとすぐ説明するように、質量やエネルギーは、物質が引きあうかのような形で時空を歪《ゆが》める。彼の斬新な宇宙項は、実質的にこれとは逆の意味、つまり物質同士を反発させるような形で時空を歪めるわけだ。アインシュタインが（おなじみの重力の強さに加えて）導入した新しい定数の値は、斥力の強さを決めるものだった。その新しい定数の表記として用いられたのがギリシャ文字のΛ《ラムダ》であり、現在では「宇宙定数」と呼ばれる。アインシュタインは、ちょうど重力が及ぼす引力と斥力の釣り合いが取れるよう、うまく宇宙定数の値を選べば、静的・永久不変・一様で、大きさが一定の宇宙ができあがることを示した。このモデルはのちに、「アインシュタインの宇宙」として知られるようになった。アインシュタインは、あとから見ると非常に示唆に富んだコメントで論文を締めくくった。「この項は、恒星の速度が低いという事実から求められる、物質の準静的な分布を実現するためだけ「傍点引用者」に必要なものである」(3)。お気づきになるかと思うが、アインシュタインはここで、銀河の速度ではなく「恒星の速度」について論じている。当時、銀河の存在や運動は、まだ天文学的に未知の世界にあったのだ。

よほどの場合を除いて、後知恵《あとぢえ》でなら何とでも言えるものだ。宇宙論学者たちは、アインシュタインが宇宙定数を導入することで、見事な予言をする絶好のチャンスを逃してしまったとよく主張する。最初の方程式を貫き通していれば、ハッブルの観測結果が出る一〇年以上前に、宇宙が収縮または膨張していることを予言できていただろうと。確かにそのとおりだ。しかし、次章で論じるように、宇宙定数を導入したとしても、同じくらい重大な予言をするチャンスはあったはずなのだ。アインシュタインはいったいどうやって、いするとあなたはこう思うかもしれない。

くつもの複雑な現象を説明できるという一般相対性理論のそのほかの成功にはいっさい悪影響を及ぼさずに、方程式に新しい斥力の項を加えられたのだろう？　たとえば、一般相対性理論は、水星の軌道が太陽の周囲を回るたびにわずかに変化する現象をうまく説明していた。もちろん、アインシュタインは、宇宙定数の導入によって観測結果と食い違いが生じうるとわかっていた。そこで、彼は不都合な結果を避けるため、空間を隔てるに従って宇宙斥力が増加していくよう、方程式に修正を加えた(4)。つまり、斥力は太陽系規模の距離では微々たるものだが、宇宙規模の距離になるにつれどんどん大きくなっていくようにしたわけだ。その結果、一般相対性理論の実験的な検証結果は、すべて維持することができたのだ（比較的短距離の測定に基づいていたため）。

不可解なことに、アインシュタインは驚くような間違いをひとつ犯した。宇宙定数によって静的宇宙を実現できると考えた点だ。彼の施《ほどこ》した修正によって、形式的には方程式の静的解が存在するようになったのだが、その解は「不安定均衡」の状態を表わすものだった。たとえるなら、先端を下にして立っている鉛筆や、丘の上に置かれたボールのようなものだ。ほんの少しでも静止状態から離脱すると、その系が均衡状態からどんどん離れるような力が働く。この点は、高度な数学の助けを借りなくても理解できる。斥力は距離とともに増加するが、ふつうの重力による引力は距離とともに減少する。したがって、ふたつの力がちょうど釣り合うような質量密度を見つけることは可能なのだが、たとえば宇宙が少し膨張するなどして、ほんの少しでも変動が起こると、斥力は増加し、引力は減少する。結果、膨張は加速するのだ。同じように、ほんの少しでも収縮すると、宇宙は完全に崩壊してしまうだろう。エディントンは一九三〇年に初めてこの誤りを指摘したが、最初に思いついたのはルメートルだとしている。(5) しかし、このころになると、宇宙が膨張しているというのはすっかり周知の事実となっていたため、アインシュタインの静的宇宙のこの欠陥は、注目を失っていた。もうひとつ付け加えておくと、アインシュタインは自身のオリジナル論文の中で、宇宙定数の物理的な起源や正確な特性については明記していない。こうした興味深い疑問の数々や、そもそもどうして重力が斥力を及ぼしうるのかという話題については、次章で触れることにする。

このような未解決の問題はあったにせよ、アインシュタインは静的宇宙モデルの構築に(彼の中で)成功したことにおおむね満足していた。静的宇宙は当時主流だった天文学の考えと一致していたからだ。当初、彼はもうひとつの理由で、宇宙定数に満足していた。もともとの重力場の方程式に新しい修正を施したことで、アインシュタインが一般相対性理論を築くときに用いていたいくつかの哲学的原理と一般相対性理論が調和したように見えたからだ。特に、もともとの(宇宙定数のない)方程式には、物理学者のいう「境界条件」が必要に見えた。つまり、無限遠点における一連の物理量の値を定める必要があったのだ。アインシュタインの言葉を借りれば、これは「相対性理論の精神」に反した。ニュートンの絶対空間や絶対時間の概念とは異なり、一般相対性理論の基本前提のひとつは、絶対基準系が存在しないという点だった。加えて、アインシュタインは、質量とエネルギーの分布によって時空の構造が決まると主張した。(6) たとえば、物質の分布が無に近づいていくような宇宙では満足できなかっただろう。質量やエネルギーが存在しなければ、時空を正確に定義できないからだ。ところが、アインシュタインにとっては残念なことに、もともとの方程式には無の時空を解とする余地が残っていた。そういうわけで、アインシュタインは静的宇宙に境界条件がまったく必要ないという事実を知って喜んだ。静的宇宙は有限で、球面のように湾曲《わんきょく》していたので、そもそも境界がなかったわけだ。この宇宙で発射された光線は、いずれ出発地点に戻ってきて、二周めを進む。こうした哲学的な意味では、アインシュタインは、はるか昔のプラトンと同じように、終わりのないもの、つまり哲学者のゲオルク・ヴィルヘルム・ヘーゲルのいう「悪無限」とは常に距離を置いてきたのである。

ここで、一般相対性理論についてうろ覚えの読者のみなさんもおられると思うので、一般相対性理論の基本的な原則について、ごく簡単におさらいしておこう。

時空の歪《ゆが》み

一般相対性理論に先立って発表された特殊相対性理論で、アインシュタインはニュートンの絶対的・普遍的な時間、つまりどの時計でも計測できるとされる時間の概念を捨てた。(7)ニュートンの目標は、絶対時間と絶対空間を体系的に示すことだった。彼はその考え方に従い、「絶対的で実在する数学的な時間は、その性質から、外部のものとは無関係に、まったく同じように自然と流れる」と述べている。一方、アインシュタインは、観測者の進んでいる速度や方向にかかわらず、どの観測者から測定しても光の速度は一定であるという仮定を特殊相対性理論の中心テーマにすることで、空間と時間を時空というひとつの実体へと永久に結びつけるという代償を払わざるをえなかった。それ以来、数々の実験で、互いに相対的に運動しているふたりの観測者のあいだで、測定される時間間隔に食い違いがあるという事実が確かめられた。もっとも最近では、二〇一〇年にアメリカ国立標準技術研究所の研究者が、光ファイバーで接続されたふたつの光学原子時計を比較したところ、時速たった三五キロメートル程度という相対速度でも、この〝時間の歪み〟を観測することに成功したのだ!(8)

特殊相対性理論において光(もっと一般的にいえば電磁波)が中心的な役割を果たすことを踏まえて、特殊相対性理論は電気と磁気について記述する法則と一致するように作られた。実際、アインシュタインはこの理論を発表した一九〇五年の論文に『動いている物体の電気力学』というタイトルを付けた。ところが、一九〇七年には早くも、アインシュタインは特殊相対性理論がニュートンの重力と相容《あいい》れないという事実に気づきはじめていた。ニュートンの重力は空間じゅうに瞬時に作用すると考えられていたのだ。ということは、たとえば、われわれの銀河系とアンドロメダ銀河が今から数十億年後に衝突したら、質量の再分配による重力場の変化が、宇宙全体で同時に感じられることになる。この状況は明らかに特殊相対性理論と対立する。なぜなら、情報が光より速く伝わるからだ。これは特殊相対性理論では許されない。さらに、宇宙全体の同時性を考えるだけでも、特殊相対性理論が入念に否定してきた普遍的な時間の存在が必要になる。一九〇七年当時、こうした例は知られていなかったので、アインシュタインがこの例を用いることはなかっただろうが、原理自体は十分に理解していた。これらの難点を克服するため、そして特に理論を加速度運動にも適用できるようにするため、アインシュタインは紆余《うよ》曲折《きょくせつ》の道のりを歩みはじめた。そして、途中で何度も道を踏み外しながらも、最後には一般相対性理論へとたどり着いたのである。

一般相対性理論は今でも、多くの人々から史上もっとも巧妙な物理理論だと考えられている。著名な物理学者のリチャード・ファインマンはかつて、「私はいまだにどうやって彼がこの理論を思いついたのかわからない」と告白した。一般相対性理論は、主に次のふたつの深い洞察に基づいていた。(9) (1) 重力と加速度運動の等価性。(2) 宇宙の力学というドラマにおいて、時空の役割を受け身の観客から主役へと変えたこと。ひとつめに、アインシュタインは地球の重力場の中で自由落下している人間の体験について考えるうち、実質的に加速度運動と重力の区別をつけられないことに気づいた。地球上の閉じたエレベーターの中で暮らす人は、エレベーターが常に上向きに加速していれば、地球よりも重力の強い場所で暮らしていると思うかもしれない。体重計に乗っかれば、確かにその人の通常の体重よりも高い数値を示すだろう。同じように、宇宙船の中の宇宙飛行士が〝無重力〟を体験しているのは、宇宙飛行士と宇宙船の両方が、地球に対してまったく同じ加速を受けているからである。アインシュタインは、一九二二年の京都講演で、学生や教員に対する即興のスピーチを行ない、アイデアを思いついたきっかけをこう表現している。

「ベルンの特許庁で椅子に座っていたとき、突然ある考えがひらめいた。〝自由落下している人間は、自分自身の体重を感じないだろう〟と。私はハッとした。この単純な考えは、私の心に深く焼きついた。そして、私を重力理論へと駆り立てたのだ[10]」

アインシュタインのふたつめのアイデアは、ニュートンの重力観をくつがえした。重力は空間全体にわたって作用する謎めいた力などではない、とアインシュタインは主張した。むしろ、トランポリンの上に立っている人がトランポリンをたわませるのと同じように、質量とエネルギーが時空を歪めるのだ。アインシュタインは重力を時空の湾曲《わんきょく》と定義した。つまり、ゴルフボールがグリーンの起伏《きふく》に沿って転がったり、ジープがサハラ砂漠の砂丘をうまく越えながら進んだりするのと同じように、惑星は太陽が湾曲させた時空の最短経路に沿って進むわけだ。光さえも直線的には進まず、大きな質量の近傍の湾曲した空間の中では、曲がって進む。図32に示すのは、一九一三年、アインシュタインが理論の構築中に記した手紙だ。この手紙は、アメリカの天文学者、ジョージ・エラリー・ヘールに宛てたもので、アインシュタインは重力場の中で光が曲がることや、太陽が遠い恒星からやってきた光を歪めることについて説明している。この重大な予言は、一九一九年の太陽の日食中に初めて検証された。日食の観測（場所はブラジルおよびギニア湾のプリンシペ島）を主催したのはアーサー・エディントンだった。彼のチームと、アイルランドの天文学者のアンドリュー・クロンメリン率いる観測隊が記録したずれ（およそ一・九八秒と一・六一秒）は、推定測定誤差の範囲内で、アインシュタインの予言した一・七四秒と一致した[11]（ニュートンの重力理論の予測はその半分だった）。一般相対性理論では、時間も〝湾曲〟する。重い物体の近くにある時計は、遠くにある時計よりもゆっくりと時を刻む。この効果は実験によって確かめられており、GPS衛星では日常的に加味されている[12]。

アインシュタインの一般相対性理論の軸となる前提は、きわめて革命的だった。われわれが重力と認識しているものは、質量とエネルギーが時空を歪めるという事実の単なる表われにすぎないというのだから。そういう意味では、少なくとも考え方の点では、アインシュタインは力を重視したニュートンよりも、古代ギリシャの天文学者たちの幾何学的な（力学的でない）見方に近かったといえよう。時空はガチガチに固定された背景ではなく、物質やエネルギーの存在に応じて、曲がったり、湾曲したり、伸びたりしうる。そして、

Zürich. 14. X. 13.

Aus

Hoch geehrter Herr Kollege!

Eine einfache theoretische Überlegung macht die Annahme plausibel, dass Lichtstrahlen in einem Gravitationsfelde eine Deviation erfahren.

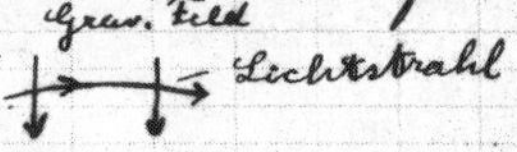

Am Sonnenrande müsste diese Ablenkung 0,84" betragen und wie $\frac{1}{R}$ abnehmen (R = ~~Sonnenradius~~ Entfernung vom Sonnen-Mittelpunkt).

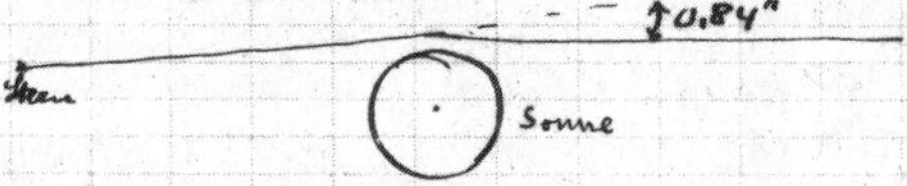

Es wäre deshalb von grösstem Interesse, bis zu wie grosser Sonnennähe helle ~~grosse~~ Fixsterne bei Anwendung der stärksten Vergrösserungen bei Tage (ohne Sonnenfinsternis) gesehen werden können.

図 32

その湾曲が、こんどは物質にしかるべき運動をさせるわけだ。有力な物理学者、ジョン・アーチボルト・ホイーラーはかつて、「物質が時空に湾曲の仕方を教え、時空が物質に運動の仕方を教える」と表現した。物質とエネルギーは、空間と時間の永遠の相棒になるというわけだ。

一般相対性理論を提唱することで、アインシュタインは重力が超光速で伝播《でんぱ》するという問題、つまりニュートンの理論が陥っていた危機的状況を鮮やかに解決した。一般相対性理論では、伝播の速度とは、つまるところ時空の構造の中で、波紋がある点から別の点までどれだけ速く伝わるかということだ。アインシュタインは、このようなたわみや膨らみ（重力を幾何学的に表現したもの）はちょうど光速で伝わることを示した。言い換えれば、重力場の変化は瞬時には伝わらないのだ。

単語に何の意味がある？

アインシュタインは宇宙定数や自身の静的宇宙に満足していたかもしれないが、その満足はすぐに消え去ることになった。新しい科学的発見によって、静的宇宙の概念は受け入れられなくなったからだ。まず、理論の面で、いくつか納得しかねる点が見つかった。[13] その中でも最初のものはほとんど瞬時に見つかった。アインシュタインの宇宙に関する論文が発表されてからわずか一カ月後、彼の共同研究者であり友人でもあるウィレム・ド・ジッターが、アインシュタインの方程式に、まったく物質のない解を発見したのだ。[14] 物質のない宇宙というのは、宇宙の幾何を宇宙内の質量やエネルギーと結びつけたいというアインシュタインの願望と明らかに矛盾していた。一方、ド・ジッター自身はかなり満足していた。彼はそもそも最初から宇宙定数の導入には反対だったからだ。ド・ジッターはアインシュタインに宛てた一九一七年三月二〇日付の手紙で、Λは哲学的には望ましかったのだろうが、物理学的にはそうとはいえないと主張した。彼が特に気がかりだったのは、宇宙定数の値を実証的に求められるとは思えないという点だった。この時点では、アインシュタイン自身はまだあらゆる選択肢に心を開いていた。一九一七年四月一四日付のド・ジッターへの返信の手紙で、彼はまるで未来を予言するかのような見事な一段落を記している。これは、「遠い将来、人間の起源に光が当てられることだろう」というダーウィンの有名な台詞《せりふ》を非常に彷彿とさせる（第2章参照）。

> いずれにしても、ひとつだけ言えることがあります。一般相対性理論には、場の方程式にΛg_{mn}［宇宙項］を含める余地があります。おそらくいつの日か、恒星が作る空の構成、恒星の見かけ上の運動、距離に応じたスペクトル線の位置に関する人類の実知識が十分に蓄積し、Λが消えるかどうかという疑問に、実証的な判断が下せるようになるでしょう。信念は動機としては立派でも、誤った判断につながるものなので

す！

次章を読めばわかるように、アインシュタインは八一年後に天文学者たちが成し遂げることを正確に予言した。しかし、一九一七年、こうした逆風は次々と吹きつづけた。一見すると、ド・ジッターのモデルは静的に思われたが、それは幻想だとわかった。物理学者のフェリックス・クラインとヘルマン・ワイルのその後の研究により、いくつかのテスト粒子をこのモデルに挿入すると、静止しているどころか、互いに離ればなれに飛んでいくことが証明されたのだ。

アインシュタインの理論に二発めの打撃を食らわせたのは、アレクサンドル・フリードマンだった。先ほども書いたとおり、フリードマンは一九二二年、アインシュタインの方程式に（宇宙項の有無にかかわらず）、宇宙の膨張または収縮を示す非静的解が存在することを証明した。この発見に失望したアインシュタインは、一九二三年、友人のワイルに宛てて、「準静的な宇宙が存在しないくらいなら、宇宙項なんて捨ててしまおう」と記している。[15] しかし、もっとも深刻な問題は、観測結果にあった。第9章で見たように、一九二〇年代後半、ルメートルとハッブルは、宇宙が実際のところ静止しておらず、膨張していることを証明した（ルメートルは暫定的に、ハッブルは紛れもなく）。アインシュタインはその意味合いをすぐさま悟った。膨張する宇宙では、重力による引力は膨張速度を緩《ゆる》めるだけだ。したがって、ハッブルの発見後、アインシュタインは引力と斥力《せきりょく》の複雑なバランスを取る必要がもはやなくなり、宇宙定数を方程式から取り除けることを認めざるをえなかったのだ。彼は一九三一年に発表された論文で、「Λ項がないほうが、相対性理論はハッブルの新しい観測結果をより自然に満たせるようだ」という理由で、正式に宇宙項を削除した(16)。さらに、一九三二年、アインシュタインとド・ジッターが共同で発表した論文で、ふたりはこう結論づけた。「歴史的に、〃宇宙定数〃Λを含む項を場の方程式に導入したのは、静的宇宙における有限な平均密度の存在を理論的に説明できるようにするためだった。しかし今や、動的な場合では、Λを導入しなくてもこの目的を達成できるようだ(17)」

アインシュタインは、宇宙定数がなければ、ハッブルの測定した膨張速度から導かれる宇宙の年齢が、恒星の推定年齢よりもおかしくなくらい短くなってしまうという事実に気づいていたが、最初は恒星の推定年齢のほうに問題があるのかもしれないと思っていた。観測から求められる宇宙の膨張速度の誤差を生み出していた最大の要因は、一九六〇年代になってようやく修正されたものの、膨張速度の二倍近い不確かさは、ハッブル宇宙望遠鏡の登場まで残った。しかし、驚くべきことに、消えた宇宙定数は、一九九八年に華々しく舞い戻ってきたのである。

お気づきになるだろうが、アインシュタインとド・ジッターが宇宙定数に関して使っていた言葉は、穏当なものだ。膨張宇宙では宇宙定数は必要ないと言っているまでだ。ところが、宇宙定数の歴史についての記述を読むと、必ずといっていいほど、アインシュタインが方程式に宇宙定数を導入したことを「最大の過ち」と悔やんだという話が出てくる。本当にアインシュタインはそんなことを言ったのか？　もし言ったとすれば、なぜ？

　手に入るかぎりの資料を調べ尽くした結果、私はまず、数人の科学史家がすでに感づいていた事実を確かめた。アインシュタインが宇宙定数を最大の過ちと呼んだという話の出《で》所《どころ》はたったひとつ、あの行状の派手なジョージ・ガモフだったのである。ガモフといえば、ビッグバン原子核合成のアイデアや、遺伝コードに関する初期の思想の一部を思いついた人物だ。ガモフと共同でDNAの構造を発見したジェームズ・ワトソンは、かつてガモフについて、「たいてい誰よりも一歩先を行っていた」と述べた。ガモフは「最大の過ち」の話をふたつの場所でしている。まず、《サイエンティフィック・アメリカン》誌の一九五六年九月号に発表された論文『進化する宇宙（The Evolutionary Universe）』で、「アインシュタインは何年も前、宇宙斥力のアイデアは生涯最大の過ちだったと私に言った」と記した[18]。また、彼が亡くなったあとの一九七〇年に出版された自伝『わが世界線』でも、同じ話を繰り返している（そしてどういうわけか、宇宙定数の歴史に関するほとんどの記述は、この出典しか明記していない）。「したがって、アインシュタインの最初の重力方程式は正しく、それを修正し「て宇宙定数を導入し」たのが誤りだった。ずっとあとになり、私がアインシュタインと宇宙論の問題を議論していたとき、彼は宇宙項の導入は自分の生涯で最大の過ちだったと述べた[19]」

しかし、ガモフは自分の話の多くを〝盛る〟ことで知られていたので（彼のひとりめの妻はかつて、「二〇年以上の結婚生活の中で、いたずらをやらかしているときほど、ジョージが楽しそうにしているのを見たことはなかった」と言った）、私はこの話の信憑性を確かめるため、もう少し深く掘り下げてみることにした。そして、ある事実も、この台詞《せりふ》について調べたいという意欲を押し上げた。近年、宇宙定数が復活したことで、「最大の過ち（biggest blunder）」という言葉は、もっとも引用回数の多いアインシュタインの台詞のひとつになったのだ。最後にチェックしたときには、「アインシュタイン」と「最大の過ち」を含むグーグル・ページが五〇万件以上もあった［訳注：日本語の場合、biggest blunder は「最大の過ち」「最大の失敗」「最大の失態」「最大の不覚」などの訳が当てられているが、「アインシュタイン」とこのいずれかの言葉の組み合わせでグーグル検索してみると、やはり合計で五〇万件以上はヒットする］。

私はまず、ガモフが先ほどの台詞をアインシュタインが直接言った言葉だと主張していたのかどうかを確認しようと考えた。残念ながら、先述の引用はどちらも、アインシュタイン自身が生涯で「最大の過ち」という言葉を使ったとガモフが主張していたのか、それとも会話の主旨だけを伝えようとしていたのかを判断するには十分とはいえないようだ。

しかしながら、ガモフは『わが世界線』でこう続けている。「しかし、アインシュタインが捨て去ったこの〝過ち〟は、今でもときおり宇宙論学者によって採用されており、ギリシャ文字のΛで表記されるこの宇宙定数は、何度となくその醜《みにく》い姿を現わしているのだ」。〝過ち〟という単語に引用符が使われていることから考えると、少なくともガモフは文字どおりの引用であることを示唆しようとしていたと思われる。ガモフが同じ言葉を二回使っているという事実からも、彼が少なくともアインシュタイン自身の言葉であると印象づけようとしていたことがうかがえる。また、ガモフは先ほどの文章で「醜い姿」という表現を使うことで、宇宙定数に関する偏見を露呈している。

面白いことに、私はアインシュタインが「私は生涯でひとつの大きな間違いを犯した」という表現を実際に用いているのを発見した。ただし、まったく異なる文脈で。一九五四年一一月一六日、ライナス・ポーリングはプリンストンにて、（一流科学者であり、平和主義者でもある）アインシュタインと話をした。会話を終えると、ポーリングはすぐにアインシュタインの言葉を日記に書き留めた（図33に示すのはポーリングの日記の内容）。「彼はこう言った。〝私はひとつの大きな間違いを犯した。原子爆弾の開発を進言するルーズベルト大統領への手紙に署名したことだ。しかし、それには一定の理由があった。ドイツが原子爆弾を開発する危険性だ〟」。もちろん、この事実だけでは、アインシュタインが科学の文脈でも「最大の過ち」という言葉を使ったという可能性は必ずしも否定できな

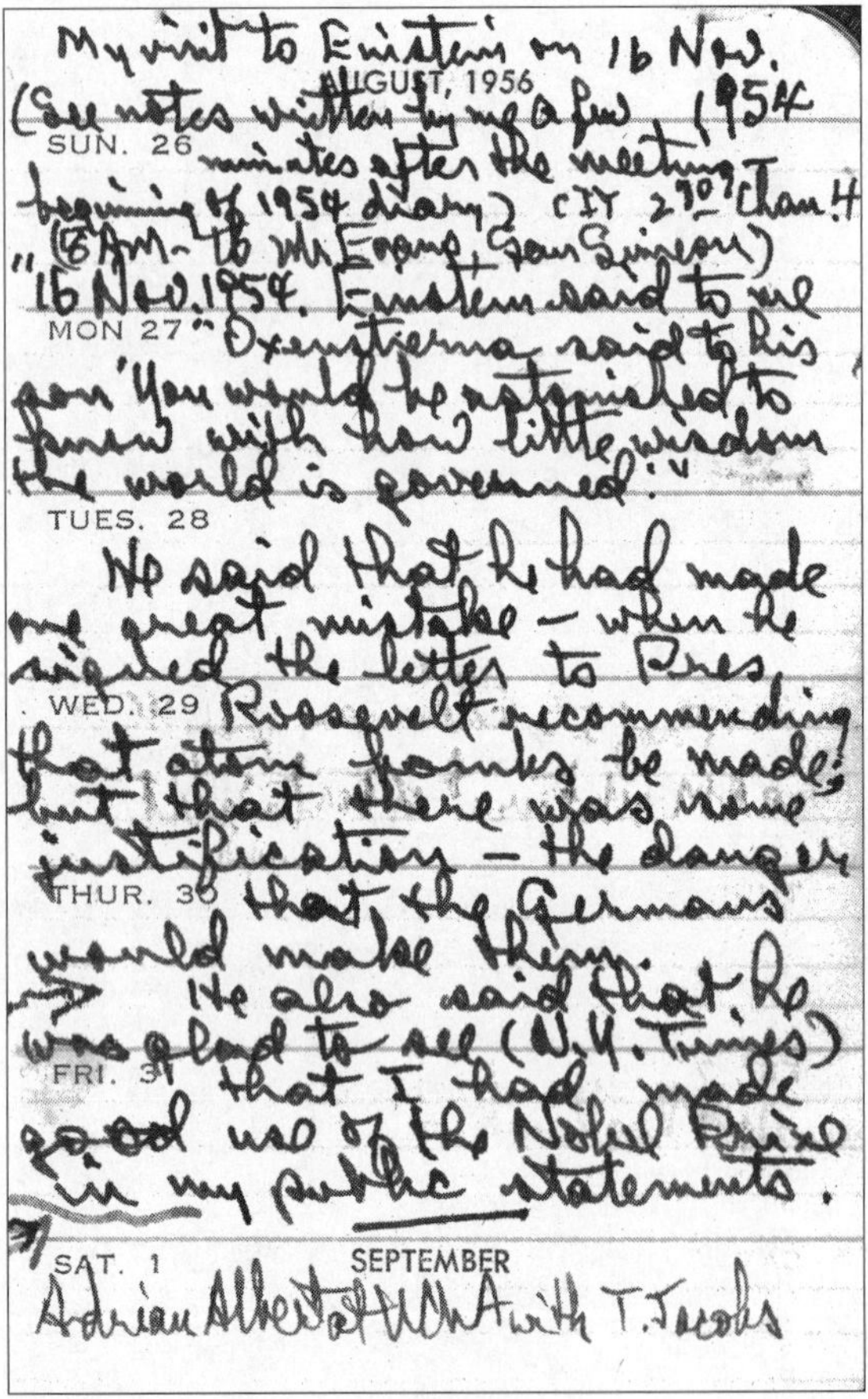
My visit to Einstein on 16 Nov.
AUGUST, 1956
(See notes written by me a few 1954
SUN. 26
minutes after the meeting
beginning of 1954 diary)
"16 Nov. 1954. Einstein said to me
MON 27
"Oxenstierna said to his son 'You would be astonished to know with how little wisdom the world is governed.'"
TUES. 28
He said that he had made one great mistake — when he signed the letter to Pres.
WED. 29
Roosevelt recommending that atom bombs be made; but that there was some justification — the danger that the Germans would make them.
THUR. 30
He also said that he was glad to see (N.Y. Times)
FRI. 31
that I had made good use of the Nobel Prize in my public statements.
SAT. 1
SEPTEMBER
Adrian Albert at UCh with T. Jacobs

図33

い。ただ、彼がポーリングとの会話で使った言葉（「ひとつの、大きな間違い」）からすると、考えさせられるものがある。

私が解決したかったふたつめの疑問は、状況に関する疑問だ。いったいいつ、アインシュタインはガモフの前でこの表現を使ったのだろう？『わが世界線』を読むかぎり、ガモフとアインシュタインは非常に仲がよかったという印象を受ける。彼の説明によると、第二次世界大戦中、ふたりは米海軍武器局の高性能爆薬部の顧問をしていた。当時、アインシュタインはプリンストンからワシントンDCまで移動できなかったため、ガモフが「隔週の金曜日」にアインシュタインに文書を届けるよう、海軍から「選ばれた」のだと彼は記している。というのも、彼は「非軍事的な仕事で前からアインシュタインを知っていた」からだ。続けて、ガモフはアインシュタインとの非常に温かく親密な絆を描いている。

アインシュタインはいつも自宅の書斎で彼の有名なセーターを着て私に会ったものだった。そして私たちはすべての提案に一つ一つ目をとおしていった。……（中略）……このようにアインシュタインを訪問して仕事の部分がかたづくと、私たちはアインシュタインの自宅かまたはそこから遠くない高等科学研究所のカフェテリアかのどちらかで昼食をともにしたが、話題はいつも天体物理学と宇宙論の問題に向けられた。

……（中略）……私はプリンストンへのこれらの訪問をいつまでも忘れないだろう。そのあいだに私はアインシュタインを、それまで彼を知っていたよりずっとよく知るようになったのである。[20]

この説明を事実ととらえた物理学者のジノ・セグレが、著書『ふつうの天才――マックス・デルブリュック、ジョージ・ガモフ、そしてゲノミクスとビッグバン宇宙論の起源（*Ordinary Geniuses: Max Delbrück, George Gamow, and the Origins of Genomics and Big Bang Cosmology*）』で、アインシュタインが「第二次世界大戦中のプリンストンでの会話」の最中に「最大の過ち」という言葉を発したという結論を導いたのは自然なことだろう。[21]また、アインシュタインのもっとも正確な伝記のひとつを記したアルブレヒト・フェルシングも、ガモフの記述は信憑性があるとみなしており、多くの作家と同じように、アインシュタインが発したとされる「最大の過ち」という言葉の引用を繰り返している。[22]奇《く》しくも、私は現実がそれとはだいぶ異なることを発見した。

スティーヴン・ブルナウアーは、第二次世界大戦中、大尉としてアメリカ海軍の高性能爆薬の研究開発責任者になったとき、すでに高名な表面科学者だった。あるとき、彼は海軍といくつかの民間部門に、アインシュタインがそこで働いているかどうかを訊《たず》ねた。[23]答えはいずれもノーだった。というのも、アインシュタインは平和主義者だし、「実務的な物事にはまるで興味がない」からだといら。まだそうと決まったわけではないと考えたブルナウアーは、一九四三年五月一六日、プリンストンにいるアインシュタインのもとを訪れ、日給二五ドルで、彼を海軍の顧問として雇った。また、ブルナウアーは一九四三年九月二〇日にガモフを雇った士官でもあった（図34のガモフへの手紙を参照）。一九八六年、ブルナウアーは『アインシュタインと海軍：……〝無敵のコンビ〟（Einstein and the Navy:… 'an unbeatable combination'）』と題する論文で、このエピソード全体をつぶさに描いている。ブルナウアーによると、彼自身のほかにも、物理学者のレイモンド・シーガー、ジョン・バーディーン（のちに二度のノーベル物理学賞を受賞）、ジョージ・ガモフ、化学者のヘンリー・アイリングなど、同じ部署の何人かの科学者がアインシュタインの助けをたまに借りたという。彼はガモフの正確な役割についてこう書いている。「彼は後年、あたかも自分が海軍とアインシュタインの連絡係であるとか、二週間ごとにアインシュタインを訪れたとか、アインシュタインは〝聞く〟ばかりで何の貢献もしなかったなどと触れ回っているが、みな嘘である。アインシュタインのところをいちばん頻繁に訪れていたのは私で、それにしても二カ月にいちど程度の頻度だった」

　彼の説明は、アインシュタインとガモフの交流に関して、ガモフとは明らかにやや違う光を当てている。ガモフとアインシュタインのあいだで交わされた数少ない、しかもかなり他人行儀な手紙をよくよく読んでみると、私はふたりが親しくなかったという直感をま

IN REPLY ADDRESS
BUREAU OF ORDNANCE, NAVY DEPARTMENT
AND REFER TO No.

(Re2c)

NAVY DEPARTMENT
BUREAU OF ORDNANCE
WASHINGTON 25, D. C.

FOR VICTORY BUY UNITED STATES WAR BONDS AND STAMPS

September 22, 1943

Dr. George Gamow
19 Thoreau Drive
Woodhaven, Maryland

Dear Dr. Gamow:

According to our conversation of September 20, 1943, proceedings were instituted to obtain a contract for you. We requested 25% of your time, or about 1½ days per week, and suggested a compensation of $18.00 per diem.

There are two types of contract used by the Navy. In one type the University is the contractor and you would be an employee of the contractor. In the second type the contract is made directly with you, - naturally with the permission of the University.

Please consult President Marvin of George Washington University and let me know about his decision as to the type of contract we should employ for your services.

Very sincerely yours,

Stephen Brunauer
Lieutenant, USNR

SB:cl

120-18

図 34

すます強めた。ある手紙で、ガモフは宇宙全体の角運動量（回転の尺度のひとつ）がゼロでない可能性はあると思うか、アインシュタインに意見を求めている。[24]別の手紙では、ガモフはビッグバン原子核合成に関する論文を同封した。[25]アインシュタインはガモフの手紙に丁寧に返信したものの、宇宙定数については一言も触れなかった。[26]しかし、ふたりの交わした書簡全体の中で、何よりも真実を物語っている情報といえば、おそらくガモフが一九四六年八月四日のアインシュタインからの手紙に書き込んだコメントだろう。[27]アインシュタインは、ビッグバン原子核合成に関する原稿を読んだとガモフに伝えたうえで、「元素の存在度を原子量の関数として考えるのは、宇宙進化論的な考察にとって非常に重要な開始点だと確信している」とコメントした。ガモフはこの手紙（図35）の下の余白にこう記した。「やっぱり。あの老君は近ごろじゃほとんど何にでも賛成する」

しかし、もしアインシュタインとガモフが親しくなかったとすれば、アインシュタインがもっと親しいほかの友人や研究仲間ではなく、ガモフの前で宇宙定数に関してあそこまで強烈な言葉（「生涯」で「最大の過ち」）を使うのはおかしくないだろうか？[28]この点をさらに掘り下げるため、私はほかに宇宙定数について触れている箇所がないか、一九三二年以降のアインシュタインの論文、著書、私信を熟読してみた。一九三二年を起点に選んだのは、アインシュタインとド・ジッターが宇宙定数は不要だと宣言したのがその年だからである。

70-960

THE INSTITUTE FOR ADVANCED STUDY
SCHOOL OF MATHEMATICS
PRINCETON, NEW JERSEY

August 4,1946

Professor G.Gamov
Ohio State University
Columbus,Ohio

Dear Mr.Gamov:

After receiving your manuscript I read it immediately and then forwarded it to Dr.Spitzer. I am convinced that the abundance of elements as function of the atomic weight is a highly important starting point for cosmogonic speculations. The idea that the whole expansion process started with a neutron gas seems to be quite natural too. The explanation of the abundance curve by formation of the heavier elements in making use of the known facts of probability coefficients seems to me pretty convincing. Your remarks concerning the formation of the big units (nebulae) I am not able to judge for lack of special knowledge.

Thanking you for your kindness,I am

yours sincerely,

A. Einstein.

Albert Einstein.

Of cause, the old man agrees with almost ~~every~~ anything nowaday.

Geo.

Thanks for slides.
G.

図 35

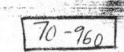

アインシュタインの文章から判断するに、宇宙の膨張の発見後、アインシュタインがそもそも宇宙定数を導入したことを悔やんでいたのは間違いない。たとえば、一九四二年、アインシュタインの助手で共同研究者でもある物理学者、ペーター・ベルグマンは、著書『重力の謎――一般相対性理論入門』を刊行した。アインシュタインはこの本に序文を寄せ［訳注：序文が掲載されているのは原著のみ］、のちに批評もした。この本では宇宙定数については触れられてもいない。しかし、アインシュタインは自身の著書『相対論の意味』の第二版に付録を追加した。この中で、彼は宇宙項について次のように述べている。

重力の方程式への〝宇宙項〟の導入は、相対論の見地からは可能であるけれども、論理的な簡潔さという見地からは棄てられるべきものである。フリードマンがはじめて示したように、二つの質点間の計量的距離が時間とともに変化しうることを許すならば、物質がどこででも有限の密度をもっていることと、重力の方程式のもとの形とを融和させることは可能である。(29)

言い換えれば、アインシュタインは、一般相対性理論の原理には宇宙斥力の項を方程式に組み込む余地があることはわかっていたが、宇宙項は不要だったので、数学的な簡潔さを優先し、宇宙項を破棄したわけだ。続けて、彼は脚注でこのコメントを補っている。

もし、ハッブルの膨張が、一般相対性理論創設の当時に知られていたとすれば、宇宙項はけっして導入されていなかったであろう。現在では、場の方程式の中にこのような項を導入することは、あまり妥当とはされないと思われる。なぜなら、その導入は、そもそものその最初の理由——宇宙論的問題の一つの自然な解答を導くということ——を失わせるからである。(30)

アインシュタインは、一般向けの著書『特殊および一般相対性理論について』の付記4で、宇宙項は「理論自体も要求しないし理論的な見地からも当然と思われない」とも述べている。同様に、ノーベル賞受賞者、ヴォルフガング・パウリの著書『相対性理論』の一九五八年改訂版には、アインシュタインがフリードマンやルメートルの解、ハッブルの発見を十分に知っていたという事実を示す注釈が補われている。(31)アインシュタインにごく近い、いわば内輪の人物であったパウリによれば、アインシュタインはその後、宇宙項を余計なものでありもはや根拠のないものとして却下したという。さらに、パウリは彼自身もアインシュタインの新しい考え方に完全に賛同するとも述べている。しかし、「最大の過ち」とかいう内容はどこにも見当たらない。

宇宙定数に関するアインシュタインの全記録を分析した結果、彼が宇宙定数を破棄した理由は次のふたつのみであることはどう見ても明らかだ。ひとつは美的観点からの簡潔さ。もうひとつは間違った動機で宇宙定数を導入したことへの後悔だ。第2章で指摘したように、原理という観点からの簡潔さは、美しい理論の特徴のひとつと考えられる。アインシュタインにとって、簡潔さにはそれ以上の意味があった。真実かどうかの基準に近かったのである。「われわれのこれまでの経験からすると、自然界で数学的な簡潔さという理想が実現していると確信するのは、正当なことである」[32]。アインシュタインが一般相対性理論の構築中にした経験は、数学的原理への信頼を高める一方だった。アインシュタインは、物理的な制約とおぼしきものに従おうとしたときには、どこにも行き着かなかった。しかし、数学的な観点から見てもっとも自然な方程式に従ったときには、彼いわく「比べようのないほど美しい理論」への扉が開いた。方程式に別の定数（宇宙定数）を加えるのは、アインシュタインにとって還元主義的な意味では美しいとは思えなかったが、静的な宇宙がそれを必要としているかぎり、彼はいくらでも目をつぶるつもりだった。そういうわけで、宇宙が動的に膨張していることがわかると、宇宙定数はとたんに余計なお荷物に見えはじめ、アインシュタインは喜んで自身の理論から取り除いたわけだ。彼はベルギーの宇宙論学者、ジョルジュ・ルメートルに宛てた一九四七年九月二六日付の手紙で、自身の感情を述べている[33]。この手紙は、同じ年の七月三〇日にルメートルがアインシュタインに送った手紙への返信だった[34]。ルメートルはその手紙で（それからその後の論文でも）、宇宙の年齢を含むいくつかの宇宙の事実を説明するために、宇宙定数が必要であることを、なんとかアインシュタインに認めさせようとした。

アインシュタインはまず、Λ項を導入すれば地質学的な年齢との矛盾を避けられるかもしれないと認めた。前にも説明したように、ハッブルの最初の観測結果が示唆する宇宙の年齢は、地球の年齢よりもずっと若かった。ルメートルは、方程式に宇宙定数が含まれていれば、この矛盾を解決できると考えたのだ。しかし、アインシュタインは還元主義的な主張を繰り返し、宇宙定数を受け入れるのを渋りつづけた。彼はこう記した。

> この項を導入してから、私はずっと良心の呵責《かしゃく》を感じてきました。しかし当時は、物質の有限の平均密度が存在するという事実に対処するほかの可能性が見出せなかったのです。重力場の法則が、論理的に無関係なふたつの項を加算でつないだもので構成されるなんて、あまりにも醜いと思いました。論理的な簡潔さに関してそう感じる理由については、論じるのは難しいですが［傍点引用者］。私はそう強く感じずにはいられないですし、そんな醜いものが自然界で実現するなど、どうしても信じられないのです。[35]

言い換えれば、もともとの動機もなくなったし、美的な簡潔さに反すると感じる以上、自然界に宇宙定数が必要だと信じる根拠がなくなったわけだ。では、彼にとってこれは「最大の過ち」だったのだろうか？　たぶん違う。(36)　確かに、彼は宇宙定数の概念に不満を持っていた。一九一九年には早くも、宇宙定数が「この理論の形式的な美を著しく傷つける」と述べているほどだ。しかし、間違いなく一般相対性理論には、理論の基礎になる根本原理をいっさい脅かすことなく、宇宙定数を導入する余地があった。そういう意味では、アインシュタインは、宇宙定数に関するより新しい事実が発見される前でさえ、宇宙定数の導入がまったく過ちでないとわかっていたのである。アインシュタインの時代以降に得られた理論物理学の経験則からいえば、基本原理によって存在が認められる項は、必要である可能性が高い。還元主義とは、原理に適用されるのであって、方程式の具体的な形式に適用されるものではないのだ。そういう意味で物理法則は、イギリスの作家、T・H・ホワイトによるアーサー王を題材にした小説『永遠の王』に登場する決まりと似ている。「禁止事項以外はすべて必須」(37)

結論を言えば、誰かが何かを言わなかったということを確実に証明するのは、まず不可能である。それでも、あらゆる証拠に基づく私の最善の推測からすると、アインシュタインは宇宙定数を導入したことに「良心の呵責」くらいは抱いていたかもしれない。特に、彼は宇宙の膨張を予言するチャンスを逃したからだ。しかし、彼はそれを「自身の犯した最大の過ち」とは呼んでいないと思う。この表現は、私のささやかな意見を言わせてもら

図36

えれば、まず間違いなくガモフ自身の誇張だろう。面白いことに、マンチェスター大学の天文学者、J・P・リーヒーは論文『アインシュタインの最大の過ち（Einstein's Greatest Blunder）』の中で、「アインシュタインがガモフにこの言葉を残していて正解だ。でなければ、ガモフ自身が創作したくてうずうずしていただろうから」とコメントしている[38]。しかし、ガモフが実際に創作しただろう、というのが私の結論だ！

なぜこのガモフの言葉が、もっとも記憶に残る物理学の伝説のひとつになったのだろうと思うかもしれない。私が思うに、その答えは三つある。ひとつめに、人間全般、特にメディアは、最上級の表現が大好きだからだ。科学のニュースは、「最速」「最長」「最大」「最初」という言葉が入っていると、必ず魅力を増す。アインシュタインも人間なので、数々の間違いを犯したが、いわゆる最大の間違い以外は、大した見出しにもならなかった。ふたつめに、アインシュタインは天才のシンボルになったからだ[39]。つまり、知力だけを用いて宇宙の仕組みを解き明かした男だ。彼は科学者として、純粋数学を使って数学が生み出すものを発見できること、そして数学が発見するものを生み出せることを証明したのである。古代ギリシャの人々は、宇宙に謎を見出し、そこにポリス（都市国家）を残したといわれている。現代宇宙論の観点からいえば、この格言はアインシュタインにより当てはまるといえる（図36は私のお気に入りのアインシュタインの写真）。彼のような一流の科学者でも間違いを犯すという事実は、興味をそそると同時に、謙遜や科学の真の進歩の仕方に関して、貴重な教訓を与えてくれる。どんなにすばらしい頭脳の持ち主でも、完璧ではない。理解の次なる段階への道を切り開くことしかできないのである。科学史上もっとも有名なつじつま合わせ《ファッジ・ファクター》とも呼ばれる宇宙定数が人気を博している三つめの理由は、究極の粘り腰を見せているからだ。宇宙定数は、アインシュタインが八〇年前に糾弾《きゅうだん》したにもかかわらず、麻薬の売人のパブロ・エスコバルや、ロシアの魔術師のグリゴリー・ラスプーチンのように、信じられないほど生命力が強い。さらに、このいわゆる〝過ち〟はなかなか死なないばかりか、この一〇年間で、注目の的《まと》にさえなった。宇宙定数の生命力の強さの要因は？　なぜ再び脚光を浴びることになったのか？

Λ《ラムダ》中毒

アインシュタインの存命中でさえ、宇宙定数をあきらめきれない科学者は何人かいた。たとえば、物理学者のリチャード・C・トールマンは、一九三一年、アインシュタインに宛ててこう記している。「その値の大きさが実験的に求められていない段階で、Λ＝0という明確な値を代入してしまうのは、恣意《しい》的であり、必ずしも正しくないように思えます」(40)。また、ルメートルは、間違った理由で導入してしまったからというだけで、Λを却下するべきではないという漠然とした感情に加えて、ほかにも主にふたつ、宇宙定数を残したいと思う理由を抱いていた。ひとつめに、宇宙定数は、（ハッブルの観測結果が示唆していた）宇宙の年齢の若さと、地質学的なタイムスケールとの食い違いを解消できる可能性があった。ルメートルの一部のモデルでは、宇宙定数の存在する宇宙は、長いあいだ惰行《コースティング》状態を続けることが可能であり、そうすると宇宙の年齢が延びるのだ(41)。ルメートルがΛを支持したふたつめの理由は、銀河の形成に関する彼の考えと関連があった。彼はその惰行段階のあいだに、高密度な領域が増強され、原始銀河へと成長すると予測した。この説そのものは一九六〇年代後半には正しくないと証明されたものの、宇宙定数がしばらく消えずに残るきっかけにはなった(42)。

アーサー・エディントンも、宇宙定数の熱心な支持者だった。実際、あまりに熱心だったもので、あるときこんな反抗的な宣言をしたほどだ。「［宇宙定数のない］以前の見方に戻ることなど考えられない。宇宙定数を削るくらいなら、ニュートンの理論に戻ることを真っ先に考えるだろう」[43]。エディントンが宇宙定数を支持していた最大の根拠は、斥力《せきりょく》的重力こそが、観測された宇宙の膨張の真の説明になると考えていたからだ。彼はこう述べている。

星雲の大きな後退速度を説明できる方法はふたつしかない。（1）われわれの仮定したような外向きの力によって生まれたとする説。（2）大きな（または現在よりも大きな）速度は、現在の秩序が形成されはじめたときからずっと存在しているとする説。これら星雲の後退を斥力の証拠とは受け入れない対抗説もいくつか提唱されている。これらの説は必ず二番めの説を採用していて、初めから大きな速度が存在していると仮定している。これは真実かもしれないが、大きな速度の説明とはとうてい呼べるものではない。[44]

つまり、エディントンは宇宙定数がなくても、一般相対性理論には膨張宇宙の解が存在しうると考えていた。しかし、この解では、宇宙が大きな速度とともに始まったと仮定しなくてはならず、その初期条件に説明を与えることはできなかった。宇宙が誕生直後に急激に膨張したとする「インフレーション・モデル」[45]は、観測されている宇宙の効果を生み出す原因として、特定の初期条件に頼らざるをえないことへの似たような不満から生まれた。たとえば、インフレーションによって宇宙の構造が急激に膨らんだため、宇宙の幾何学的構造が平坦になったと考えられている。と同時に、インフレーションが引き金となって、物質密度におけるごく微小な量子的ゆらぎが宇宙的な規模にまで膨らんだと考えられている。これらの密度の上昇が、のちに宇宙の構造を形成する種《たね》になったわけだ。

第9章ですでに指摘したように、ホイルの一九四八年の定常状態モデルは、インフレーション宇宙論の特徴の一部を再現していた。物質が継続的に創造されるように、ホイルがアインシュタインの方程式に導入した物質創生場の項は、多くの点で宇宙定数と似たような働きをした。特に、宇宙の指数関数的な膨張を引き起こした。その結果、定常宇宙論のおかげで、宇宙斥力という要素はそれから一五年ばかり、一定の形で廃《すた》れることなく残ったのである。

一九七一年、天文学者でホイルの長年の支持者であるウィリアム・マクリーは、当時一般的だった宇宙定数に関する考えを要約する際、まるで未来を予見するかのように、ふたつの可能性を区別した。(46) ひとつは、一般相対性理論が自己矛盾のない完全な理論であるケース。もうひとつは、一般相対性理論が宇宙や宇宙内部の全現象を記述するより包括的な「万物《ばんぶつ》の理論」の一部にすぎないとみなすべきケース。ひとつめの場合、マクリーは宇宙定数が邪魔になると指摘した。宇宙定数の値を理論そのものの中から求められないからだ。ふたつめの場合、一般相対性理論とそのほかの物理学の関連分野との関係性から、宇宙定数の値を定められるかもしれない、と彼は鋭く主張した。このあとすぐ見ていくように、現代の物理学者たちは、まさに大と小を統一しようという試みを通じて、宇宙定数の性質を理解しようとしている。それは一般相対性理論と量子力学である。

第11章　空っぽな空間から

エーテルがある程度、凝縮および伸張可能であることを認め、全空間に広がっていると信じるならば、その部分同士に相互重力は働かないと結論づけざるをえず、太陽や地球、重量のある物体の重力によって引きつけられるとは考えられない。つまり、エーテルは万有引力の法則の範疇《はんちゅう》にない物質だと考えざるをえないのだ。

——ケルヴィン卿《きょう》

宇宙定数は、距離に比例し、質量間の通常の引力的重力とは別に作用する斥力《せきりょく》的重力なるものを、物理学の語彙にもたらした。そのほかの数々の物理学の概念と同じように、似たような力の影響を初めて考察したのは、ニュートンだった。(1) 彼は有名な『プリンキピア』の中で、通常の重力に加えて、「距離に比例して増大する」力について論じている

〔訳注：このあたりの議論については、『プリンキピア』命題78・定理38の注解を参照。たとえば、『自然哲学の数学的諸原理』（世界の名著31：ニュートン）河辺六男訳、中央公論社、一九七九年、二三九ページ〕。ニュートンが証明したとおり、この種の力では重力と同じように、全質量が中心に集中しているかのように、球体の質量を取り扱うことができる。しかし、ニュートンは、このふたつの力が連動して作用するケースについては、深く調べなかった。彼の重力の法則は宇宙全体には容易に適用できないという事実に気づいていたら（あるいはもっと真剣に注意を払っていたら）、ニュートンはこのシナリオにもっと注目していたかもしれない。無限の広がりと一様な密度を持つ宇宙において、任意の地点の重力を計算しようとしても、明確な値を求めることはできない[2]。この状況は、1-1+1-1+1-1…という無限数列の和を計算しようとするのと少し似ている。結果はどこでやめるかによって変わるのだ。

一九世紀末にかけて、数人の物理学者が、この難問を解消する方法を探った[3]。彼らはニュートンの重力法則にわずかな修正を加えるというものから、負《ふ》の質量といったより奇妙な概念を導入するというものまで、さまざまな解決策を提案した。たとえば、こういう話になると必ず名前が出てくるケルヴィン卿は、エーテル（当時、空間全体を満たすと考えられていた物質）にはまったく重力が働かないと主張した（本章の冒頭にある彼の引用を参照）。最終的に、こうした初期の努力が実って、アインシュタインの一般相対性理論が生まれ、のちに方程式に宇宙定数が補われた。しかし、これまで見てきたように、この項《こう》はのちにアインシュタイン自身によって否定され、ホイルの定常宇宙論で短期間だけ復活を遂げたとはいえ、数十年ものあいだ一般相対性理論から事実上追放されたのである。ところが、一九六〇年代後半の天体観測がきっかけとなり、この不死鳥は再び灰の中からよみがえった。天文学者たちは、およそ一〇〇億年前という時代の前後にクエーサーが密集しすぎていると考えたようだ。この過剰な密集は、何らかの理由で宇宙の大きさがその当時の規模のまま、つまり現在の約三分の一の大きさのまま、しばらく変化しなかったとすると、説明がつく(4)。実際、何人かの天体物理学者は、ルメートルのモデルの中にそうした宇宙の停滞が得られることを示した。ルメートルのモデルには、(宇宙定数を使用することにより)ゆっくりと惰行する準静的な段階が含まれていたからだ。このモデルそのものはそう長続きしなかったのだが、宇宙定数のひとつの解釈の仕方に注目を集めたことは確かだ。それは「真空のエネルギー密度」である。これは非常に基本的とはいえ、にわかには理解しがたい考え方なので、少し説明しておいたほうがいいだろう。

最大スケールから最小スケールまで

定義によれば、数学的方程式とは、ふたつの量が等しいことを主張する式または命題である。たとえば、アインシュタインのもっとも有名な方程式、$E=mc^2$は、一定の質量に関連するエネルギー(等式の左辺)が、その質量と光速の二乗の積(右辺)に等しいという事実を表わしている。アインシュタインの一般相対性理論のもともとの方程式は、次のような形式だった。左辺には空間の曲率を表わす項があり、右辺には質量とエネルギーの分布を定める項（重力の強さを示すニュートンの定数を掛けたもの）がある。これは一般相対性理論の本質を明示したものであった。つまり、物質とエネルギー（右辺）によって重力の表われである時空の幾何学的構造（左辺）が決まるということだ。アインシュタインは宇宙定数を導入したとき、宇宙定数（に距離を定義する量を掛けたもの）を左辺に加えた。なぜなら、アインシュタインは宇宙定数を時空のもうひとつの幾何学的性質と考えていたからだ。[5] ところが、宇宙定数を右辺に移動させると、物理学的にまったく新しい意味を獲得する。[6] 宇宙項は幾何学的構造を表わすというよりも、宇宙のエネルギー量の一部になるわけだ。しかし、この新しい形態のエネルギーの特徴は、物質や放射に関連するエネルギーの特徴とは、ふたつの重要な点で異なる。ひとつめに、物質（通常の物質と、光を放出しない「暗黒物質《ダークマター》」と呼ばれる物質の両方）の密度は宇宙の膨張とともに減少するが、宇宙定数に相当するエネルギーの密度は永久に一定である。そして、これでもまだ奇妙とは思わない人のために言っておくと、この新しい形態のエネルギーは、負の圧力を持つのだ！

　負の圧力は吸う。これは冗談ではない［訳注：「吸う」を表わす英語の動詞 suck には、「最悪だ」という意味もあって、前述の文は「『負の圧力』なんて最悪だ」という意味にもなる］。正《せい》の圧力は、圧縮された通常の気体が及ぼす圧力と同じで、外向きに押す。一方、負の圧力は、外向きに押すのではなく内向きに吸う。この性質は非常に重要であることがわかる。一般相対性理論では、質量とエネルギーに加えて、圧力も重力の源《みなもと》だからだ。圧力は独自の重力を作用させるのだ。さらに、正の圧力は引力的重力を生み出すのに対し、負の圧力は「斥力的重力」をもたらす(ニュートンもびっくりだろう)。これこそ、アインシュタインが宇宙を静止させておくために用いた宇宙定数の特性だった。一般相対性理論の基本的対称性、つまり基準系が異なっても自然法則から同じ予言がなされるという性質からすると、宇宙が膨張しても薄まることのないエネルギー密度を持ちうるのは、真空――文字どおり空っぽな空間――だけということになる。だって、真空がそれ以上薄まることなど、どうしてありうるだろう? しかし、真空のエネルギーとは? そもそも、どうして真空がエネルギーなど持つのか? 真空とは単なる〝無〟ではないのか?

量子力学という奇怪な世界では違う。いざ原子内部の世界に足を踏み入れると、真空は無とはほど遠い。実際のところ、真空では、非常に短いタイムスケールで粒子と反粒子の仮想的な(直接観測はできないという意味)対《つい》が、慌ただしく現われたり消えたりしている。その結果、真空さえエネルギー密度を持ちうるし、重力の源《みなもと》になりうるのだ。これはアインシュタインが最初に提唱した解釈とはまったく異なる物理的な解釈だ(7)。アインシュタインは宇宙定数を時空の潜在的な特異性ととらえていた。つまり、最大スケールの宇宙を記述するものだと考えていたわけだ。ところが、宇宙定数と真空のエネルギーを同一のものとみなすと（確かに数学的には等しいのだが）、宇宙定数は原子内部の最小スケールの世界、つまり量子力学の領域と密接に関連づけられる。マクリーは一九七一年、宇宙定数の値を古典的な一般相対性理論の枠組みの外側にある物理学から求められるかもしれないと唱えたが、この主張はまさに未来を予見するものであった。

ここで指摘しておかねばならないが、アインシュタイン自身も、宇宙定数と素粒子を結びつける面白い試みをひとつ行なった。アインシュタインは一九一九年、荷電粒子が重力によってつなぎとめられている可能性を提唱した。(8) これは重力と電磁気力を統一しようとするアインシュタイン自身初の試みといえよう。その結果、彼は宇宙定数の値に電磁気的な制約を課した。しかし、一九二七年にもこの件について短く言及している以外、アインシュタインは二度とこのテーマに戻ることはなかった。(9)

真空が空っぽではなく、むしろ膨大な量のエネルギーを含むかもしれないという考えは、実は新しいものではない。一九一六年、ドイツの物理化学者のヴァルター・ネルンストがこの考えを初めて提唱したが、彼は主に化学に興味を持っていたので、自身の考えが宇宙論に及ぼす影響については考えなかった。一九二〇年代の量子力学の実践者たち、特にヴォルフガング・パウリは、(10) 量子の世界では、いかなる場の最小エネルギーもゼロではないという事実について論じた。このいわゆる「零点《れいてん》エネルギー」は、たとえ基底状態にあっ

図37

ても細かいゆらぎが生じるという、量子力学系の波のような性質がもたらすものである。しかし、パウリの結論も、宇宙論的な考察にまで波及することはなかった。宇宙定数と真空エネルギーを初めて具体的に結びつけたのが、ルメートルである。ルメートルは、アインシュタインと出会って間もない一九三四年に発表した論文で、「あらゆる物事は真空内のエネルギーがゼロでないかのように起こる」と記した[11]。彼は続けて、真空のエネルギー密度は負の圧力と関連しているはずであり、「事実上これが宇宙定数Λの意味である」とも述べている。図37に示すのは、一九三三年一月にパサデナで顔を合わせたアインシュタインとルメートルの様子。

ルメートルの鋭い指摘にもかかわらず、この話題はずっと息を潜めていた。ところが、三〇年以上たって、宇宙定数につかの間の関心が戻ると、ベラルーシ生まれの多才なユダヤ人物理学者、ヤーコフ・ゼルドビッチが着目した。一九六七年、ゼルドビッチは宇宙定数の値に対する真空のゆらぎの寄与を初めて本格的に計算した。[12] 残念ながら、その過程で、彼は論拠を述べることなく、ある場当たり的な仮定を立てた。特に、ゼルドビッチは零点エネルギーの大半が何らかの方法で相殺《そうさい》され、真空内の仮想粒子同士の重力的な相互作用だけが残ると仮定した。しかし、この根拠のない省略を行なったとしても、彼の得た値はまったく受け入れられないものだった。観測可能な宇宙のあらゆる物質と放射のエネルギー密度の約一〇億倍もの値になってしまったのである。

真空のエネルギーを推定しようとするより最近の試みは、問題を悪化させただけだった。つまり、バカバカしいとしか思えないくらい高い値が導かれてしまったのである。たとえば、物理学者たちは当初、われわれの重力理論が崩壊してしまうようなスケールまで、零点エネルギーを合計すればいいと単純に仮定した。つまり、宇宙が小さすぎて、重力の量子論が必要になるくらいのスケールだ（そのような理論は今のところ存在しない）。言い換えれば、宇宙定数は、宇宙の誕生から一秒にも満たないころ、つまり原子内部の粒子の質量が刻み込まれてもいないころの宇宙の密度に相当するという仮説だった。ところが、粒子物理学者たちがこの推定に従って計算を行なったところ、宇宙の物質と放射のエネルギー密度の合計よりも約一二三桁も大きな値（1のあとに一二三個の0が付く数を乗じた値）が出てしまった。[13] ノーベル物理学賞受賞者のスティーヴン・ワインバーグは、このバカげた食い違いについて、「科学史上最悪の桁見積もりの失敗」と評した。明らかに、真空のエネルギー密度が本当にそんなに高ければ、銀河や恒星は存在していなかったばかりか、巨大な斥力によって、原子や原子核さえも一瞬でバラバラになっていただろう。この当て推量を修正するための必死の試みとして、物理学者たちは対称性の原理を用いて、零点エネルギーの加算がもっと低いエネルギーでカットオフ（遮断）されるはずだと予想した。残念ながら、訂正後の推定値は著しく下がったものの、それでもエネルギーは五三桁も高かった。

この危機に直面すると、一部の物理学者たちは、未発見のメカニズムによって、真空エネルギーに対するあらゆる寄与が何らかの方法で相殺《そうさい》され、宇宙定数の値がぴったりゼロになると考えた。お気づきになると思うが、数学的にいえば、これはアインシュタインが自身の方程式から宇宙定数をそっくり削除したのとまったく同じことである。宇宙定数が消えると仮定すれば、方程式に斥力項が含まれる必要はなくなる。しかし、その論拠はまったく違った。ハッブルが宇宙の膨張を発見したことで、アインシュタインが宇宙定数を導入したそもそもの動機はたちまち消え去った。それでも、多くの物理学者は、単なる簡潔さのため、あるいは「良心の呵責《かしやく》」を癒すために、Λに0という具体的な値を代入するのは正しくないと考えていた。一方、真空のエネルギーという現代的な姿をまとうと、宇宙定数は量子力学の観点から見て必須であるように思える。もちろん、すべての量子的ゆらぎがうまい具合に結託しあって、和がちょうどゼロになるなら話は別だが。この結論の出ないもどかしい状況はずっと続いたが、一九九八年、新しい天体観測の結果によって、このテーマ全体は今日《こんにち》の物理学が抱える最大の難問といってもも過言ではないものへと変わったのである。

加速する宇宙

一九二〇年代後半のハッブルの観測以来、われわれは膨張する宇宙の中で暮らしていることを知った。アインシュタインの一般相対性理論は、ハッブルの発見に自然な解釈を与えた。膨張とは時空そのものの構造の伸びであるというものだ。丸い風船を膨らませると、風船の表面に貼られた任意の二枚の紙のパンチくず同士の距離が増すのとちょうど同じように、宇宙が膨張すると、ふたつの銀河間の距離は増す。しかし、上向きに放り投げた物体の動きが、地球の重力によって遅くなるのと同じように、宇宙の膨張も、宇宙内部のあらゆる物質とエネルギーの相互引力によって、遅くなっていると予測したくもなるだろう。ところが、一九九八年、ふたつの天文学者チームがそれぞれ別個に、宇宙の膨張は遅くなっているどころか、この六〇億年間で加速しつづけていることを発見したのである！(14)ひとつは、ローレンス・バークレー国立研究所のソール・パールマッターが率いる超新星宇宙計画チームであり、もうひとつは、ストロムロ山およびサイディング・スプリング天文台のブライアン・シュミットと、宇宙望遠鏡科学研究所およびジョンズ・ホプキンス大学のアダム・リースが率いる高赤方偏移《せきほうへんい》超新星探査チームだった。

加速する膨張の発見は、初め激震をもたらした。(15)というのも、宇宙定数から期待されるような何らかの種類の斥力が、宇宙の膨張を加速させていることを示唆していたからだ。この驚愕《きょうがく》の結論を導くために、先ほどの天文学者たちは、Ⅰa型超新星と呼ばれるきわめて明るい恒星の爆発を観測した。Ⅰa型超新星は非常に明るいため（最高光度では、その超新星の存在する銀河全体よりも明るく輝く場合がある）、Ⅰa型超新星やその後の光度の進化は、観測可能な宇宙の中間地点を越えたところでも検知できる。加えて、Ⅰa型超新星がこの種の研究に特に向いている理由は、抜群の「標準光源」になるからだ。明るさがピークを迎えたときの固有光度はほぼ一定であり、わずかなずれが存在したとしても経験的に補正が可能なのだ。観測される光源の明るさは距離の二乗に反比例する（たとえば、三倍遠くにある物体は九倍暗く見える）ため、わかっている固有の光度と測定された見かけ上の光度を組み合わせれば、光源までの距離を厳密に求められるわけだ。

Ⅰa型超新星は非常にまれであり、ひとつの銀河でおよそ一〇〇年に一回しか発生しない。(16)したがって、どちらのチームも、数十個の超新星のサンプルを収集するために、数千個の銀河を調べる必要があった。先ほどの天文学者たちは、これらの超新星やその超新星が存在する銀河までの距離と、銀河の後退速度を求めた。こうしたデータが揃ったところで、彼らは測定結果と線形的なハッブルの法則の予言を比較した。もしみんなの期待どおり宇宙の膨張が遅くなっているとすれば、たとえば二〇億光年の彼方《かなた》にある銀河は、想定よりも明るく見えていたはずだ。一様な膨張から予言される位置よりもいくぶん近くにあることになるからだ。ところが、リース、パールマッター、彼らの共同研究者たちは、遠方の銀河が想定よりも暗く見えることを発見した。つまり、想定よりも遠くまで到達しているということだ。精密な分析の結果、過去およそ六〇億年にわたって、宇宙の膨張は加速していることがわかった。パールマッター、シュミット、リースは、この劇的な発見により、二〇一一年にノーベル物理学賞を共同受賞した。

一九九八年の最初の発見以降、この謎のさらなるピースが続々と見つかっており、そのすべてがひとつの事実を裏づけている。一様に分布した何らかの新しい形態のエネルギーが、斥力的重力を生み出し、宇宙を加速に向かわせているのだ。ひとつめに、超新星のサンプル数が大幅に増加し、現在では広範囲な距離を網羅《もうら》するようになったため、結論の信頼性がぐっと高まった。ふたつめに、リースと彼の共同研究者たちは、その後の観測により、宇宙の進化の過程で、現在の六〇億年の加速段階の前に減速の時代があったことを示した。ここから、見事なくらい説得力のある宇宙像が浮かび上がってくる。宇宙が今よりも小さくずっと高密度だったころは、重力のほうが優勢で、膨張を減速させていた。しかし、宇宙定数は定数という名前からも察しがつくとおり、薄まらないことを思い出してほしい。真空のエネルギー密度は一定なのだ。一方、物質や放射の密度は、ごく初期の宇宙では非常に高かったものの、宇宙が膨張するにつれて減少していった。そのため、いったん物質のエネルギー密度が真空のそれを下回ると（およそ六〇億年前だ）、膨張は加速に転じたというわけだ。

加速する宇宙に関するもっとも説得力のある証拠は、ウィルキンソン・マイクロ波異方性探査機による宇宙マイクロ波背景放射のゆらぎの詳細な観測と超新星の詳細な観測を組み合わせ、この観測結果を現在の膨張速度（ハッブル定数）に関する個々の測定結果で補うことによってもたらされた。[17] あらゆる観測的制約を考え合わせることで、天文学者たちは想定上の真空エネルギーが宇宙の合計エネルギー量に対して現在寄与している割合を求めることができた。観測結果から、物質（通常の物質と暗黒物質《ダークマター》の合計）が宇宙のエネルギー密度に占める割合はたったの二七パーセント程度であることがわかった。一方、「ダークエネルギー」（真空エネルギーであるとしても矛盾のない、宇宙に均一に存在する成分に付けられた名前）は約七三パーセントを占める。言い換えれば、なかなか死なないアインシュタインの宇宙定数、あるいはその〝現代版〟ともいえる真空エネルギーは、今や宇宙でもっとも多くを占めるエネルギー形態なのである！

はっきりさせておくと、宇宙定数に関連するエネルギー密度の測定値は、真空のエネルギーの単純計算によって生み出される値よりも、依然として五三〜一二三桁くらいは低い。

しかし、値が完全なゼロではないという事実は、多くの理論物理学者たちの希望的観測を打ち砕いてきた。先ほど話したように、宇宙定数の合理的な値（宇宙がはち切れずにすむ値）と理論的な予想が驚くほど食い違っていることを受け、物理学者たちは何らかの未発見の対称性によって、宇宙定数が完全に相殺されるものと期待していた。つまり、たとえ一つひとつがどれだけ巨大でも、それぞれの零点エネルギーの寄与が反対符号のものと対《つい》をなし、全体としてゼロになると期待していたのだ。

　このような期待の一部は、超対称性という概念にかかっていた。[18] 粒子物理学者たちは、われわれにとってなじみ深いあらゆる粒子、たとえば電子やクォーク（陽子と中性子の構成要素）には、未発見の超対称性パートナーがあるはずだと予言している。超対称性パートナーは等しい電荷（電気、核電荷など）を持ち、スピンは1／2少なくなる。たとえば、電子のスピンは1／2なので、その〝影〟の超対称性パートナーのスピンは0と考えられる。仮にすべての超対称性パートナーの質量もその既知のパートナーと同じだとすれば、それぞれの対の寄与は実際に相殺されるものと予測される。残念ながら、電子、クォーク、観測困難なニュートリノの超対称性パートナーは、それぞれ電子、クォーク、ニュートリノと同じ質量ではありえないことがわかっている。そうでなければ、すでに発見されていてしかるべきなのだ。この事実を考慮すると、真空エネルギーに対する寄与の合計は、観測値よりおよそ五三桁も大きくなる。それでも、まだ考慮されていない別の対称性によって、物理学者の望む相殺が起こると期待することもできただろうが、宇宙の加速という画期的な測定によって、それは考えにくいことがわかった。宇宙定数の値は非常に低いが、ゼロではない。そのため、多くの理論家たちは、対称性の議論に頼って説明を見つけるのは絶望的だと確信するようになった。なんといっても、ある数を完全に相殺することなく、元の値の〇・〇〇一倍にすることなど、どうすればできるだろう？　そのためには、大半の物理学者にとって受け入れがたいようなレベルの微調整が必要になるだろう。したがって、原理的には、真空エネルギーが観測されたとおりの微小な値になるようなシナリオを想像するよりも、ぴったりゼロになるような仮想的なシナリオを想像するほうがずっとラクだっただろう。では、出口はあるのか？　追い詰められた一部の物理学者は、科学史上もっとも異論の多い概念のひとつに頼るようになった。それは「人間原理的推論（anthropic reasoning）」である。これは人間の観測者の存在そのものを説明の一部に含める考え方だ。アインシュタイン自身は人間原理の確立とはいっさい関係がなかったが、今日の多くの有力な理論家たちが人間原理を真剣に考察する気になったきっかけは、アインシュタインの創造物であり〝過ち〟でもある宇宙定数だったのだ。いったいどういうことなのか、簡単に説明しよう。

人間原理的推論

地球外知的生命体は存在するのか？　これが現代の科学でもっとも興味深い疑問のひとつだというのは、ほとんど誰もが認めるところだろう。これが妥当な疑問といえるのは、ひとつの重要な真実があるからだ。われわれの宇宙の性質や、宇宙を司《つかさど》る法則は、複雑な生命の誕生を実現してきたのだ。[19] もちろん、人間の正確な生物学的特性は、地球の性質やその歴史に大きく依存しているわけだが、どのような形であれ、知的生命体が誕生するためには、いくつかの基本的な条件が必要と考えられる。たとえば、恒星で構成される銀河があり、その中の少なくとも一部の恒星の周囲を回る惑星があるというのは、かなり一般的に思える。同じように、恒星内元素合成によって、生命の構成要素である炭素、酸素、鉄などの原子が作られる必要があった。また、宇宙は十分に長い時間、十分に快適な環境を提供する必要もあった。つまり、原子が結合して生命体の持つ複雑な分子を形成し、原始の生命体が〝知的〟生命体へと進化できるような環境だ。

原理的には、複雑性が生まれるのに適さないような、〝反事実〟的な宇宙を想像することもできる。たとえば、われわれの宇宙と自然法則が同じで、すべての〝自然定数〟の値もたったひとつを除いて等しい宇宙を考えてみよう。具体的にいうと、重力、電磁気力、核力の強さや、全素粒子の質量比はわれわれの宇宙とまったく一緒だが、たったひとつのパラメーター、つまり宇宙定数の値が、この仮想的な宇宙では一〇〇〇倍高いとする。このような宇宙では、宇宙定数に伴う斥力によって、急激な膨張が起こり、銀河がまったく形成しえなかっただろう。

前にも話したとおり、われわれがアインシュタインから受け継いだ疑問とはこうだ。そもそもなぜ宇宙定数が必要なのか？ 現代物理学はこの疑問を次のように言い換えた。なぜ真空が斥力を及ぼすのか？ しかし、加速する膨張の発見によって、今や疑問はこう変わった。なぜ宇宙定数（または真空が及ぼす力）はこれほど微小なのか？ 一九八七年、真空のエネルギーに上限を設けようとするそれまでの試みがことごとく失敗したのを受けて、物理学者のスティーヴン・ワインバーグは、大胆な〝仮定的〟疑問を思いついた。[20] もし宇宙定数が真に基本的なもの（つまり「万物《ばんぶつ》の理論」の枠組みの中で説明可能なもの）ではなく、偶然の値にすぎないとしたら？ つまり、膨大な量の宇宙（「多宇宙《マルチバース》」）があり、それぞれの宇宙で宇宙定数の値が異なるとしたら？ たとえば、先ほど挙げた一〇〇〇倍のΛの値を持つ反事実的な宇宙のように、一部の宇宙では、複雑性や生命が生まれなかっただろう。それゆえ人間は、気づけば〝生命に優しい〟宇宙のひとつに存在していることになる。このような場合、基本的な力を統一する壮大な理論によって、宇宙定数の値が決まったりはしない。むしろ、人間が進化できる範囲内に宇宙定数が収まるという単純な条件によって、値が決まるわけだ。宇宙定数の値が大きすぎる宇宙では、その値について問う者は誰もいないのである。一九七〇年代に初めてこの種の主張を繰り広げた物理学者のブランドン・カーターは、これを「人間原理」と呼んだ。(21) そして、この〝生命に優しい〟世界を記述しようとする試みは、人間原理的推論と呼ばれる。この種の推論を適用し、宇宙定数の値を説明しようとするためには、いったいどのような条件が必要なのだろうか？　人間原理がそもそも意味をなすためには、次の三つの基本的な前提に頼る必要がある。

1. 観測には「選択バイアス」（つまり物理的な現実の選別）が生じうる。観測が人間によって行なわれるという事実だけを取ってみてもそうである。
2. 名目上の「自然定数」の一部は、基本的なものではなく偶然によるものである。
3. われわれの宇宙は、宇宙の巨大な集合の中のひとつの要素にすぎない。

この三点についてひとつずつごく簡単に考察し、その妥当性を評価してみよう。

統計学者たちは常に選択バイアスを恐れている。選択バイアスとは、データ収集の道具またはデータ蓄積の方法のいずれかによって起こる結果の歪《ゆが》みである。その影響を示す簡単な例をいくつか紹介しよう。たとえば、ある投資戦略を検証するために、多数の株式の実績を二〇年分のデータと照らし合わせて評価したいと思っているとしよう。その場合、二〇年分の情報がまるまる存在する株式のみを調査対象にしたくなるかもしれない。ところが、この期間に取引が停止された株式を除外すると、バイアスのかかった結果が生じる。

市場で生き残れなかった株式を除外することになってしまうからだ。

第二次世界大戦中、オーストリア＝ハンガリー帝国出身のユダヤ人数学者、エイブラハム・ウォールドは、選択バイアスに対する驚くような理解力を実証した。ウォールドは、帰還した航空機の機体に残された敵の砲撃の命中箇所のデータを調べ、生存性を高めるためには航空機のどの部分を強化するべきかを提案するよう依頼された(22)。上司が驚いたことに、ウォールドは損傷の見当たらない場所に装甲を施《ほどこ》すよう勧めた。彼の独特な発想とはこうだ。帰還した航空機に見られる弾痕は、弾《たま》が命中しても持ちこたえられる場所を示している。したがって、撃墜された飛行機はおそらく、帰還した飛行機が運良く弾を受けずにすんだ場所に、弾を受けただろうと彼は結論づけたわけだ。

天文学者にとって非常になじみ深いのは、「マルムクイスト・バイアス」である（スウェーデンの天文学者、グンナー・マルムクイストにちなむ。彼は一九二〇年代にこのバイアスについて詳しく述べた(23)）。恒星や銀河を観測するとき、望遠鏡では一定の光度以上のものしか感知できない。しかし、固有の光度が高い天体ほど、より遠くまで観測できる。その結果、平均を取ると、距離とともに固有光度が増すという誤った傾向が生じてしまう。単純に、薄暗い天体は見えないからだ。

ブランドン・カーターは、コペルニクス原理、つまり人間は宇宙の中でなんら特別な存在ではないという事実を、度を越して適用するべきではないと指摘した。宇宙を観測しているのは人間なのだから、宇宙の性質が人間の存在におあつらえむきなものだとわかっても、過度に驚くべきではないと天文学者たちに忠告したのだ。たとえば、人間は炭素に基づく生命体なので、われわれの宇宙に炭素がないことを発見しえない。当初、ほとんどの研究者は、カーターの人間原理的推論を、当たり前すぎるくらい自明な命題としか受け取っていなかった。しかし、ここ数十年間で、人間原理は一定の支持を集めている。今日では、数多くの有力な理論家たちが、多宇宙という文脈の中では、人間原理的推論を用いるとふつうでは理解しがたい宇宙定数の値を自然と説明できるという事実を受け入れている。要するに、もしΛの値が（ある種の確率論的考察が要求するように）ずっと大きければ、銀河が形成される前に、宇宙の加速のほうが重力よりも優勢になっていただろう。われわれが現にこうして銀河系にいるという事実によって、われわれの宇宙における宇宙定数の値は、必然的に低く偏って観測されるわけだ。

しかし、一部の物理定数が〝偶然〟の値であるという仮定は、どれくらい合理的なのだろう？　ある歴史的な例を見れば、この概念が明確になる。一五九七年、ドイツの偉大な天文学者、ヨハネス・ケプラーは、『宇宙の神秘』という論文を刊行した。(24)この著書で、ケプラーは宇宙の次のふたつの難解な謎を解いたと考えた。なぜ太陽系には六つの惑星があるのか（当時は六つしか知られていなかった）？　惑星の軌道の大きさはどうやって決まったのか？　ケプラーの時代でさえ、彼の導き出した謎の答えは狂気寸前だった。彼は、

「プラトンの立体」と呼ばれる五つの正多面体（正四面体、正六面体、正八面体、正一二面体、正二〇面体）を入れ子状にし、太陽系のモデルを構築したのだ。恒星の軌道に相当する外接球と合わせ、五つの立体によってちょうど六つの空間的配置が決まった。ケプラーはこれで惑星の数の〝説明がつく〟と考えた。立体を入れ子にする順序を選ぶことで、ケプラーは太陽系の軌道の相対的な大きさをほぼ正確に再現することができた。しかし、ケプラーのモデルのいちばんの問題は、その幾何学的な細部にあったわけではない。結局のところ、ケプラーは自分の知識の中にある数学を使って、既存の観測結果を説明したのだ。ケプラーの最大の失敗とは、惑星の数も軌道の大きさも基本量ではない、つまり第一原理［訳注：運動量保存の法則などのように、実験的パラメーターが用いられておらず、自然現象を説明する際の前提となる基本法則］から説明できる量ではないと気づかなかったことにある。確かに、ガスや塵《ちり》の原始惑星系円盤から惑星が形成されるプロセス全般は、物理法則によって支配されているわけだが、最終結果を決めるのは、原始星に固有の環境なのである。

現在では、銀河系には数十億個の太陽系外惑星が存在し、惑星系によって惑星の個数や軌道の性質がそれぞれ異なることがわかっている。惑星の個数も軌道の大きさも、たとえば一つひとつの雪の結晶の正確な形がそうであるように、偶然によって決まるわけだ。

太陽系には、人間の存在にとってきわめて重要な量がひとつある。地球・太陽間の距離だ。地球は太陽の生命居住可能領域《ハビタブル・ゾーン》、つまり地球の地表に液体の水が存在しうるような、太陽を取り巻く狭い領域内にある。それよりも太陽に大きく近づくと水は蒸発し、大きく遠ざかると水は凍ってしまう。水は地球上に生命が誕生するのに欠かせないものだった。というのも、原始の地球の〝スープ〟の中では分子同士が容易に結合し、有害な紫外線放射から守られながら、長い鎖を形成することができたからだ。ケプラーは地球・太陽間の距離について、第一原理的な説明を見つけようと必死になったが、そのこだわりは見当違いだった。地球が今とは別の距離で形成されたとしても、(原理的には)何の不思議もなかったからだ。しかし、地球と太陽の距離が今よりも大幅に長かったり短かったりしたら、距離について思案するケプラーも存在しなかっただろう。銀河系には太陽系と似たものが億単位で存在するが、その多くにはおそらく生命は存在しないだろう。中心となる恒星の生命居住可能領域に適当な惑星がないからだ。地球の軌道を決めたのは確かに物理法則だとしても、地球の軌道半径が大きく異なっていたら人間はここに存在しないという事実以外、軌道半径をより深く説明する方法は見当たらないのだ。

そこで必要になってくるのが、人間原理的推論の最後の要素である。宇宙定数の値は多宇宙における偶然の量であるという説明が説得力を持つためには、多宇宙が存在しなければならない。多宇宙は存在するのか？　わからない。しかし、だからといって、優秀な物理学者たちが思索をやめることはなかった。今わかっているのは、「永久インフレーション」と呼ばれるひとつの理論的シナリオでは、時空が急激に引き伸ばされ、無限の広がりを持つ永続的な多宇宙が生まれる。この多宇宙では膨張する領域が絶えず生まれ、それが個々の「ポケット宇宙」へと進化していく。[25] われわれの住む「ポケット宇宙」を誕生させたビッグバンは、指数関数的に膨張する基盤というはるかに壮大な枠組みから見れば、たったひとつの出来事にすぎない。「弦《げん》理論」の一部のバージョン（現在では「M理論」と呼ばれることもある）でも、膨大な数（一〇の五〇〇乗個以上！）の宇宙が存在しうる。そして、それぞれの宇宙が別々の物理定数の値で特徴づけられる可能性があるのだ。この思弁的なシナリオが正しければ、われわれがこれまで「宇宙」と呼んできたものは、広大な宇宙の風景の中のたったひとつの時空にすぎないのかもしれない。[26]

ただし、すべての物理学者が（あるいはほとんどの物理学者が）、真空エネルギーの謎を人間原理的推論で解決できると信じていると早合《はやが》点《てん》してはいけない。「多宇宙」や「人間原理」という言葉を聞いただけで血圧が上がる物理学者もいるのだ。この拒否反応には主にふたつの理由がある。ひとつめに、第9章ですでにお話ししたように、科学哲学者のカール・ポパーの画期的な研究以来、科学理論が科学理論たるためには、実験や観測によって反証可能でなくてはならないと考えられているからだ。この条件は今や「科学的方法」の基礎になった。観測不能かもしれない膨大な数の宇宙が存在するという仮定は、少なくとも一見するかぎり、この前提条件に反するため、物理学というよりも形而上学《けいじじょうがく》の領域に属するように思われる。しかし、観測可能なものと観測不能なものの定義の境界はあいまいだ。たとえば、「粒子的地平面」について考えよう。これは、ビッグバン時に放出されて今ちょうど地球に届いているその粒子が放出された場所を表わす面である。アインシュタイン＝ド・ジッター・モデル（一様《いちよう》・等方《とうほう》で、一定の曲率を持ち、宇宙定数のない宇宙モデル）では、宇宙の膨張は減速するため、遠い将来、現時点で地平面の向こう側にあるすべての物体が、やがて観測可能になると考えて問題ない。しかし、一九九八年以来、われわれはアインシュタイン＝ド・ジッター宇宙に住んでいないことがわかっている。われわれの宇宙は加速しているからだ。この宇宙では、現時点で地平面の向こう側にある物体は、永久に地平面の向こう側に留まる。さらに、宇宙定数から予測されるように、膨張の加速がこのまま続けば、現時点で見える銀河もいずれは地球から見えなくなるのだ！後退速度が光速に近づくにつれて、放射は引き伸ばされ（赤方偏移）、その波長は宇宙の大きさを超える（質量の移動がないため、時空の伸びる速度に上限はない）。したがって、われわれの加速する宇宙にさえ、われわれ自身も未来の天文学者も絶対に観測できない物体があるわけだ。それでも、私たちはそういう物体を形而上学に属するとはみなさないだろう。では、観測不能かもしれない宇宙について、どうすればわれわれは確信を持てるのか？　科学的方法を自然に拡張したものがその答えである。つまり、別の方法で裏づけられたために信憑性を得た理論が予言するものなら、その存在を信じることができるのだ。たとえば、われわれがブラックホールの性質を信じているのは、その存在が一般相対性理論、つまり数々の実験で実証された理論によって予言されているからだ。その際、ポパーの考えをそのまま拡張したものをルールとすべきである。つまり、ある理論が宇宙の観測可能な部分について検証可能・反証可能な予言をするなら、宇宙（または多宇宙）の直接観測できない部分についても、その理論の予言を受け入れる覚悟をすべきなのだ。

人間原理的推論が拒絶反応を生んでいるふたつめの主な理由は、一部の科学者にとって「物理学の終焉」を意味するからだ。デカルト以降、ほとんどの物理学者は、ミクロな物理学のあらゆる定数や宇宙全体の進化を説明し、究明することのできる一意的で自己矛盾のない数学理論の構築を何よりも夢見ている。つまり、宇宙論学者のエドワード・ミルンの言葉を借りるなら、「宇宙というこの唯一無二の実体を理解するためのたったひとつの道筋」を追い求めたいと思っているのだ。アインシュタインの願いも同じだったことはまず疑いようがない。アインシュタインは、一九三三年にオックスフォード大学で行なった講演でこう述べている。「純粋な数学的構造を用いれば、自然界の現象を理解する鍵となる概念や、その概念同士を結ぶ法則を発見できると確信している(27)」。よく知られているように、アインシュタインは量子力学の成功を十分に認めていたものの、量子力学の確率的な性質にさえ不満を覚えていた。アインシュタインは量子力学の創始者のひとりであるマックス・ボルンに宛てた一九二六年一二月四日付の手紙で、こんな意見を表明した。

量子力学は確かに印象的だ。ただし、私の心の声は、これでもまだ本物ではない「傍点引用者」と言っている。この理論は大いに役立つが、われわれを神の秘密に導いてくれるとはとうてい言いがたい。私はいずれにしても、神はサイコロを振らないと信じている。

観測不能かもしれない多宇宙に、偶然によって決まる変数――そんな概念を聞かされたら、アインシュタインはもっと頭を抱えていただろう。しかし、アインシュタインが量子力学に難色を示した理由は、純粋な物理学というよりも、むしろ彼の心理にあったといえよう。自分の見るべき方向性がわかっているという信念だ。同じことは、人間原理的推論に反論する人々にも言えるかもしれない。過去数百年間そうだったからといって、物理的現実が今後も第一原理的な説明に完全に従うという保証はどこにもないのだ。ケプラーが太陽系の美しい幾何学的モデルを構築しようとして失敗したのと同じように、第一原理的な説明の試みが徒労に終わる可能性もある。われわれが基本定数と呼んできたもの、さらには自然法則と呼んできたものさえもが、この宇宙だけで成り立つ偶然の変数や局所的な法則にすぎないと判明する可能性だってあるのだ。結局のところ、人間原理は、哲学者のバートランド・ラッセルが哲学に与えたのと似たような役割を果たすのかもしれない。「哲学の核心とは、わざわざ述べるまでもなさそうなほど単純な命題から始めて、誰もが信じないような逆説的な命題に終わることなのだ」

宇宙定数の性質に関する人間原理的な考察が示しているように、静的宇宙を実現しようとしたアインシュタインの一見すると何気ない試みは、最先端の物理学に多大な影響を及ぼしつづけているのである。それでは、アインシュタインの「最大の過ち」は、今ではどう評価されているのか？

二回めの奇蹟の年

一九〇五年はアインシュタインの「奇蹟の年」とよく呼ばれる。この年、アインシュタインは、「光電効果」（金属に光が当たると電子が飛び出してくる現象。量子力学誕生のきっかけになり、彼はノーベル賞を受賞）、「ブラウン運動」（液体内の粒子のランダムな浮遊）、そして「特殊相対性理論」についての先駆的な論文を発表した。確かに、一九〇五年はアインシュタインにとって驚異の年だったが、実は一九一五年一一月から一九一七年二月にかけて、彼は二回めの奇蹟の年（厳密にいえば一年と三カ月だが）を経験した。このあいだに、彼は一五もの論文を発表した。その中には、彼の研究の集大成ともいえる一般相対性理論や、量子力学に対するふたつの重大な貢献も含まれていた。現代宇宙論、そしてそれとともに宇宙定数が生まれたのである。

第10章で提示した証拠から、読者のみなさんは、アインシュタインがまず間違いなく

「最大の過ち」という表現を使っていないと確信してくれたものと願っている。さらに、宇宙定数の導入はまったく過ちではなかったことも。一般相対性理論の原理にはそのような項を導入する余地があったからだ。宇宙定数によって静的宇宙が実現すると考えたのは悔やまれるミスに違いないが、本書で紹介するほど大きな〝過ち〟には当てはまらないだろう。アインシュタインの本当の過ちとは、宇宙定数を取り去ったことだったのである！繰り返すが、方程式から宇宙項を取り去るのは、Λにゼロという値を恣意《しい》的に代入するのと同じことだ。そうすることで、アインシュタインは自身の理論の一般性を制限してしまった。これは最近になって宇宙の加速が発見される前でさえ、方程式の簡素化のために払った高い代償だったといえよう。

簡潔さが美徳といえるのは、方程式の形式ではなく基本原理に当てはまる場合である。宇宙定数の場合、アインシュタインは表面的な美のために、誤って一般性を犠牲にしてしまった。簡単なたとえを使うと、この点がはっきりとする。ケプラーが惑星の軌道は円ではなく楕円だと発見したとき、かの偉大なガリレオ・ガリレイは信じるのを拒んだ。ガリレオはなお、軌道は完璧に対称でなければならないとする、古くからの美の理想にとらわれていたのだ。しかし、物理学はこれが不当な偏見であることを証明してきた。対称性とは、実際のところ単なる形の対称性よりも、もっと深い意味を持っている。ニュートンの万有引力の法則は、楕円軌道（重力法則から導かれる自然な結論である）が空間内でいかなる方向も持ちうることを示している。つまり、北に対して、南に対して、あるいはもっとも近い星に対して方向を測っても、法則は変化しない。要するに回転対称なのだ。アインシュタインは、宇宙定数を「醜《みにく》い」と評したとき、これと同じくらいの偏見と狭い視野にとらわれていたのである。アインシュタインはド・ジッターに宛てた手紙で、「Λが消えるかどうかという疑問に、実証的な判断が下せるようになる」日が来るだろうと記したが、彼はこの第一感に従っておくべきだった。その日は一九九八年にやってきたのだ。

天才が犯した間違い

アインシュタインのオリジナルの論文の二〇パーセント以上には、何らかの間違いが含まれている。途中で何度も間違いを犯しても、最終結果はやはり正しいというケースもいくつかある。多くの場合、これこそ真に偉大な理論家の特徴といえよう。形式よりも直感を頼りにするのだ。アインシュタインは、オランダの物理学者、ヘンドリック・ローレンツに宛てた一九一五年二月三日付の手紙で、科学理論の間違いについて持論を述べている。

理論家が道に迷う方法は次のふたつです。

1. 悪魔に操られ、誤った仮説を信じる（この場合は同情に値する）。

2．議論が間違っており、ずさんである（この場合は批判に値する）。

アインシュタイン自身は間違いなく、どちらの種類の誤りも犯したが、彼の比類なき物理的洞察力のおかげで、多くの場合は正しい道を歩んだ。残念ながら、われわれ凡人には、彼のような才能をまねることも、獲得することもできない。

一九四九年、アインシュタインの共同研究者のレオポルト・インフェルトは、宇宙論に関するアインシュタインの画期的な論文について、こう表現している。

この論文の重要性はどれだけ大げさに述べても述べすぎにはならないが、……（中略）……アインシュタインのオリジナルのアイデアは、現代の視点から見ると、間違いではないにしても、時代遅れである。……（中略）……実際のところ、物事の根幹にかかわるような問題に対する間違った解のほうが、些細《ささい》でつまらない問題に対する正しい解よりも、比較にならないくらい重要な場合もあることを示すもうひとつの例なのだ。[28]

インフェルトのエッセイは、アインシュタインを称《たた》えた本『アルベルト・アインシュタイン——哲学者たる科学者（*Albert Einstein: Philosopher-Scientist*）』に掲載された。この本には、六人もの科学分野のノーベル賞受賞者が寄稿している。ジョルジュ・ルメートルは自身の寄稿の中で、宇宙定数を方程式に残すべき大きな理由について、こう語っている。「科学の歴史には、もはや納得できるとはいえない理由でなされた発見が山ほどある。［アインシュタインによる］宇宙定数の発見は、そういう例のひとつかもしれない」(29)。そのとおりだ。

それでも、アインシュタイン自身はまだ納得できなかった(30)。自身の寄稿文「この論集に集められたエッセイに関する所感（Remarks Concerning the Essays Brought Together in This Co-operative Volume）」で、以前の主張を繰り返した。

このような定数の導入は、［この］理論の論理的な簡潔さを著しく放棄するものであり、簡潔さを放棄するのは、宇宙の準静的な性質を疑う理由がない場合にかぎってやむをえないことのように私には思えた。

アインシュタインは続けて、ハッブルが宇宙の膨張を発見したことや、フリードマンがもともとの方程式の枠組みの中でも膨張が存在しうると実証したことで、Λを導入することは「今［一九四九年］となっては不当である」と述べた。ちなみに、アインシュタインがこのコメントを記したのは、ガモフと手紙を交わして間もないころだったが、やはり

「最大の過ち」だとかいう言葉はどこにも見当たらない。

一方では、観測結果から見て絶対に必要とはいえない項を方程式に加えるのを拒んだという点で、アインシュタインは正しかったともいえる。しかしもう一方では、恒星の運動に関する不十分な証拠に頼ることで、宇宙の膨張を予言するひとつめのチャンスを逃してもいた。ところが、宇宙定数を糾弾《きゅうだん》することで、こんどはふたつめのチャンスを逃してしまった。宇宙の加速を予言するチャンスをである！　並の科学者なら、二回も見損じを行なえば、間違いなく勘が悪いとみなされていただろう。しかし、ことアインシュタインに関していえば、そう結論づけることなどとうていできない。アインシュタインの失敗はわれわれに教訓を与えてくれる。人間の論理というものは、たとえそれが歴史に名を残す天才のものであっても、過ちとは無縁ではないのである。(31)

アインシュタインは、死の瞬間まで、統一理論や物理的現実の性質について考察しつづけた。一九四〇年には早くも、彼は現在の弦理論家たちが格闘している難問を予見していた。「このふたつの系［一般相対性理論と量子論］は互いに直接には矛盾しない。しかし、ひとつの統一理論へと融合するようにはほとんどできていないようだ」。さらに、一九五五年、七六歳で亡くなるわずか一カ月前には、こんな自己疑念も表明している。「［古典的な］場の理論で、物質や放射の原子論的構造と量子現象の原子論的構造を説明できるかどうかは、疑わしいように思える」。しかし、アインシュタインは、一八世紀の劇作家、ゴットホルト・エフライム・レッシングの言葉に、一筋の慰めを見出した。「真実を追求する心は、真実の確実な所有よりも貴重なものなのだ」[32]。過ちも何もかもひっくるめて、近年でアルベルト・アインシュタイン以上に真実の追求に励んだ人間は、きっといないだろう。

最後に

心から警告しておきます。万物《ばんぶつ》の理由や説明を見つけ出そうとするのはおやめなさい。万物の理由を見つけ出そうとするのはとても危険ですし、失望と不満以外、何も生みません。心に不安が生まれ、最後には惨《みじ》めになるだけです。

——ヴィクトリア女王

どんな科学理論にも、絶対的で永久不滅な価値などない。実験や観測の手法や道具が向上するにつれ、理論は論駁《ろんばく》されることもあれば、従来の考えの一部を包含《ほうがん》するような新しい形へと変身することもある。アインシュタイン自身、物理理論のこの進化する性質を強調している。「物理理論のもっとも美しい最期とは、それを包含するような理論の確立に向けた道筋を示し、その理論の中のひとつの特殊な例として生きることだ」。ダーウィンの自然選択による生物の進化理論は、近代遺伝学の適用によってひとえに強化された。ニュートンの重力理論は、一般相対性理論という枠組みの中の特殊な例として、今もなお息づいている。「改良された新しい」理論への道のりは、決して平坦ではないし、真実へと一直線に進んでいくようなものでもない。ダーウィン、ケルヴィン、ポーリング、ホイル、アインシュタインのような一流の科学者でさえ深刻な過ちを犯すなら、二流の科学者の成績表はいったいどんなことになるのだろう？　ジェームズ・ジョイスは小説『ユリシーズ』で、「天才は間違いなど犯さない。天才の過ちは自ら望んだものであり、発見に通じる入口なのだ」と記している。ひとつめのコメントは、あえて挑発を狙ったものだ。しかし、本書で見てきたように、天才たちの犯す過ちは、事実、発見に通じる入口であることが多いのだ。

　ロブ・ライナー監督の一九八七年のおとぎ話風の映画『プリンセス・ブライド・ストーリー』で、登場人物のひとりが主人公と知恵比べをする。あるとき、彼はこう叫ぶ。「古典的なミスをしおって！　いちばん有名なのは、〝アジアで地上戦は絶対にするな〟ってやつだ」。近年の歴史を見るかぎり、この台詞《せりふ》が賢明なアドバイスであることは誰しも認めると思う。著名な数学者で哲学者のバートランド・ラッセルは、狂信を確実に避けたいと思っている人々に向けて、別のコツを提案している。「何事にも絶対の確信を抱くなかれ」(1)。本書で紹介した数々の例が示しているように、この〝戒律〟は大きな過ちを避けるためのヒントとしても役立つ——もっとも、それで過ちを避けられるという絶対の保証はないが。疑念は弱さの表われとみなされることも多いが、効果的な防御機構でもある。そして、科学にとっては欠かせない活動原理なのだ。

ケルヴィン、ホイル、アインシュタインは、人間性のもうひとつの興味深い側面を明らかにした。時に、人間は（科学者も含めて）自分の間違いをなかなか認めたがらないものだが、それと同じように、新しいアイデアに頑《かたく》なに反対することもある。量子力学の創始者のひとりであるマックス・プランクはかつて、こんな皮肉な指摘をした。「科学の新しい真実は、反対派を説き伏せ、理解させることによって勝利するのではなく、反対派がいずれ死に絶え、新しい真実に慣れ親しんだ新しい世代が成長することによって勝利するのだ」。悲しいとはいえ、そのとおりなのかもしれない。

心理学者のエイモス・トヴェルスキーとダニエル・カーネマンは、「ヒューリスティクス」という概念を用いて、人間が犯しがちなミスの認知的な基礎を確立した。(2) ヒューリスティクスとは、意思決定の指針になるシンプルな経験則のことだ。彼らが発見したのは、人間は実際のデータよりも、主に個人的な経験に基づく直感的な理解に頼る傾向があるという事実だ。当然ながら、ダーウィン、ポーリング、アインシュタインといった一流科学者たちは、たとえ前に進む正しい方法がわからなくても、科学の風景が目まぐるしいペースで変化していても、直感が自分を正解に導いてくれると信じていた。先ほども述べたとおり、バートランド・ラッセルは過信や確信の危険性を理解していた。そして、彼は過信や確信を避ける策を見つけたと考えた。「人間にとってなるべく非個人的で、局所的・気分的なバイアスを可能なかぎり取り去った観測や推論に基づいて」信念を築くクセをつけるよう勧めたのだ。残念ながら、この忠告に従うのは容易ではない。近代神経科学によれば、眼窩《がんか》前頭《ぜんとう》皮質（脳の前頭葉にある領域）は理性的思考の流れの中に感情を組み込むことがはっきりと証明されている。つまり人間は、感情を完全にオフにできる純粋に理性的な生き物ではないのだ。

私が本書で追い、描いてきた五人の人物は、過ちを犯したにもかかわらず、いや、もしかすると犯したからこそ、各々の科学分野の中で革新を巻き起こしただけでなく、非常に優れた知的創造物をも生み出してきた。同じ学問分野の専門家だけをターゲットにした多くの科学研究とは異なり、五人の巨人たちが生み出したものは、科学と一般教養の垣根を越えた。彼らのアイデアの影響は、直接的な意義をもたらした生物学、地質学、物理学、化学のはるか先にまで及んでいる。そういう意味では、ダーウィン、ケルヴィン、ポーリング、ホイル、アインシュタインの研究は、どちらかというと文学、芸術、音楽における功績と性質的に近い。どちらも幅広い知識に影響を及ぼすのだ。

最後に、「過ち」をテーマにした本を締めくくるにふさわしく、ひとつの警句（いや、謙遜の呼びかけといってもいいかもしれない）を紹介することにしよう。ダーウィン以上にこれを雄弁に表現できる者はいない。

人間は、ありとあらゆる高貴な品性を持ち、もっとも下劣な者に対しても同情を抱き、ほかの人間のみならずもっとも下等な生物に対しても慈愛を示し、太陽系の運動や構成をも見通す神のような知性を持っている。しかし、こうした崇高な能力にもかかわらず、それでもやはり、人間の肉体的な造形の中には、消すことのできない卑《いや》しい起源の刻印が刻まれていることを、認めぬわけにはいかないと私は思うのである。[3]

訳者あとがき

チャールズ・ダーウィン、ウィリアム・トムソン（通称ケルヴィン卿《きょう》）、ライナス・ポーリング、フレッド・ホイル、アルベルト・アインシュタインといえば、誰もがいちどは名前を耳にしたことがあるほど有名な一流科学者だ。過ちとは無縁とも思われがちな彼らだが、そんな天才科学者でも失敗を避けて通ることはできなかった。

本書はMario Livio著、*Brilliant Blunders: From Darwin to Einstein—Colossal Mistakes by Great Scientists That Changed Our Understanding of Life and the Universe*（Simon & Schuster, 2013）の全訳である。

リヴィオ氏の著書を邦訳したものとしては、『黄金比はすべてを美しくするか？』（早川書房、二〇〇五年）、『なぜこの方程式は解けないか？』（同二〇〇七年）、『神は数学者か？』（同二〇一一年）に続く、約三年ぶりの訳書である。前作では数学の摩訶不思議な万能性という哲学的なテーマに迫った著者が、本作では一転してテーマを科学全般へと広げ、さまざまな分野の科学者たちが犯した「失敗」を追っている。

内容をざっとご紹介しておくと、第2章以降、本篇は二章で一組になっており、それぞれにおいて前述の科学者のひとりにスポットライトが当てられる。二章のうちの前半の章ではその科学者の提唱した理論の概要が紹介され、後半の章ではその科学者の犯した失敗やその理由が論じられる、という構成になっている。

これまでの三作は、邦題がどれも「〜か？」で終わっていることからも推察できるとおり、ひとつの疑問について徹底的に追究していくというスタイルをとっていたが、本作『偉大なる失敗』は、五人の科学者たちが失敗を犯した理由を追究しているのはもちろん、失敗を犯すまでの過程をまとめた伝記としての側面もあり、読み物としての魅力も十分にある。それぞれの科学分野に詳しくない人でも、学びながら、そして楽しみながら読める構成になっていると思う。

この物語を結びつけるキーワードはずばり「進化」である。生命の進化、地球の進化、そして宇宙の進化という難問に挑み、その途中で誤った道に迷い込んでしまった科学者たちの思考プロセスを克明に描いている。

ただし、本書で紹介されている失敗とは、書名にもあるように、ただの失敗ではなく、偉大なる失敗だ。並の科学者が犯す失敗とは違って、偉人たちの犯す失敗は、結果的に理論や考え方に間違いが見つかったとしても、ほかの科学者の発想を刺激したり、それに代わる新理論を生み出したり、時には何十年もたってからその価値が見直されたりするものなのだ。それが彼らの失敗が「偉大」たるゆえんなのである。

たとえば、本書の第10章と第11章で紹介されているアインシュタインの「宇宙項」は、まさに時代を経て価値が見直されたアイデアの典型例といえる。アインシュタイン本人がいったん不要なものとして退けた宇宙項は、最近になって、（本書の言葉を借りれば）まるで不死鳥のごとく灰の中から生き返ろうとしている。奇《く》しくも二〇一五年は、アインシュタインの一般相対性理論の誕生一〇〇周年にあたる年だ。アインシュタインが「わが生涯で最大の過ち」と呼んだともいわれる宇宙項が、一世紀もの年月を隔てて再び表舞台に立つことなど、当の本人すら想像していなかっただろう。

この本を読んでいると、一流の科学者たちが犯す失敗は、往々にして、単なる勘違いや思い込みで片づけられるものではなく、むしろその中になにがしかの「美」を包摂《ほうせつ》するものなのだと実感させられる。究極を突き詰めるからこそ、たったひとつのボタンの掛け違いで、現実と乖離《かいり》したアウトプットが出てしまうものなのかもしれない。でも、それをただの失敗と呼ぶのは、あまりにも結果論的すぎるに違いない。

きっと、著者の思いもそれと同じだと思う。なぜなら、著者は科学者たちの失敗を糾弾するためにこの本を書いたわけではないからだ。むしろ、ひとつの〝失敗〟を通じて、その科学者の独特な発想や比類なき知力を描き出そうとしている。本書でも書かれているとおり、ここで紹介されている科学者たちは、数々の失敗を繰り返しつつも、結局は偉大な理論を築き、科学の世界に足跡《そくせき》を残した。そして、リヴィオ氏はこう言い切っている——そういう科学者を私は尊敬してやまないと。

そう考えると、失敗をいちども犯さないための方法論と、失敗を犯しつつも全体として正しい方向へと進んでいくための方法論とは、まったく別物なのだという気がする。そして、後者ができる人にこそ一流の科学者が多いことを、本書は示唆しているのかもしれない。

もちろん、ここに書いたのは私なりの感想である。一冊の本を読んでどう思うかは、各人の自由だと私は思う。この訳書が、少しでも科学について考えるきっかけになってくれれば、訳者としてはこのうえない喜びだ。もちろん、感想うんぬん以前の問題として、翻訳の内容に不備があるとすれば、それはすべて訳者の責任である。

最後に、本書は他書からの引用がとても多かったために、数多くの参考文献をあたることとなった。そのため、あとがきの場を借りて、引用の表記について一言だけ述べておきたい。原則として、引用元の邦訳書が見つかった場合は、原典どおりに引用し、巻末の原注にて「訳文は邦訳〇〇ページより引用」と表記した。また、諸事情により引用はしていないものの該当する邦訳の箇所が見つかったものについては、調べ物などの参考になるよう、なるべく「邦訳は○○ページ（にある）」と注記するようにした。該当する邦訳書のタイトルは、巻末の「参考文献」セクションで確かめてほしい。

参考文献を探していると、まさかと思うような原著が翻訳されていることが多々あって、日本の翻訳文化の成熟ぶりにとても感心させられた。引用元の書籍を翻訳された訳者の方々と出版社に感謝申し上げたい。

また、参考文献が多いときほど、都市部に住むありがたみを感じることはない。便利な世の中になったもので、今ではインターネットさえあれば、クリックひとつで最寄りの図書館まで文献を取り寄せられる。中でも神奈川県の横浜市立図書館と東京都の品川区立図書館は、蔵書がたいへん充実している関係で、かなりお世話になった。大量の文献を何度も取り寄せたり、たった一行を確認するために書庫の本を請求したり、多くの本の貸出延長手続きをしたり……と、スタッフやほかの利用者の方々にご迷惑をかけてしまったかもしれない。特に品川区立図書館は、区民以外にも貸出を行なってくれているので、横浜市民の私としてはとても重宝した。なかなか感謝する機会がないので、この場をお借りして図書館関係者やスタッフのみなさんにお礼を言いたい。

そして何より、本書を文字どおり最後の最後まで読んでくれた読者のみなさまにも感謝を申し上げる。

二〇一四年一二月

文庫版に寄せて

本書は、二〇一五年に早川書房より出版された拙訳書『偉大なる失敗』を文庫化したものです。ここ数年、日本人が科学分野で続々とノーベル賞を受賞するなど、日本科学界ではうれしいニュースが続いていますが、本書にはそんな現代科学の礎を築いた先人たちの試行錯誤の物語が詰まっています。本書をきっかけに、少しでも多くの方が改めて科学への関心を膨らませてくれれば、訳者としてはうれしいかぎりです。

なお、文庫化にあたっては、一部の訳文を改訂し、小さな紙面に合うよう図の位置やサイズなどに修正を加えさせていただきました。多大なる編集の労をとってくださった早川書房の金田裕美子さんに、心より感謝を申し上げます。

二〇一七年一月

千葉敏生

原　注

第1章

1　詳しい説明は Evans and Smith 1973 にある。www.mark-weeks.com/chess/72fs$$.htm に概略がある。

2　この悲しい事件については、たとえば www.innocenceproject.org/Content/Ray_Krone.php に説明がある。

3　アラン・ジョン・パーシヴァル・テイラー（1906～90）。Taylor 1963 を参照。

4　Wilson 1913.

第2章

1　記録を保持しているのはマダラハゲワシ（学名 *Gyps rueppellii*）というワシのようだ。www.straightdope.com/columns/read/1976/how-high-can-birds-and-bees-fly を参照。

2　たとえば、"Jacques Piccard," *Encyclopedia of World Biography*, 2004 を参照。オンラインでは www.encyclopedia.com/doc/1G2-3404707243.html を参照。

3　Chapman 2009.

4　Mora et al. 2011.

5　Gans et al. 2005.

6　学名 *Amphiprion ocellaris*。

7　Aristotle fourth century BCE.

8　Pliny, the Elder first century CE を参照。www.perseus.tufts.edu よりダウンロード可能。

9　Cicero 45 BCE.（訳文は邦訳 143 ページより引用）

10　Paley 1802. ウィリアム・ペイリー（1743～1805）は多大な影響を与えた著書『自然神学（*Natural Theology*）』を刊行し、天然の岩石と時計を対比させた。皮肉なことに、放射年代測定（第5章参照）によって、岩石から地球の年齢を求められるが、それはどの時計職人の時計でも測られたこ

とがないほど長大な年齢であった。

11 もちろん、『種の起源』は数々の形態で出版されているが、私が特に気に入ったのは、ジェームズ・T・コスタの注釈が入った *The Annotated Origin*（Darwin 2009）と、原本を再現したエルンスト・マイヤーの序文入りの『種の起源』（Darwin 1964）の2冊。

12 Darwin 2009 [1859], p.488（訳文は『種の起源（下）』渡辺政隆訳、光文社、2009、401ページより引用）. ダーウィンは、1871年刊行の『人間の進化と性淘汰』とその翌年刊行の『人及び動物の表情について』で、自身の予言をさらに追究している。最近の進化心理学の発展は、こうした先駆的な研究があってこそだといえる。

13 Darwin 1981 [1871]（訳文はII巻450ページより引用）.『種の起源』出版から12年がたって、ダーウィンは自身の進化論を人間にも拡張できるという十分な自信を得た。これは『種の起源』ではあえて避けていた問題である。人間が進化論の適用対象でなければ、ダーウィン主義に対する非難がずっと少なかっただろうというのはほぼ間違いない。ダーウィンが『人間の進化と性淘汰』で表明した考えは、ルイス・リーキー一家がアフリカでヒト上科化石を探し、発見するための飽くなき努力を行なうきっかけとなった。

14 進化と自然選択に関しては、さまざまなレベルの名著がたくさんある。私にとって非常に参考になったものを何冊か挙げておこう。Ridley 2004a は一流のテキストだ。Ridley 2004b は、概説的な論文を見事にまとめている。Hodge and Radick 2009（ダーウィンについて）、Ruse and Richards 2009（『種の起源』について）も同様。思考をくすぐる哲学的なアプローチを取っているのが Dennett 1995。進化論の歴史について見事にまとめているのが Depew and Weber 1995。Wilson 1992 は生物の多様性について詳しく考察している。Dawkins 1986, 2009、Carroll 2009、Coyne 2009 は一般向けの名著。Pallen 2009 は簡潔で非常に読みやすい入門書。進化に関して非常にタメになる Web サイトもいくつかある。たとえば、www.evolution.berkeley.edu; www.pbs.org/evolution および www.nationalacademies.org.evolution など。

15 進化論の歴史と起源に関する画期的な研究が Gould 2002。Bowler 2009 も、概説的な歴史的考察を行なっている。

16 数年で形成される抗生物質や殺虫剤に対する耐性は、小進化の例だ。また、爬虫類《はちゅうるい》から哺乳類が誕生したのは大進化の例だ。Carroll, Grenier, and Weatherbee 2001 は、大進化について見事にまとめている。

17 Dobzhansky 1973.

18 チャールズ・ライエル（1797～1875）は、大きな影響を及ぼした著書『地質学原理』で、地質学的変化は膨大な時間にわたって小さな形質転換が継続的に蓄積した結果であるという考えについて、詳述している。Lyell 1830-33 を参照。

19 *Priscomyzon riniensis* と分類される。Gess et al. 2006 を参照。

20 ダーウィンの進化論のこの柱は、数々の大発見によって裏づけられている。たとえば、ミクロラプトル・グイやメイ・ロンなどの羽毛恐竜の化石の発見は、鳥類が爬虫類から進化したという説と一致する。

21 種分化《しゅぶんか》については、Schilthuizen 2001、Coyne and Orr 2004 にすばらしい説明がある。

22 生命の木については、Dennett 1995 に興味深い説明がある。

23 Elgvin et al. 2011.

24 ナボコフの予測を確かめた研究は、Vila et al. 2011。

25 Meredith et al. 2011 の見事な研究では、26 の遺伝子を用いて、哺乳類の科の系統樹を作成し、分岐の年代を推定している。

26 Livio 2000a.

27 このたびたび乱用される用語は、複雑な点を無視し、ある分野を別の分野へと完全に還元できるという誤った意味で用いられることもある。バイロン卿《きょう》の『ドン・ジュアン』を物理法則の観点から理解しようとするべきではない。私がここで使っている意味の還元主義については、Weinberg 1992 に優れた説明がある。

28 Hutchinson 1959 など。

29 ゲノムの決定が従来の手法で行なわれたことを考えると、やや不確かな点はあるかもしれない。McGrath and Katz 2004 を参照。

30 Bell 2008 に詳しい。Endler 1986 も参照。

31 Darwin and Seward 1903.

32 Darwin 1964 [1859], p.61.（訳文は邦訳上巻 119 ページより引用）

33 自然選択に関して非常にわかりやすい説明が Mayr 2001 にある。自然

選択に関するテキストはBell 2008。Endler 1986は自然選択の証拠を数多く提示している。

34　Marchant 1916, p. 171.

35　マルサスは『人口論』（1798年刊）で、人間は子孫を多く作りすぎるため、何の抑制もなければ、飢饉《ききん》や「早い死が何らかの形で人類に降りかかるに違いない」と主張した。マルサスの考えはダーウィンやウォレスだけでなく、経済哲学や政治哲学にも影響を及ぼした。

36　地質学者のフレデリック・ウォラストン・ハットン（1836～1905）は、*The Geologist* 誌で『種の起源』の批評を行なった。

37　Bowersox 1999.

38　イギリスの遺伝学者、バーナード・ケトルウェル（1907～79）は、オオシモフリエダシャクと工業暗化に関する本格的な調査を行なった。彼の発見に懐疑的な人々（Wells 2000、Hooper 2003など）もいれば、支持する人々（Majerus 1998など）もいる。この論争についてポピュラー・サイエンス的な観点でまとめているものとして、de Roode 2007がある。

39　Popper 1976, p.151.

40　Popper 1978. また、Miller 1985も参照。

41　遺伝的浮動に関しては、膨大な数の文献がある。スティーヴン・スターンズのオンライン講義は、www.cosmolearning.com/video-lectures/neutral-evolution-genetic-drift-6687にアクセス。ほかにも、アクセスしやすいオンライン・リソースとして、Kliman et al. 2008やwww.ucl.ac.uk/~ucbhdjm/courses/b242/InbrDrift/InbrDrift.htmlがある。集団遺伝学に関する包括的なテキストとしては、Hartl and Clark 2006がある。

42　これはいわゆる「創始者効果」がアーミッシュ・コミュニティに発現した例である。何らかの環境の変化や移住の影響によって、集団がごく小規模になった場合、新しい集団では“創始者”の遺伝子頻度が不釣り合いなほど高まる。

43　リディア・アーネスティーン・ベッカー（1827～90）は、1870～1890年まで *Women's Suffrage Journal* を刊行した。ダーウィンに関する引用は、1867年1月30日のManchester Ladies' Literary Societyの彼女の会長講演より。これはBecker 1869で発表された。また、Blackburn 1902, part 2でも説明されている。

第3章

1 Darwin 2009, p.13.（訳文は『種の起源（上）』渡辺政隆訳、光文社、2009、37～38ページより引用）

2 この表現が最初に用いられたのはHardin 1959, p.107。

3 Darwin 2009, p.160.（訳文は『種の起源（上）』275ページより引用）

4 Brownlie and Lloyd Prichard 1963.

5 Jenkin 1867. この論文はHull 1973, p.303に再掲されており、オンラインではwww.victorianweb.org/science/science_texts/jenkins.htmlでも確認できる。

6 ジェンキンの主張に関する見事な議論がBulmer 2004、Vorzimmer 1963、Hull 1973にある。

7 Davis 1871.

8 メンデルと彼の研究に関する興味深い説明がMawer 2006にある。

9 ここでしている説明は、主にRidley 2004a, pp.35-39の説明を単純化したもの。

10 Fisher 1930で初めて詳述された。

11 Darwin 1958 [1892], p.18. ダーウィンの数学的な努力については、Parshall 1982でより詳しく分析されている。

12 ウォレスへの1869年2月2日の手紙（Marchant 1916, vol.1）。また、Darwin 1887, vol.2, p.288にもある。

13 Darwin 1909 [1842]. p.3.（邦訳は5ページにある）

14 Hodge 1987.

15 Darwin 2009 [1859], p.160.（訳文は『種の起源（上）』276ページより引用）

16 ダーウィンは、ウォレスに宛てた1868年9月23日付の手紙の中で、この潜在的な傾向という考え方に戻った（Darwin and Seward 1903, vol.2, p.84）。ダーウィンはこう記している。「たとえば、オスの鳥の頭に現われる数本の赤い羽が、まずオスとメスの両方に伝わり、そのあとでオスのみに伝わる仕組みは理解しがたい。赤い羽を持つオスから赤い羽を持たないメスが生まれるというだけでは十分とはいえない。メスはそのような羽を作る潜在的な傾向を持つに違いない。そうでなければ、オスの子孫の赤

い羽に劣化が生じるだろう」

17 ダーウィンは『種の起源』の第5版に取り組んでいた。F. Darwin 1887, vol.3, p.107 より。また、Bulmer 2004、Morris 1994 も参照。

18 Peckham 1959, p.178.

19 Peckham 1959, p.178.

20 この手紙の正確な日付は不明だが、ムーア・パークから送られたことから考えると、1857年11月12日よりも前のはずである。Darwin and Seward 1903, vol.1, p.102 より。

21 Darwin 1868, vol. 2, p.374.

22 Marchant 1916, vol. 1, p.166.

23 Marchant 1916, vol. 1, p.168.

24 「1866年2月、火曜日」付の手紙。Marchant 1916, vol.1, p.159.

25 ダーウィンとウォレスのやり取りやその重要性については、Dawkins 2009 でも見事に論じられている。

26 Mawer 2006 に加えて Orel 1996 でも、メンデルの生涯と研究が詳述されている。Brannigan 1981 も参照。

27 Kitcher 1982, p.9; Rose 1998, p. 33; Henig 2000, pp.143-44.

28 Dover 2000, p.11.（邦訳は36ページにある）

29 Sclater 2003 を参照。また、Keynes 2002 も参照。

30 ダーウィンとメンデルのあいだの影響の有無に関しては、de Beer 1964 に見事な説明がある。

31 Mendel 1866 [1865], p.36（邦訳は60ページにある）. de Beer 1964 にて引用されている。

32 Darwin 1964 [1859], p.7（訳文は邦訳上巻28ページより引用）. または Darwin 2009, p.8。

33 Mendel 1866 [1865], p.39（邦訳は64ページと67ページ）. de Beer 1964 にて引用されている。

34 進化に対する初期のバチカンの反応については、Harrison 2001 を参照。

35 この効果については、Kruger and Dunning 1999 で実証されている。一般向けの説明は Chabris and Simons 2010 にある。

第4章

1 古代ヒンドゥー教徒は、1回の破壊と再生が432万年からなると考えていた（Holmes 1947, pp.99-108など）。

2 アンティオキアのテオフィロス（115～180 CEごろ）は成人してからキリスト教に改宗した。彼の書物のうち1冊のみが11世紀の写本の中に残っており、Haber 1959, p.17やDalrymple 1991, p.19にて引用されている。

3 アッシャー（1581～1656）は天地創造がユリウス周期710年に起きたと計算した。Brice 1982を参照。

4 この注は20世紀初めに削除された。Kirkaldy 1971, p.5.

5 Spinoza 1925, vol.3, p.98.

6 Philo, first century CE, book I.

7 Kant 1754を参照。英訳はReinhardt and Oldroyd 1982にある。

8 引き合いに出しているのはフォントネルの『世界の複数性についての対話』のこと（訳文は邦訳151～152ページより引用）。

9 ド・マイエの1748年の著書の英語版はCarozzi 1969。

10 MacCurdy 1939, p.342.

11 de Maillet 1748. シラノ・ド・ベルジュラックは2巻からなるフィクション小説『日月両世界旅行記』の著者。

12 Newton 1687（邦訳は538ページにある）. 英訳はMotte 1848, p.486を参照。

13 ビュフォンの『一般と個別の博物誌（*Histoire Naturelle, Générale et Particulière*）』の20巻めのタイトルは「自然の諸時期」だった。この中で、彼は地球の歴史を7つの時期に分け、それぞれの長さの推定を試みた。Haber 1959, p.118にすばらしい説明がある。

14 Hutton 1788.

15 リチャード・カーワンはアイルランド王立アカデミーの会長だった。彼は聖書の記述を支持し、ハットンに反論する一連の論文や1冊の著書を記した。ここでの引用はKirwan 1797より。

16 Lyell 1830-33.

17 ケルヴィン卿《きょう》については、数多くの詳しい伝記がある。私にとって特に役立ったのは、Gray 1908、Thompson 1910（1976年に再版）、Smith

and Wise 1989、Lindley 2004、Sharlin and Sharlin 1979。Wilson 1987 では、ケルヴィン（1824 ～ 1907）の物理学とヴィクトリア朝の物理学者のサー・ジョージ・ガブリエル・ストークス（1819 ～ 1903）の物理学を対比させて説明している。Burchfield 1990 は地球の年齢の問題に関するケルヴィンの研究に焦点を当てている。

18 最優秀一級合格者《シニア・ラングラー》とは、「Tripos」と呼ばれるケンブリッジ大学の数学卒業試験で最高成績を収めた大学生のこと。ほとんどの人はウィリアム・トムソンが最優秀一級合格者になると思っていた。実際、彼の指導教員であるクックソン博士は、「彼が受賞しなければ大学にとって大きな驚きである」と指摘したほどだ。トムソン自身はそこまで確信がなかった。いざ試験が始まると、見るからにすばやく効率的に回答していったスティーヴン・パーキンソンという学生が、受賞候補として浮上した。結局、才能では勝《まさ》るがスピードで劣るケルヴィンは、2 位に終わった。しかし、一連の試験で最高の成績を収め、より深い分析的理解を持つ人物に贈られるスミス賞では、トムソンがパーキンソンを破った。

19 このコメントは、1884 年にジョンズ・ホプキンス大学で行なわれた分子力学と光の波動説に関するボルチモア講演でなされたもの。

20 Kelvin 1864.

21 Kelvin 1862.

22 Kelvin 1864. この論文の口頭発表は 1862 年 4 月 28 日に行なわれた。

23 ケルヴィンは熱力学に対し数々の貢献を行なった。1844 年には温度分布の“年齢”に関する論文を発表。基本的に、現在測定される温度分布は、ある有限の時間だけ前に存在した熱分布のみの結果でしかありえないことを示した。1848 年には、ケルヴィンの名前が入った絶対温度目盛りを発明した。1851 年の論文『熱の力学理論について（On the Dynamical Theory of Heat)』では、現在「熱力学第二法則」と呼ばれている法則の 1 つのバージョンを定式化した。

24 Kelvin 1864.

25 熱伝導率の理論の構築については、Narasimhan 2010 にすばらしい説明がある。

26 ケルヴィンは「われわれは高い温度の影響で熱伝導率や岩石の具体的な熱がどう変わるのかに関してや、潜在的な融解熱に関しては、非常に無

知である」と認めている。このようなあいまいさが、結果的に彼の過ちにおいて大きな役割を果たすことになった。

27　このタイムスケールは現在、ケルヴィン＝ヘルムホルツ・タイムスケールと呼ばれている。

28　Kelvin 1862 を参照。Shaviv 2009 は、星の構造や進化の理論について、非常に詳しく、とはいえかなりわかりやすく説明している。

29　Thomson 1899 を参照。Chamberlin 1899 には、1899 年のケルヴィンの講演に関する解説が載っている。

30　1868 年 2 月 27 日。Kelvin 1891-94, vol.2, p.10 を参照。

31　Kelvin 1891-94, vol. 2, p.10.

32　地球の地軸を中心とした回転の角速度は、月の軌道上の角速度よりも大きい。したがって、潮汐力は地球の自転を弱め、地球と月のあいだの距離を広げる傾向がある。

33　Kelvin 1868.

34　ケンブリッジ大学トリニティ・カレッジで、ジョージ・ダーウィン（1845 ～ 1912）は第 2 位の一級合格者《セカンド・ラングラー》となり、スミス賞でも 2 位となった。

35　ジョージ・ダーウィンは地球の固さについて考察した 1878 年の論文の結果を、1886 年の英国科学振興協会の会長講演でも繰り返した（G. H. Darwin 1886）。そのうえで、「地球がその質量全体を通じてほぼ完全に平衡形状に順応することはないと主張できるほど、地球の内部構造に自信を持つ」ことはできないと結論づけた。

36　G. H. Darwin in Stratton and Jackson 1907-16, vol.3, p.5.

37　Kelvin 1891-94, vol. 2, p. 304.

38　ケルヴィンは 1871 年 8 月にエディンバラで「生命の起源について」と題する会長講演を行なった。Kelvin 1891-94, vol.2, p.132 を参照。

39　Kelvin 1891-94, vol.2, p.132.

40　Burchfield 1990（特に第 3 ～ 4 章）では、ケルヴィンのもたらした影響について徹底的に論じられている。

41　この出来事は 1860 年 6 月 27 日から 7 月 4 日まで開催された英国科学振興協会の 30 周年会議の最中に起こった。6 月 30 日のメイン・イベントは、科学史家のジョン・ウィリアム・ドレイパーのかなり長い講演だっ

た。*Evening Star* 紙の推定によると、出席者はおよそ400〜700名だった（7月2日号）。講演後のウィルバーフォース主教のコメントは30分近く続いたようだ。そのうえで彼は、「ダーウィン氏の結論は仮説であり、威厳ある因果説へときわめて不当に持ち上げられたものである」と結論づけている（*Athenaeum* 誌の7月7日号で報じられている）。この出来事の詳細についてもっとも徹底的に分析しているのはJensen 1988。また、Lucas 1979も参照。

42 Sidgwick 1898.

43 たとえば、*Press* 紙は7月7日、「[主教は] 教授［ハクスリー］に、祖父と祖母、どちらにサルをご希望かと訊《たず》ねた」と報じた。ハクスリー自身は1860年9月9日、友人のフレデリック・ドライスター博士に宛ててこう記している。「ただし、先祖の件について、私の個人的な好みを訊《き》かれたのは事実だ。……（中略）……そこで私はこう言った。もし卑《いや》しいサルを祖父に持つのがいいか、それとも天から偉大な才能を授かり、すばらしい資産と影響力を持っていながら、重大な科学的議論を冷笑することだけにその才能を使うような男を祖父に持つのがいいかと訊かれれば、私は迷わずサルを選ぶだろうと」。この手紙は、*The Huxley Papers*, 15, 117（London: Imperial College）に掲載。Foskett 1953にて引用されている。

44 Moore 1979, p.60.

45 Huxley 1909 [1869], pp.335-36.

46 Tait 1869.

47 *Physics World* 誌の1999年12月号に掲載された物理学者トップ10リストは、上位から順に、アルベルト・アインシュタイン、アイザック・ニュートン、ジェームズ・クラーク・マクスウェル、ニールス・ボーア、ヴェルナー・ハイゼンベルク、ガリレオ・ガリレイ、リチャード・ファインマン、ポール・ディラック、エルヴィン・シュレーディンガー、アーネスト・ラザフォード。そのほかの投票では、順位がわずかに異なる（特に、いくつかのリストでは、ニュートンが1位でアインシュタインが2位だった）。

48 たとえば、Dalrymple 2001を参照。

第5章

1 Huxley 1909 [1869].

2 ジョン・ペリー（1850～1920）はアイルランドで生まれた。イギリスと日本で機械工学の教授を務めたあと、ロンドンのフィンズベリー技術カレッジの工学および数学教授に任命された。1896年には王立科学カレッジの教授職に就いた。キャリアを通じて、ペリーは数学の斬新な教育方法を提唱し、応用電気学の問題に取り組みつづけた。たとえば、Nudds, McMillan, Weaire, and McKenna Lawlor 1988、Armstrong 1920を参照。

3 ソールズベリー侯《こう》は、1億年では自然選択によってクラゲが人間に変化するのに十分ではないと主張した。また、デザイン説に基づくケルヴィンの反論も繰り返した。Salisbury 1894を参照。Shipley 2001にも説明がある。

4 1894年10月31日にペリーがオリヴァー・ロッジに宛てて記したもの。彼は、自然選択を否定するとすれば、残るは何らかの神の業《わざ》に頼るほかなく、それは科学的推論にとって破滅的であるとも付け加えた。Shipley 2001を参照。

5 送った相手は、物理学者のジョセフ・ラーモア、ジョージ・フィッツジェラルド、オズボーン・レイノルズ、ピーター・ガスリー・テイト。また、1894年10月17日、そして10月22日と23日にも、ケルヴィンに宛てて手紙を送った（Cambridge University Library, Papers of Lord Kelvin Add. MS. 7342, P56, P57, P58）。

6 夕食会は1894年10月28日に行なわれた。ペリーは10月29日にオリヴァー・ロッジ宛に手紙を送った（University College London, Lodge Papers Add. MS. 89）。

7 Perry 1895a.

8 テイトからペリーへの手紙の抜粋がPerry 1895aにある。

9 ペリーからテイトへの1894年11月26日付の手紙。この手紙はPerry 1895aにも掲載。ペリーは「非常にたくさんの友人が私に賛成してくれた」とも書いている。

10 テイトからペリーへの1894年11月27日付の手紙（Cambridge University Library, Papers of Lord Kelvin Add. MS. 7342, P59d）。Perry 1895aに掲載。

11　ペリーからテイトへの1894年11月29日付の手紙。Perry 1895aに掲載。ペリーはこの手紙の中で2つの主張点を強調している。（1）地球内部に一定量の液体があり、対流によって熱が伝わること。（2）ローベルト・ウェーバーの結果によれば、岩石の熱伝導率は温度の上昇に伴って上がること。のちに、（2）は間違いであるとわかった。

12　ケルヴィンからペリーへの1894年12月13日付の手紙。Perry 1895a, p.227に掲載。ケルヴィンは特に、熱伝導率に関するウェーバーの結果を確認することに興味を持っていた。

13　ケルヴィンからペリーへの1894年12月13日付の手紙。Perry 1895aに掲載。

14　ペリーはペリーで、数学者のオリヴァー・ヘヴィサイドに助けを求め、この問題に関するより高度な数学的分析を発表した。Perry 1895bを参照。

15　Thomson (Lord Kelvin) 1895、Thomson (Lord Kelvin) and Murray 1895を参照。ケルヴィンは、地質学者のカール・バラスによる輝緑岩《きりよく》（玄武岩の一種）の融点の測定値ももとにして結論を出した。

16　Perry 1895cを参照。この論争全体はShipley 2001やBurchfield 1990で詳しく説明されている。

17　放射線の発見については、Becquerel 1896。熱の発生の発見については、Curie and Laborde 1903。

18　Wilson 1903を参照。彼の編集者への手紙は長さにしてたった15行だった。

19　Darwin 1903を参照。彼はケルヴィンの推定した太陽の年齢が10倍や20倍は伸びる可能性があると推測した。

20　Joly 1903.

21　Eve 1939には、ラザフォードのすばらしい伝記と彼の研究の説明がある。

22　ケルヴィンはイギリスの物理学者、レイリー卿《きょう》に宛てた1903年8月24日付の手紙で、この問題について論じた。また、イギリス訪問中のラザフォード本人やピエールとマリのキュリー夫妻とも論じている。

23　Kelvin 1904.

24　電子を発見した物理学者でノーベル賞受賞者のジョゼフ・ジョン・ト

ムソン（ケルヴィン卿と血縁はない）が1936年に振り返ったところによれば、ケルヴィンはある会話の中で、放射熱の発見によって地球の年齢の計算の仮定が揺らいだことを認めたという。Thomson 1936, p.420を参照。ケルヴィンは英国科学振興協会の会議でも同じような譲歩をしている。Eve 1939, p.109を参照。

25 発端は1906年8月9日に発表されたケルヴィンの手紙であった。彼はその中で、太陽のエネルギーは重力エネルギーのみであるという考えを繰り返し、放射線は仮説にすぎないと主張した。それから1カ月近く、フレデリック・ソディ、オリヴァー・ロッジ、ロバート・ジョン・ストラット（物理学者でレイリー卿の息子）、ケルヴィンによる反論の応酬が続いた。ロッジは8月15日の手紙で、ケルヴィンについてこう述べた。「彼はすばらしく独創的な頭脳の持ち主だが、読むというプロセスを通じて他人の研究を丹念に吸収していくという努力を、常に受け入れてきたわけではないようだ」。このエピソードは、Eve 1939, pp.140-41、Burchfield 1990, p.165、Lindley 2004, p.303でも簡単に説明されている。この論争についての考察はSoddy 1906にある。

26 たとえばEve 1939, p.107にて引用されている。

27 Holmes 1947に見事な説明がある。現在受け入れられている地球の年齢は、地球化学者のクレア・パターソンがキャニオン・ディアブロ隕石のデータを用いて初めて求めた（Patterson 1956）。アルゴンヌ国立研究所の科学者たちは、放射年代測定を別の面白い目的で用いた。彼らは2011年、稀少な同位体であるクリプトン81の崩壊を用いて、北アフリカに広がる古代のヌビア帯水層を追跡することに成功した。

28 Eve 1939, p.107.

29 England, Molnar, and Richter 2007; Richter 1986.

30 定番のテキストはFestinger 1957。より最近の研究では、心理学と神経科学の両面で、複雑な詳細が明らかになってきている。たとえば、Cooper and Fazio 1984, vol.17, p.229、Lee and Schwartz 2010、Van Overwalle and Jordens 2002、Van Veen et al. 2009を参照。

31 シュネールソンの死をめぐる出来事の興味深い説明と分析は、Ochs 2005やDein 2001にある。

32 Brehm 1956.

33 Olds and Milner 1954 を参照。Olds 1956 は一般向け。

34 ポジティブな情動反応や中毒に関しては、数々の研究がなされている。たとえば、Bozarth 1994、Fiorino, Coury, and Phillips 1997、Berridge 2003、Wise 1998 を参照。ポピュラー・サイエンス的な記述としては Nestler and Malenka 2004、快楽の体験に関する非常に読みやすい一般向けの本としては Linden 2011 や Bloom 2010 が挙げられる。

35 Burton 2008, pp. 99-100, and p. 218.

36 動機づけられた推論は、感情制御を示唆している。数々の研究によると、動機づけられた推論は、結果に対して強烈な感情的利害がない場合の推論とは質的に異なることがわかっている。動機づけられた推論に関する詳細な考察は Kunda 1990。意思決定における感情の関与については、たとえば Bechara, Damasio, and Damasio 2000 で論じられている。一般向けの説明は Coleman 1995。Westen et al. 2006 は fMRI 研究について説明している。

37 King 1893.

38 ケルヴィンの太陽の推定年齢の重要性については、Stacey 2000 に優れた議論がある。

39 恒星内でのエネルギー生成の問題については、第 8 章で論じる。

40 ダーウィンは第 6 版でこの文章を挿入した。Peckham 1959, p.728.（訳文は『種の起原』〔原書第 6 版〕堀伸夫・堀大才訳、朝倉書店、2009、448 ～ 449 ページより引用）

第 6 章

1 Hager 1995, p.374 にこの出来事の見事な説明がある。

2 ワトソンはナポリからポスドク研究を行なっていたデンマークのコペンハーゲンへと戻る途中で、ジュネーヴに寄った。

3 “Chemists Solve a Great Mystery: Protein Structure Is Determined,” *Life*, September 24, 1951, pp.77-78.

4 ポーリングの伝記はたくさんある。私が特に役立つと思ったのは、Hager 1995、Serafini 1989、Goertzel and Goertzel 1995、Marinacci 1995。ポーリングの研究のさまざまな側面を見事に網羅《もうら》している本も多い。特に、Olby 1974、Lightman 2005、Judson 1996 を挙げておきたい。

それから忘れてはならないのが、オレゴン州立大学のすばらしいWebサイトだ。http://osu.library.oregonstate.edu/digitalresources/pauling を参照。

5 Pauling 1935、Pauling and Coryell 1936を参照。ポーリングと化学者のチャールズ・D・コリエルは、巨大な磁石の両極のあいだに、牛の血液の入ったガラス管を吊し、実験を行なった。Judson 1996, pp.501-2（邦訳は下巻655～656ページ）にすばらしい説明がある。

6 ポーリングはタンパク質分子にそれほど精通していなかったため、ロックフェラー医学研究所にいたマースキーに、1935～36年のあいだカリフォルニア工科大学に来るよう説得した（しかも、ロックフェラー医学研究所の所長にマースキーの訪問を許可するよう説得もした）。

7 Mirsky and Pauling 1936を参照。それ以前にも、シェン・ウーが1931年にいくらか研究を行なった。

8 ポーリングのその後の研究にとっては非常に重要なことに、ふたりはこう指摘した。「この鎖は一意に定義された構造へと折り畳まれ、水素結合によってつなぎ留められている」。のちに、水素結合（水素がふたつの原子によって共同でつなぎ留められ、いわば両者のあいだの橋を形成している状態）は、ポーリングのトレードマークとなった。

9 Astbury 1936.

10 ポーリングは当時の活動について、1982年に口述で説明した。それを文字起こししたものは、ポーリングの助手のドロシー・マンローによって出版された。Pauling 1996を参照。

11 ポーリングが1948年に構造のスケッチを描き、折り畳んだ紙の実物は、とうとう発見されなかった。

12 コリーはタンパク質のX線研究に関し、すでにかなり経験豊富だった。何年もたって、ポーリングは説得されたのは実のところ自分のほうだったのかもしれないと大らかに話した。

13 Pauling 1996。いちおう述べておくと、ポーリングの以前の説明（Pauling 1955）によれば、彼がオックスフォード大学で発見したのは2つのヘリックスのうちの一方だけで、もう一方は彼がカリフォルニア工科大学に戻ったときにヘルマン・ブランソンが発見したと述べている。

14 Olby 1974, p.278（邦訳は下巻74ページ）は、αヘリックスに至る道

について、やや専門的とはいえ見事に説明している。

15 ポーリングは化学者で結晶学者のエドワード・ヒューズに宛てて記した。Web サイト *The Pauling Blog* の「An Era of Discovery in Protein Structure」にて引用されている。

16 ポーリングはのちのインタビューで、キャヴェンディッシュのグループにモデルの確認で先を越されるのではないかと心配したと認めた。Olby 1974, p.281（邦訳は下巻 76 ページ）、Hager 1995, p.330 を参照。

17 Pauling 1955 によれば、ポーリングから重要な制約をすべて説明されたあと、ブランソンが 2 つのヘリックスのうちの一方を発見したのかもしれない。しかし、Pauling 1996 では、彼（ポーリング）が両方のヘリックスをオックスフォード大学で発見し、のちにブランソンがそれを確認したという印象を与えている。

18 Bragg, Kendrew, and Perutz 1950.

19 この手法そのものやその応用に関しては、たとえば McPherson 2003 にすばらしい説明がある。Blow 2002 は、物理学的な説明は少なめの概略的な本だ。

20 Bragg, Kendrew, and Perutz 1950.

21 Perutz 1987.

22 アレクサンダー・リッチ、ジャック・ダニッツ、ホレース・フリーランド・ジャドソンは全員、私との会話でこの事実を認めた。

23 Pauling and Corey 1950.

24 Pauling, Corey, and Branson 1951. 少し悲しい話だが、ブランソンはポーリングの伝記を記したテッド＆ベン・ゲーツェルへの 1984 年の手紙で、「すべてのデータに合致する 2 つのらせん構造を発見した」のはポーリングではなく自分だと主張した。1995 年には、コリーは発見と何の関係もなかったと付け加えた（Goertzel and Goertzel 1995, pp.95-98、邦訳は 135 〜 139 ページ）。こうした主張は、オックスフォード大学のポーリングのモデルを覚えている多くの科学者の記憶と食い違うし、ブランソンが論文の 3 人めの著者になることを認めたという事実とも食い違う。しかも、ブランソン自身が、ポーリングは「ノーベル賞に値するわれわれの時代の優れた知的科学者の 1 人」だと語っていた。

25 ダニッツと私の 2010 年 11 月 23 日の会話より。

26　Perutz 1987.

27　Dunitz 1991 にはポーリングの功績が簡潔にまとめられている。

28　Pauling 1948a.

29　Pauling 1939, p.265.（邦訳は 407 ～ 408 ページにある）

30　Francoeur 2001, p.95. Nye 2001, p.117 も参照。

31　Pauling 1948b.

32　Pauling 1948b.

33　たとえば、Levene and Bass 1931 を参照。Olby 1974, p.73-96（邦訳は上巻 87 ～ 115 ページ）には、初期の研究のすばらしい説明がある。

34　Wilson 1925.

35　この考え方は「タンパク質パラダイム（protein paradigm）」と呼ばれ、たとえば Kay 1993 で説明されている。

36　Avery, MacLeod, and McCarty 1944.

37　この手紙は 1943 年 5 月 13 日に書かれた。これは "The Oswald T. Avery Collection," *Profiles in Science: National Library of Medicine*, http://profiles.nlm.nih.gov/ps/retrieve/ResourceMetadata/CCBDVF に掲載。

38　論文が戦時中の 1944 年に出版されたという事実も、反響があまりなかった一因だったのかもしれない。

39　P. Pauling 1973.

40　Ronwin 1951.

41　Pauling and Schomaker 1952a.

42　ロンウィンはポーリングに手紙を書き、化学者のルートヴィヒ・アンシュッツが 1927 年に発表した論文を示した。この論文の中で、アンシュッツはリンが 5 つの酸素原子と結合する構造があると述べた。

43　Pauling and Schomaker 1952b.

44　生化学者のジェラルド・オスターはポーリングに宛てた 1951 年 8 月 9 日付の手紙でこの件について記した。オスターは、ウィルキンスが写真の発表を遅らせているのは彼自身に興味がないからだと解釈したが、実際のところウィルキンスは、より高性能な道具を用いて結果を裏づけるべく取り組んでいた。

45　もちろん、DNA 構造の発見に関しては数々の記述があるが、自伝的な記述はやはり特別な価値がある（異論の余地はあるが）。Watson 1980

（Norton Critical Edition）は特にお勧めだ。ワトソンのオリジナルの（物議を醸す）文章に加えて、見事に選《え》りすぐられた批評や分析が掲載されている。Crick 1988 と Wilkins 2003 もたいへんお勧めだ。残念ながら、ロザリンド・フランクリンは早くに亡くなったため、自伝を執筆していないが、そのギャップを見事に埋めているのが、Sayre 1975 および Maddox 2002 の 2 つの伝記である。ごく最近では、フランクリンの妹のジェニファー・グリンが見事な回顧録を記している（Glynn 2012)。もう 1 つ、面白い視点で書かれたものとして、Des Jardins 2010, pp.180-95 がある。男性優位の研究所の中で、フランクリンが 1 人の女性として体験した内容に焦点を当てている。

46　Watson 1980, p.13.（訳文は邦訳 24 ページより引用）

47　ランドールが 1950 年 12 月 4 日にフランクリンに宛てて記したもの。彼はこうも付け加えた。「私がこう申しているのは、溶液の研究をすべてあきらめるべきだという意味ではなく、繊維の研究のほうが利益に直結するものであり、おそらく根源的でもあると感じているからなのだ」。この手紙は、たとえば Olby 1974, p.346（邦訳は下巻 161 ページ)、Maddox 2002, p.114（邦訳は 143 ～ 144 ページ）に掲載されている。Klug 1968a, b も参照。

48　Watson 1951。Olby 1974, p.354（邦訳は下巻 172 ページ）にて引用されている。

49　Olby 1974, p.310.（邦訳は下巻 113 ページにある）

50　Watson 1980, p.9.（訳文は邦訳 17、19 ページより引用）

51　Crick 1988, p.64.（訳文は 95 ページより引用）

52　Crick 1988, p.70.（訳文は 103 ページより引用）

53　Crick 1988, p.64.（訳文は 94 ページより引用）

54　ジョン・ランドールが 1951 年 8 月 28 日にポーリングに宛てて記したもの。彼はまず、ジェラルド・オスターの解釈とは逆でウィルキンスが DNA 研究に非常に興味を持っていると説明した。「核酸に関して、オスターがわれわれの意図をかなり誤解していることは残念だ。ウィルキンスたちはデオキシリボ核酸の X 線写真の解釈に必死で取り組んでいる」。ポーリングは 1951 年 9 月 25 日に丁寧に返信し、ランドールに迷惑をかけてすまないと述べている。関連文書はすべてオレゴン州立大学の Web サイ

トにある。

55　Chargaff 1978, p.101.（訳文は邦訳 170 ～ 171 ページより引用）

56　Chargaff 1978, p.101（訳文は邦訳 171 ページより引用）. シャルガフは p.102 でこう付け加えている（訳文は邦訳 172 ページより引用）。「私は自分の知っていることはすべて話した。あの塩基対の規則に関して、以前に聞いていたことがあったにしても、彼らはそれを隠していた」

57　クリックとロバート・オルビーの録音インタビューより。Olby 1974, p.294.（邦訳は下巻 94 ページ）

58　彼らのアプローチを記述した原稿はクリックによって書かれた（Olby 1974, p.357、邦訳は下巻 177 ページ）。この原稿の中で、クリックはワトソンと共同の最初のモデルは「1951 年 11 月 21 日に行なわれた学会で、ロンドン大学キングス・カレッジの研究者たちによって発表された結果に刺激された」ものであるときっぱり述べている。また、ポーリングの α ヘリックス・モデルについても明確に触れている。

59　フランクリンはヌクレオチドあたり 8 個の分子を発見したが、ワトソンは格子点あたり 4 個の分子と報告した。

60　Gann and Witkowski 2010.

61　Gann and Witkowski 2010.

62　Gann and Witkowski 2010.

63　フランクリンの研究の見事な説明が Klug 1968a にある。Klug 1968b にはより明確な説明、Klug 1974 には追加の情報がある。Elkin 2003 は歴史的な視点を提示しており、Braun, Tierney, and Schmitzer 2011 は彼女の技術的な研究について教育学的な説明を与えている。

64　Klug 1968a によると、フランクリンが 1952 年 5 月ごろ、らせんに否定的な考えを持っていたのは、A 型の DNA の中でらせん構造が持ちこたえられるかどうか確信がなかったためだという。彼女が構造に対してどんな仮定を立てることも躊躇していたことは、彼女のこんな発言にも表われている。「現段階で構造の詳細についていかなる仮説も立てるつもりはない」（Franklin and Gosling 1953a）

65　Crick 1988, p.69.（訳文は邦訳 102 ～ 103 ページより引用）

66　ベイトンの 1951 年の DNA 写真は、リーズ大学の Special Collections, Astbury Papers, C7 にある。写真はオンラインでも確認できる。www.

leeds.ac.uk/heritage/Astbury/Beighton_photo/index.html を参照。

67　このエピソード全体は Hager 1995, pp.400-407 で詳しく説明されている。当時の反共産主義的な風潮全般については、たとえば Coute 1978 で印象的に描かれている。

68　ポーリングが 1952 年 2 月 29 日にハリー・トルーマンに宛てて記したもの。

69　*New York Times* 紙はいくつかの記事を掲載し、1952 年 5 月 19 日には「ポーリング博士の苦境」と題する記事で、ポーリングの問題と関連してパスポート・システム全体を論じた。*Washington Post* 紙は 1952 年 5 月 13 日に「著名な化学者のポーリング、パスポート発行を拒否される」と記し、シカゴの *Daily Sun-Times* 紙は 1952 年 5 月 14 日に「アメリカ自身の鉄のカーテン」と題する記事を掲載した。

70　著者による 2010 年 11 月 15 日のインタビューより。

71　Chargaff 1950. また、Chargaff, Zamenhof, and Green 1950 も参照。

72　Hershey and Chase 1952.

73　Williams 1952.

74　アストベリーの研究所のフローレンス・ベルが得た DNA 繊維の回折写真の例は、リーズ大学のオンライン・コレクション www.leeds.ac.uk/heritage/Astbury/Bell_Thesis/index.html で確認できる。発表された論文は Astbury and Bell 1938、Astbury and Bell 1939。

75　Pauling and Corey 1953.

76　Pauling and Corey 1953.

77　ジャドソンはこの集まりについて、その冬にカリフォルニア工科大学で研究を行なっていた科学者から聞いた（Judson 1996, p.131、邦訳は上巻 157 ページ）。当時、ポーリングは政治的な問題に巻き込まれていたため、自分を奮い立たせようとしていたようだ。

78　ポーリングからアレクサンダー・トッドへの手紙は、オレゴン州立大学の Web サイト http://scarc.library.oregonstate.edu/coll/pauling/dna/corr/sci9.001.16-lp-todd-19521219.html にある。

79　この手紙もオレゴン州立大学のWebサイト http://scarc.library.oregonstate.edu/coll/pauling/dna/corr/sci14.014.7-lp-moe-19521219.html にある。

80　P. Pauling, 1973.

81　ピーター・ポーリングからライナス、エヴァ・ヘレン、クレリン・ポーリング（ピーターの弟）への手紙。http://scarc.library.oregonstate.edu/coll/pauling/calendar/1953/01/13.html にある。

82　ピーター・ポーリングからライナスとエヴァ・ヘレン・ポーリングへの手紙。Web サイト上に転記されたものは、本来「in an indirect manner」とすべきところを、誤って「I am in direct manner」としている（原典を確認されたい）。http://scarc.library.oregonstate.edu/coll/pauling/calendar/1953/01/23.html を参照。

第 7 章

1　Watson 1980, p.94（邦訳は 160 ～ 161 ページ）にて説明されている。

2　Watson 1980, p.95（訳文は邦訳 162 ページより引用）. ワトソンはこう記している。「シェリー酒のかわりに、私はフランシスにウィスキーを買わせた」

3　ウィルキンスはこう付け加えた。「ポーリングは自分たちが発表した塩基対に関する論文の細部を詳しく見ていなかったに違いない。というのも、細かい点はほとんど間違いなのだ」。Judson 1996, p.80（邦訳は上巻 94 ページ）にて引用されている。ポーリング自身もジャドソンに対して、「あまり一生懸命には取り組まなかった」と認めた（Judson 1996, p.135、邦訳は上巻 160 ページ）。

4　ポーリング自身が 1983 年 1 月 17 日にカリフォルニア大学バークレー校で行なわれた 2 回めのヒッチコック財団講演 *Chemical Bonds in Biology*（生物学における化学結合）でこの点に触れている。

5　アレクサンダー・リッチとは 2010 年 11 月 15 日、ジャック・ダニッツとは 2010 年 11 月 23 日に話をした。

6　P. Pauling, 1973.

7　カーネマンとトヴェルスキーは一連の重要な論文の中で、この話題について詳しく論じている。たとえば、Kahneman and Tversky 1973, 1982 を参照。また、Kahneman, Slovic, and Tversky 1982、Cosmides and Tooby 1996 も参照。一般向けの見事な説明は Kahneman 2011。Schulz 2010, pp.115-132（第 6 章）では、帰納的推論の一部の側面と間違いとの関係に

ついて見事に論じている。

8　*New Scientist* 誌のインタビュー。Else 2011 を参照。

9　Lehrer 2009 では、意思決定のプロセスが詳しく説明されている。

10　Kahneman 2011, pp.363-74（邦訳は下巻 194 ～ 211 ページ）では、参考になる例がたくさん紹介されている。面白いことに、fMRI 研究によると、「赤身 90 パーセント」と「脂身《あぶらみ》 10 パーセント」がまったく同じであると気づいている人と、実際にネガティブなフレームによって影響を受ける人とでは、扁桃体《へんとうたい》（ネガティブな感情にかかわる脳の領域）における情動反応が非常に似ていることがわかる。違いは、感情について理性的に考えることで感情を制御する前頭前《ぜんとうぜん》皮質《ひしつ》に表われる。たとえば、de Martino et al. 2006 を参照。

11　ライナス・ポーリングからヘンリー・アレン・モウへの1952 年12月19日の手紙。http://scarc.library.oregonstate.edu/coll/pauling/calendar/1952/12/19.html を参照。

12　このエヴァ・ヘレンのコメントは、ポーリングが何度も繰り返している。たとえば、Hager 1995, p.431 を参照。

13　Pauling and Corey 1953, p.96 を参照。この点は重要だった。ポーリングがこの構造と情報保持能力を関連づけていたという証拠だからだ。ポーリングとコリーはアミノ酸の配列の問題にも言及し、大きさという点でいうと、核酸は「タンパク質内にアミノ酸残基を配列するのに非常に適している」と述べた。マット・メセルソンも、ポーリングに関する会話の中で、この点を明確に述べた。http://scarc.library.oregonstate.edu/events/1995paulingconference/video-s3-2-meselson.html を参照。

14　ライナス・ポーリングからピーター・ポーリングへの1953 年3 月27 日の手紙。http://scarc.library.oregonstate.edu/coll/pauling/calendar/1953/03/27.html を参照。

15　Betula Project（人間の記憶に関する調査プロジェクト）で、心理学者のラルス＝ゴラン・ニルソンと彼の共同研究者たちは、35 ～ 80 歳の人々を対象に数多くの記憶テストを行ない、1 年おきにテストを繰り返した。プロジェクトは 1988 年に始まり、合計 4200 人が調査された。数々の結果について説明した論文集として、Bäckman and Nyberg 2010 がある。

16　2011 年 4 月 18 日の会話より。ノーベル生理学・医学賞を受賞したジャ

ック・ショスタクにも、ポーリングが化学でドジを踏んだ件について訊《き》いてみたが、彼もポーリングは化学的な観点から見て構造を有効にする方法があとで見つかると考えていたのではないかと述べた。

17 Watson and Crick 1953a.

18 さらに、連続する黒い点同士の間隔は、らせん1周あたりの軸方向の距離（34 オングストローム）を示しており、X字模様（図14）の中心から上部までの距離は、連続する塩基同士の距離を示している。

19 Watson 1980, p.98.（邦訳は166ページにある）

20 当時、塩基内の水素結合の正確な位置については定かでなかった（いわゆる互変異性型があったのだ）。ドナヒューはこの件に関しては第一人者であり、1952年と1955年には重要な研究を発表したほどだった。正しいDNAモデルを完成させるうえで、彼は重大な貢献を果たしたといえよう。

21 結晶学では、（回転や鏡映《きようえい》といった変換に対する）対称性は結晶の特徴づけに用いられる。この報告書の情報から、クリックは結晶状のDNAを結晶学者のいう「単斜晶C2」空間群によって記述できると推測することができた。これはつまり、鎖が反平行であることを示唆していた。ロバート・オルビーのインタビューで、クリックはこう認めた。「C2対称という手がかりがなかったならば、2本の鎖を逆向きにおくようなことは考えなかったと思う」（Olby 1974, p.404、邦訳は下巻241ページ）。

22 Gann and Witkowski 2010.

23 ウィルキンスからクリックへの手紙。おそらく3月23日のもの。Gann and Witkowski 2010を参照。

24 Watson and Crick 1953a.

25 Watson and Crick 1953b.

26 Crick 1988, p.66.（訳文は邦訳98ページより引用）

27 Wilkins, Stokes, and Wilson 1953.

28 Franklin and Gosling 1953a. ふたりは同年7月にも、DNAのA型とB型の構造の違いについて詳述した別の論文を発表した（Franklin and Gosling 1953b）。また、Franklin and Gosling 1953cも参照。

29 演劇 *Photograph 51* のレビューについては、たとえば http://theater.nytimes.com/2010/11/06/theater/06photograph.html を参照。

30 ライナス・ポーリングからピーター・ポーリングへの1953年3月 27日の手紙。http://scarc.library.oregonstate.edu/coll/pauling/calendar/1953/03/27.html を参照。

31 Pauling and Bragg 1953.

32 Watson 2000.

33 たとえば、Reich et al. 2011を参照。古人類学者のジョン・ホークスのブログ・ページ *john hawks weblog* にも、興味深い議論がある。

34 ガモフのかかわりや彼の遺伝コードの方式については、たとえばJudson 1996で詳しく説明されている。また、ガモフはRNAタイ・クラブも結成。ガモフによれば、「RNA構造の謎を解明し、RNAがタンパク質を作る方法を理解する」ことを目指す組織だという。

第8章

1 この出来事の全容については、Mitton 2005, pp.127-29で詳しく説明されている。この番組については、イギリスの *Radio Times* 誌の1949年3月28日号で告知された。

2 Ferris 1993.

3 ホイルのすばらしい伝記としては、Mitton 2005とGregory 2005の2つが挙げられる。Hoyle 1994は面白い自伝である。Hoyle 1986aはそれより前に刊行された短い自伝。ケンブリッジ大学セント・ジョンズ・カレッジのSir Fred Hoyle Projectにも情報がある。www.joh.cam.ac.uk/library/special_collections/hoyle/project/#collectionを参照。

4 Hoyle 1994, p.42.

5 ホイルはこう記している。「内国歳入庁は博士号を取得したかどうかで学生か否かを区別しているとわかった」。Hoyle 1994, p.127を参照。

6 Hoyle 1994, p.235より。ホイルはこうも付け加えた。「一般的な意見を持つのはお安いことだ。評判に傷も付かない」

7 Hoyle 1986b, p.446.

8 ほかにも多くの化学者が独自の周期表を考案した。たとえば、フランスの鉱物学者のアレクサンドル＝エミール・ベギエ・ド・シャンクルトワ、イギリスのジョン・ニューランズ、そして特にドイツのユリウス・ロータル・マイヤーは、似たような表を考案した（ローベルト・ブンゼンの画期

的な研究を受けて)。しかし、メンデレーエフは、当時知られていた62の元素をすべて表に組み込むことに成功し、未発見の元素を予言しただけでなく、その密度や原子量さえも予測した。周期表に関しては、Kean 2010が面白い。

9　この偉業については、YouTubeのwww.geek.com/articles/geek-cetera/periodic-tablet-etched-on-a-single-hair-as-birthday-gift-20101230で閲覧できる。また、*Science* 334, no.7 (October 2011), p.24も参照。

10　プラウト（1785～1850）の略歴については、Rosenfeld 2003を参照。

11　当時、彼はまだ対消滅《ついしょうめつ》もエネルギー源の候補の1つと考えていた。エディントンはEddington 1926で恒星のエネルギー源について論じた。

12　Wesemael 2009では、ペラン（1870～1942）やアメリカの物理化学者のウィリアム・ドレーパー・ハーキンス（1873～1951）の貢献が見事に説明されている。また、Shaviv 2009の第4章も参照。

13　Eddington 1926, p. 301.

14　著名な天体物理学者のスブラマニアン・チャンドラセカールは、エディントン本人からこの話を聞いた。Berenstein 1973, p.192で説明されている。

15　Eddington 1920より。また、『星の内部構造（*The Internal Constitution of the Stars*）』（Cambridge: Cambridge University Press）の1988年版のS・チャンドラセカールによる序文（p.x）でも全文が引用されている。

16　原子核の大きさと比べて非常に小さい距離では、核力自体が斥力《せきりょく》に変わる。陽子のような粒子（フェルミ粒子）は密集を拒むからである。この量子効果はパウリの排他原理として知られる。

17　クーロン力によって生まれるクーロン障壁《しょうへき》を突き破る確率は、粒子のエネルギーの増加に伴って指数関数的に増加する。と同時に、一定温度における粒子の分布は、高エネルギーになると粒子の数が指数関数的に減少するような形を取る。この2つの因数の積を取ると、核反応がもっとも起こりやすいピーク（ガモフ・ピークという）が生じる。これらの考えは、1920年代後半に初めて発表された。

18　Bethe 1939.

19　核物理学にある程度詳しい人のために言っておくと、太陽内のエネルギー生成に寄与している2つの主な過程は、ppI分岐（$p + p \rightarrow D + e^{+} +$

ν_e, $D+p \rightarrow {}^3He+\gamma$, ${}^3He+{}^3He \rightarrow {}^4He+2p$）と ppII 分岐（${}^3He+{}^4He \rightarrow {}^7Be+\gamma$, ${}^7Be+e^- \rightarrow {}^7Li+\nu_e$, ${}^7Li+p \rightarrow 2{}^4He$）である。

20 Bethe 1939, p.446.

21 Alpher, Bethe, and Gamow 1948. ガモフは Gamow 1942 と Gamow 1946 ですでにビッグバン原子核合成の考えを提唱していた。

22 ガモフは『宇宙の創造』でこんなジョークを飛ばしている。「けれども、あとになってアルファ・ベータ・ガンマ理論が一時暗礁に乗りあげたときに、ベーテ博士は自分の名前を殉教者ザカリアと変えようかと真剣に考えたといううわさがある」（Gamow 1961, p.64、訳文は邦訳 363 ページより引用）

23 Gamow 1961, p.64.（訳文は邦訳 365 ページより引用）

24 フェルミは物理学者のアンソニー・ターケビッチとともにこの問題を調べたが、結局は結果を発表しなかった。原子量のギャップ問題については、Kragh 1996, pp128-32 にすばらしい説明がある。

25 Hoyle 1946.

26 ホイルは 1946 年 11 月 8 日に発表を行なった。マーガレット・バービッジは当時、マーガレット・ピーチーだった。天文学者のジェフリー・バービッジと結婚するのは 1948 年のことである。台詞《せりふ》はマーガレット・バービッジが 2002 年 4 月 16 日にケンブリッジ大学セント・ジョンズ・カレッジで行なった講演より。ホイルの元素合成の研究については、Mitton 2005 の第 8 章に一般向けの見事な説明がある。

27 この事件については、Hoyle 1986b で説明されている。

28 Öpik 1951.

29 Salpeter 1952（Bondi and Salpeter 1952 も参照）。その後、サルピーターは天体物理学の分野で輝かしい経歴を築いた。

30 Hoyle 1982, p. 3.

31 Hoyle 1982, p. 3.

32 以前にも、7.4 MeV 程度の共鳴は何度か提案されていたが、裏づけはなされていなかった。いずれにせよ、7.5 MeV を超える共鳴準位は（ホイルの予言の前には）提案されていなかった。

33 それからだいぶ年月がたって、当時の参加者たちの出来事の記憶にはいくぶん食い違いがあった。Kragh 2010 は、さまざまな人の記憶をうま

くまとめている。

34　米国物理学会のチャールズ・ウィーナーによる1973年2月のインタビュー。Kragh 2010にて引用されている。

35　Hoyle 1982, p.3.

36　1983年12月8日に行なわれたファウラーのノーベル賞受賞記念講演 "Experimental and Theoretical Nuclear Astrophysics; the Quest for the Origin of the Elements（実験および理論天体核物理学：元素の起源を求めて）" でも説明された。

37　Dunbar, Pixley, Wenzel, and Whaling 1953を参照。この論文とその重要性については、Spear 2002でも説明されている。

38　われわれの知る生命は炭素がもとになっているので、人類にとっての炭素の共鳴準位の重要性については、たびたび論じられている。この問題は本書の議論の範囲からは外れるが、念のため述べておくと、1989年、私は共同研究者とともに、炭素のエネルギー準位がわずかに異なる値だったとしても、恒星では炭素が生成されていたことを示した（Livio et al. 1989）。この結論はのちに、ハインツ・オーバーホマーと共同研究者らのより詳細な研究によって確かめられた（Schlattl et al. 2004）。詳しい考察については、Kragh 2010を参照。

39　Hoyle et al. 1953.

40　Hoyle 1986b, p.449.

41　Gamow 1970, p.127（訳文は邦訳4巻454ページより引用）. ガモフは本心ではホイル、ボンディ、ゴールドの提唱した定常理論（第9章で扱う）に反論したかったのだが、結局はホイルの貢献を認めた。

42　クラフォード賞の1997年のプレス・リリースより。

43　Hoyle 1954.

44　Burbidge, Burbidge, Fowler, and Hoyle 1957. Chown 2001では、元素合成理論の歴史について、非常に生き生きとわかりやすく語られている。Tyson and Goldsmith 2004は、宇宙の進化について、宇宙論から生物学までさまざまな学問分野に触れながら面白おかしく案内している。

45　Hoyle 1958, p.279、Fowler 1958, p.269を参照。

46　Hoyle 1958, p.431.

47　ホイルがノーベル賞を受賞しなかった件に関するオンラインの議論に

ついては、たとえば www.thelonggoodread.com./2010/10/08/fred-hoyle-the-scientist-whose-rudeness-cost-him-a-nobel-prize を参照。

48　Burbidge 2008 を参照。天体核物理学者のドナルド・クレイトンも、ホイルの 1954 年の論文の途方もない重要性について説明している。Clayton 2007 を参照。

49　Burbidge 2003, p.218 にて引用されている。

50　科学史家のスペンサー・ワートによるトミー・ゴールドのインタビューの中で見事に語られた。インタビューは米国物理学会のために 1978 年 4 月 1 日に行なわれた。

51　フレッド・ホイルの興味深いインタビューの中で語られている。Lightman and Brawer 1990, p.55 を参照。

第 9 章

1　Milne 1933.

2　Hoyle 1990 より。Kragh 1996 は、定常理論の歴史に関する見事な記述の中で、映画の話の信憑性について疑問を投げかけた。しかし、*New York Times* 紙が 1952 年 5 月 24 日に、王室天文官のサー・ハロルド・スペンサー・ジョーンズの講演について報じた直後、ホイルは彼に送った手紙の中で、例の映画の話に具体的に触れている。この手紙が 1952 年という早い時期に書かれたものであるという事実も、この話の信憑性を高めている。

3　Weart 1978.

4　Hubble 1929a.

5　Friedmann 1922.

6　宇宙の膨張の発見者に関する論文としては、Way and Nussbaumer 2011、Nussbaumer and Bieri 2011、Van den Bergh 2011、Block 2011 が挙げられる。

7　たとえば、Van den Bergh 1997 で説明されている。

8　Eddington 1923, p.162.

9　Lemaître 1927.

10　Hubble 1926.

11　Hubble 1929a.

12　この出来事については、Livio 2011 で簡単にまとめられている。詳しく

は、Nussbaumer and Bieri 2009、Kragh and Smith 2003、Trimble 2012 も参照。

13 Lemaître 1931a.

14 Van den Bergh 2011.

15 Block 2011.

16 この件に関して、ベルギーはルーヴァンの Archives Georges Lemaître に感謝したい。また、コピーを提供してくれたリリアン・モエンスにもお礼申し上げる。

17 ブロックは手紙の中にある「§§1-*n*」を、記号「*n*」の書き方からして「§§1-72」と解釈すべきだと考えた。さらに彼は、ルメートルが自身の論文の最初の72段落を翻訳することを認められたという意味だと解釈した。さらに、ちょうど73段落めに、ハッブル定数の値を求めるルメートルの数式があったと結論づけたのだ。いずれも説得力に欠ける（詳しい議論は Livio 2011 を参照）。

18 RAS 1931.

19 RAS, RAS correspondence 1931.

20 Lemaître 1931b.

21 Bondi 1990, p.191.

22 Bondi and Gold 1948.

23 Hoyle 1948a.

24 Hoyle 1948a.

25 Hoyle 1948a.

26 Popper 2006, p.18.（邦訳は上巻 49 ページにある）

27 Hoyle 1948b, p.216.

28 Greaves 1948, p.216.

29 Born 1948, p.217.

30 Hoyle 1994, p.270.

31 *New York Times* 紙の見出しは 1952 年 5 月 24 日、*Christian Science Monitor* の記事は 1952 年 6 月 7 日に掲載。

32 *Proceedings of Meeting of the Royal Astronomical Society* 886, pp.104-6 に説明あり。

33 Gold 1955.

34　Bondi 1955.

35　Hoyle 1994, p.410.

36　クエーサーや宇宙マイクロ波背景放射の発見、その重要性に関する説明は、たとえばRees 1997が非常にわかりやすい。

37　Hoyle 1990.

38　Hoyle, Burbidge, and Narlikar 2000。Livio 2000はこの本の批評。

39　2012年3月5日に著者がインタビューした。

40　2011年7月1日に著者がインタビューした。

41　ジョウェットは21歳でオックスフォード大学ベリオール・カレッジのフェローに任命された。彼はこう風刺された。

> われこそ一番。その名はジョウェット。
> 知るべきことは何でも知《ノウイット》っている。
> われはこのカレッジの長《おさ》。
> わが知らざること、これ知識《ナレツジ》にあらず。

42　2011年8月19日に著者がインタビューした。Faulkner 2003も参照。

43　2011年9月19日に著者がインタビューした。Rees 2001も参照。

44　Hoyle 1994, p.328.

45　たとえばBoorstin 1983, p.345にて引用されている。

46　ホイルのもともとの主張は自然発生説（地球上の生物の起源に関する理論）に反対するものであって、ダーウィンの進化論に反対するものではなかった。ドーキンスはDawkins 2006でホイルの誤謬《ごびゅう》の議論について詳しく述べている。

47　キャスリン・シュルツはSchulz 2010で、間違うことにまつわる感情について興味深い議論を展開している。

48　グースは一般向けの著書Guth 1997でこのモデルについて見事に説明している。

49　定常宇宙とインフレーション宇宙の関係については、Barrow 2005で論じられている。

50　特に、Hoyle and Tayler 1964、Wagoner, Fowler, and Hoyle 1967を参照。

第10章

1 Einstein 1917.

2 この決定的な結果は、Hubble 1929b で発表された。

3 Einstein 1917, p.188（英訳版）。

4 数学志向の人々のために述べておくと、もともとの方程式は $G_{\mu\nu} = 8\pi GT_{\mu\nu}$ というものだった。ここで、G は万有引力定数、$T_{\mu\nu}$ は応力エネルギー・テンソル、$G_{\mu\nu}$ は時空の幾何学的構造を表わすアインシュタインの曲率テンソルである。一方、修正後の方程式は $G_{\mu\nu} - 8\pi G\rho_{\Lambda}g_{\mu\nu} = 8\pi GT_{\mu\nu}$ というものだった。ここで、ρ_{Λ} は宇宙定数に関連するエネルギー密度と考えられ、$g_{\mu\nu}$ は距離を定義する時空テンソルである。

5 Eddington 1930.

6 アインシュタインはここで、マッハの原理と呼ばれるものを利用した。これはオーストリアの物理学者・哲学者のエルンスト・マッハにちなむ原理であり、空っぽな宇宙では運動も加速もまったく感じることができないという仮説である。マッハの原理の現代的な解釈については、Greene 2004 で見事に論じられている。

7 特殊および一般相対性理論について説明した一般向けの良書はたくさんあるが、私が特に面白いと思ったのは、Kaku 2004 と Galison 2003 の2冊。Einstein 2005 はいつも読みごたえがある。タイソンのユーモアあふれるエッセイ集 Tyson 2007 では、多くの関連テーマに見事に挑んでいる。

8 Chou, Hume, Rosenband, and Wineland 2010.

9 アインシュタイン自身が Einstein 1955 でこれらの原則について説明した。Hawking 2007 はアインシュタインの論文集である。アインシュタインの科学的な伝記としては、Pais 1982 がこれらの原則について見事に説明している。Greene 2004 は、この理論を現代的な発展という観点から一般人にもわかりやすい言葉で説明している。

10 京都講演は1922年12月14日に行なわれた。この講演は、石原純がメモを取り、小野義正が英訳した（*Physics Today* 誌の1932年8月号に掲載）。

11 この結果については Dyson, Eddington, and Davidson 1920 で説明されている。

12 新しい世代の時計では継続的に精度が改良されている。たとえば、Tino et al. 2007 を参照。

13 Earman 2001には、アインシュタインの宇宙定数の導入とその初期の歴史について、詳細で見事な（専門的）議論がある。North 1965の説明も明快（Norton 2000も参照）。

14 de Sitter 1917.

15 アインシュタインからワイルへの1923年5月23日の手紙。

16 Einstein 1931.

17 Einstein and de Sitter 1932.

18 Gamow 1956.

19 Gamow 1970, p.44.（邦訳は3巻465ページにある）

20 Gamow 1970, p.149.（訳文は邦訳4巻472～474ページより引用）

21 Segrè 2011, p.155.

22 Fölsing 1997.

23 このエピソードの全容はBrunauer 1986で説明されている。

24 1946年9月24日に書かれた手紙。Albert Einstein ArchivesのDocument 11-331を参照。

25 1948年7月9日に書かれた手紙。Albert Einstein ArchivesのDocument 11-333と11-334を参照。

26 たとえば、1948年8月4日の手紙。Albert Einstein ArchivesのDocument 11-335を参照。

27 Albert Einstein ArchivesのDocument 70-960を参照。

28 プリンストン大学物理学部は、アインシュタインの70回めの誕生日を記念して、相対性理論に関するシンポジウムを開催した。多数の招待者の中にはガモフも含まれていた（プリンストン大学の学部長補佐のポール・バッシーからの1949年3月15日の手紙には、ガモフの旅の手配について記されている）。しかし、ガモフの名前は、1949年3月17日の招待の承諾者リストには掲載されていない。

29 Einstein 1955, p.127.（訳文は邦訳134ページより引用。ただし約物の表記を一部修正）

30 Einstein 1955, p.127.（訳文は邦訳134ページより引用。ただし約物の表記を一部修正）

31 Pauli 1958, p.220.（邦訳は下巻171ページにある）

32 Einstein 1934, p.167.

33　1947年9月26日に書かれた手紙。Albert Einstein ArchivesのDocument 15-085.1を参照。

34　ルメートルはアインシュタインへの1947年7月30日の手紙で、宇宙定数に対するアインシュタインの考え方を「変えるための努力」をしていると語っている。Albert Einstein Archives の Document 15-084.1を参照。

35　アインシュタインからルメートルへの1947年9月26日の手紙。Albert Einstein Archives の Document 15-085.1を参照。

36　Laloë and Pecker 1990も、アインシュタインがこの言葉を使ったとは考えていないが、彼らの提示している証拠はずっと弱い。

37　この比較はWeinberg 2005でも用いられた。

38　Leahy 2001.

39　アインシュタインの数ある伝記の中で、私が特に挙げておきたいのは、Isaacson 2007およびFölsing 1997。それから、彼の性格のそのほかの側面を見事に描いたものとして、Overbye 2000がある。

40　1931年9月14日の手紙。Albert Einstein Archives の Document 23-031を参照。

41　銀河の形成に関するルメートルの考えは、たとえばLemaître 1931b, 1934で表現されている。

42　Brecher and Silk 1969.

43　Eddington 1952, p.24.

44　Eddington 1952, p.25.

45　Guth 1997で見事に説明されている。

46　McCrea 1971.

第11章

1　Calder and Lahav 2008は、ニュートンの研究が“ダークエネルギー”の効果の少なくとも一部の側面について示唆していると論じている。

2　Norton 1999はこの問題について詳しく論じている。

3　特に、von Seeliger 1895とNeumann 1896。アインシュタインは宇宙定数を導入するにあたって、彼らの研究から部分的に刺激を受けたのかもしれない。

4　このモデルは、Petrosian, Salpeter, and Szekeres 1967で提唱された。し

かしその数年後、ペトロシアンは、このモデルでは観測結果に反してより遠方のクエーサーの輝度の減少が予言されることを示した。

5　もういちど数学志向の人々のために述べておくと、新しい方程式は $G_{\mu\nu} - 8\pi G\rho_{\Lambda}g_{\mu\nu} = 8\pi GT_{\mu\nu}$ というものだった。ここで、ρ_{Λ} は宇宙定数に関連するエネルギー密度である。

6　すると、方程式は $G_{\mu\nu} = 8\pi G(T_{\mu\nu} + \rho_{\Lambda}g_{\mu\nu})$ となる。

7　真空エネルギーを表わすものとしての宇宙定数に関しては、Krauss and Turner 2004、Randall 2011、Greene 2011 にわかりやすく見事な説明がある。Davies 2011 も短くて読みやすい論文である。時間の理論や、その宇宙の膨張との関係については、Carroll 2001、Frank 2011 に興味深い説明がある。

8　Einstein 1919.

9　Einstein 1927.

10　Enz and Thellung 1960 にて説明されている。

11　Lemaître 1934.

12　Zeldovich 1967.

13　宇宙定数の問題に関する見事な専門的議論は、たとえば Weinberg 1989、Peebles and Ratra 2003、Carroll 2001（定期的に更新）にある。

14　この結果は Riess et al. 1998 および Perlmutter et al. 1999 で発表された。Overbye 1998 には、この発見のすばらしい説明が記されている。

15　Panek 2011、Kirshner 2002、Livio 2000、Goldsmith 2000 は、この発見について生き生きとわかりやすく説明している。

16　Ia 型超新星は、白色矮星《はくしょくわいせい》に許容される最大質量（チャンドラセカール質量）まで質量が増大した白色矮星から生じると考えられる。この時点になると、中心部の炭素に点火され、白色矮星全体が爆発によって崩壊する。

17　ウィルキンソン・マイクロ波異方性探査機（Wilkinson Microwave Anisotrophy Probe; WMAP）の Web サイト www.map.gsfcnasa.gov に最新の情報がある。

18　Kane 2000 は、超対称性に関連する概念を見事にわかりやすく説明している。Dine 2007 は専門テキストとして秀逸。

19　この部分の説明では、主に Livio and Rees 2005 の議論に従っている。

人間原理的推論に関する定番書といえば、Barrow and Tipler 1986。Vilenkin 2006、Susskind 2006、Greene 2011は、人間原理や多宇宙《マルチバース》の概念について、わかりやすく包括的に論じている。

20 Weinberg 1987.

21 Carter 1974.

22 Mangel and Samaniego 1984は、航空機の生存性に関するウォールドの研究について、学問的に分析している。Wolfowitz 1952は、ウォールドの全研究を年代順に記録している。

23 マルムクイスト・バイアスについては、ウィキペディアの記事が非常に詳しいうえ、それほど難しくない。http://en.wikipedia.org/wiki/Malmquist_bias を参照。

24 ケプラーのモデルについては、Livio 2002, p.142（邦訳は222ページ）でやや詳しく説明している。

25 Vilenkin 2006で見事に説明されている。

26 膨大な数の潜在的宇宙を含むこの“風景”については、Susskind 2006で扱われている。

27 Einstein 1934. このハーバート・スペンサー講演は1933年6月10日に行なわれた。

28 Infeld 1949, p.477.

29 Lemaître 1949, p.443.

30 Einstein 1949.

31 Weinberg 2005は、アインシュタインのいくつかの間違いを紹介している。Ohanian 2008はアインシュタインのすべての間違いを見事にまとめ、考察している。

32 アインシュタインは1955年3月に最後の自伝的な記録を記した。最後のコメントは量子力学に関するものだった。Seelig 1956を参照。

最後に

1 Russell 1951.

2 Kahneman 2011は、意思決定に関する理論や発見について、わかりやすく包括的に述べている。

3 Darwin 1998 [1874], p.642.（邦訳は462ページにある）

参考文献

Alpher, R. A., Bethe, H., and Gamow, G. 1948. "The Origin of Chemical Elements." *Physical Review*, 73, 803.

Aristotle 4th century BCE. *The History of Animals,* book 9, chapter 6. (『動物誌』島崎三郎訳、岩波書店、1998、1999、第9巻、第6章)。D'Arcy Wentworth Thompson による翻訳は www.mlahanas.de/Greeks/Aristotle/HistoryOfAnimals/HistoryOfAnimals9.html にある。

Armstrong, H. E. 1920. "Prof. John Perry, F. R. S." *Nature*, 105, 751.

Astbury, W. T. 1936. "X-Ray Studies of Protein Structure." *Nature*, 141, 803.

Astbury, W. T., and Bell, F. O. 1938. "Some Recent Developments in the X-Ray Study of Proteins and Related Structures." *Cold Spring Harbor Symposia on Quantitative Biology*, 6, 109.

——. 1939. "X-Ray Data on the Structure of Natural Fibres and Other Bodies of High Molecular Weight." *Tabulae Biologicae*, 17, 90.

Avery, O. T., MacLeod, C. M., and McCarty, M. 1944. "Studies on the Chemical Nature of the Substance Inducing Transformation of Pneumococcal Types: Induction of Transformation by a Desoxyribonucleic Acid Fraction Isolated from Pneumococcus Type III." *Journal of Experimental Medicine*, 79, 137.

Bäckman, L., and Nyberg, L. 2010. *Memory, Aging and the Brain: A Festschrift in Honour of Lars-Göran Nilsson* (Hove, UK: Psychology Press).

Barrow, J. D. 2005. "Worlds Without End or Beginnings." In *The Scientific Legacy of Fred Hoyle*. Edited by D. Gough (Cambridge: Cambridge University Press), 93.

Barrow, J. D., and Tipler, F. J. 1986. *The Anthropic Cosmological Principle* (Oxford: Clarendon Press).

Bechara, A., Damasio, H., and Damasio, A. R. 2000. "Emotion, Decision Making and the Orbitofrontal Cortex." *Cerebral Cortex*, 10, 295.

Becker, L. E. 1869. "On the Study of Science by Women." *Contemporary*

Review, 10, January-April 1869, 389-90.

Becquerel, H. 1896. "Sur les Radiations invisibles émises par les corps phosphorescents." *Comptes Rendus de l'Académie des Sciences*, 122, 501.

Bell, G. 2008. *Selection: The Mechanism of Evolution, 2nd ed.* (Oxford: Oxford University Press).

Berenstein, J. 1973. *Einstein,* Modern Masters Series (New York: Viking).

Berridge, K. C. 2003. "Pleasures of the Brain." *Brain and Cognition*, 52, 106.

Bethe, H. A. 1939. "Energy Production in Stars." *Physical Review*, 55, 434.

Blackburn, H. 1902. *Women's Suffrage: A Record of the Women's Suffrage Movement in the British Isles* (London: Williams and Norgate).

Block, D. 2011. http://arxiv.org/abs/1106.3928.

Bloom, P. 2010. *How Pleasure Works: The New Science of Why We Like What We Like* (New York: W. W. Norton). (『喜びはどれほど深い？――心の根源にあるもの』小松淳子訳、インターシフト、2012)

Blow, D. 2002. *Outline of Crystallography for Biologists* (Oxford: Oxford University Press). (『ブロウ　生命系のためのX線解析入門』平山令明訳、化学同人、2004)

Bondi, H. 1955. "Proceedings at Meeting of the Royal Astronomical Society," No.886, p.106.

―― . 1990. "The Cosmological Scene 1945-1952." In *Modern Cosmology in Retrospect*. Edited by B. Bertotti, R. Balbinot, S. Sergio, and A. Messina (Cambridge: Cambridge University Press).

Bondi, H., and Gold, T. 1948. "The Steady-State Theory of the Expanding Universe." *Monthly Notices of the Royal Astronomical Society*, 108, 252.

Bondi, H., and Salpeter, E. E. 1952. "Thermonuclear Reactions and Astrophysics." *Nature*, 169, 304.

Boorstin, D. J. 1983. *The Discoverers: A History of Man's Search to Know His World and Himself* (New York: Random House). (『大発見――未知に挑んだ人間の歴史』鈴木主税・野中邦子訳、集英社、1988)

Born, M. 1948. In "Proceedings at Meeting of the Royal Astronomical Society," No.847, p.217.

Bowersox, J. 1999. "Experimental Staph Vaccine Broadly Protective in

Animal Studies." *NIH News*, May 27, 1999.

Bowler, P. J. 2009. *Evolution: The History of an Idea, 25th Anniversary Edition* (Berkeley, CA: University of California Press).（『進化思想の歴史』鈴木善次訳、朝日新聞社、1987）

Bozarth, M. A. 1994. "Pleasure Systems in the Brain." In *Pleasure: The Politics and the Reality.* Edited by D. M. Warburton (New York: John Wiley & Sons), 5.

Bragg, Sir W. L., Kendrew, J. C., and Perutz, M. F. 1950. "Polypeptide Chain Configurations in Crystalline Proteins." *Proceedings of the Royal Society of London*, A203, 321.

Brannigan, A. 1981. *The Social Basis of Scientific Discoveries* (Cambridge: Cambridge University Press).（『科学的発見の現象学』村上陽一郎・大谷隆昶訳、紀伊國屋書店、1984）

Braun, G., Tierney, D., and Schmitzer, H. 2011. "How Rosalind Franklin Discovered the Helical Structure of DNA: Experiments in Diffraction." *Physics Teacher*, 49, 140.

Brecher, K., and Silk, J. 1969. "Lemaître Universe, Galaxy Formation and Observations." *Astrophysical Journal*, 158, 91.

Brehm, J. W. 1956. "Postdecision Changes in the Desirability of Alternatives." *Journal of Abnormal and Social Psychology*, 52(3), 384.

Brice, W. R. 1982. "Bishop Ussher, John Lightfoot and the Age of Creation." *Journal of Geological Education*, 30, 18.

Brownlie, A. D., and Lloyd Prichard, M. F. 1963. "Professor Fleeming Jenkin, 1833-1885, Pioneer in Engineering and Political Economy." *Oxford Economic Papers*, 15(3), 204.

Brunauer, S. 1986. "Einstein and the Navy:... An Unbeatable Combination." *On the Surface*. Naval Surface Weapons Center, January 24, 1986.

Bulmer, M. 2004. "Did Jenkin's Swamping Argument Invalidate Darwin's Theory of Natural Selection?" *British Journal for the History of Science*, 37(3): 281.

Burbidge, E. M., Burbidge, G. R., Fowler, W. A., and Hoyle, F. 1957. "Synthesis of the Elements in Stars," *Reviews of Modern Physics*, 29(4), 547.

Burbidge, G. 2003. "Sir Fred Hoyle." *Biographical Memoirs of Fellows of the Royal Society*, 49, 213.

—— . 2008. "Hoyle's Role in B^2FH," *Science*, 319, 1484.

Burchfield, J. D. 1990. *Lord Kelvin and the Age of the Earth* (Chicago: University of Chicago Press).

Burton, R. A. 2008. *On Being Certain: Believing You Are Right Even When You're Not* (New York: St. Martin's Griffin).（『確信する脳——「知っている」とはどういうことか』岩坂彰訳、河出書房新社、2010）

Calder, L., and Lahav, O. 2008. "Dark Energy: Back to Newton?" *Astronomy & Geophysics*, 49, 1.13.

Carozzi, A. V. 1969. *Telliamed, or Conversations between an Indian Philosopher and a French Missionary on the Diminution of the Sea* (Urbana, IL: University of Illinois Press).

Carroll, S. B. 2009. *Remarkable Creatures: Epic Adventures in the Search for the Origin of Species* (Boston: Houghton Mifflin Harcourt).

Carroll, S. B., Grenier, J. K., and Weatherbee, S. D. 2001. *From DNA to Diversity: Molecular Genetics and the Evolution of Animal Design* (Malden, MA: Blackwell Science).（『DNA から解き明かされる形づくりと進化の不思議』上野直人・野地澄晴監訳、羊土社、2003）

Carroll, S. M. 2001. "The Cosmological Constant." *Living Reviews in Relativity*, 3, 1.

——. 2010. *From Eternity to Here: The Quest for the Ultimate Theory of Time* (New York: Dutton).

Carter, B. 1974. "Large Number Coincidences and the Anthropic Principle in Cosmology." In IAU Symposium 63, *Confrontation of Cosmological Theories with Observational Data* (Dordrecht: Reidel), 291.

Chabris, C., and Simons, D. 2010. *The Invisible Gorilla, and Other Ways Our Intuitions Deceive Us* (New York: Crown).（『錯覚の科学——あなたの脳が大ウソをつく』木村博江訳、文藝春秋、2011）

Chamberlin, T. C. 1899. "Lord Kelvin's Address on the Age of the Earth as an Abode Fitted for Life." *Science, New Series*, 9(235), 889.

Chapman, A. D. 2009. *Numbers of Living Species in Australia and the World.*

2nd ed. (Toowoomba, Australia: Australia Biodiversity Information Services).

Chargaff, E. 1950. "Chemical Specificity of Nucleic Acids and the Mechanism of their Enzymatic Degradation." *Experimentia*, 6, 201.

——. 1978. *Heraclitean Fire: Sketches from a Life before Nature* (New York: Rockefeller University Press).（『ヘラクレイトスの火——自然科学者の回想的文明批判』村上陽一郎訳、岩波書店、1990）

Chargaff, E., Zamenhof, S., and Green, C. 1950. "Composition of Human Desoxypentose Nucleic Acid." *Nature*, 165, 756.

Chou, C. W., Hume, D. B, Rosenband, T., and Wineland, D. J. 2010. "Optical Clocks and Relativity," *Science*, 329, 1630.

Chown, M. 2001. *The Magic Furnace: The Search for the Origins of Atoms* (Oxford: Oxford University Press).（『僕らは星のかけら——原子をつくった魔法の炉を探して』糸川洋訳、ソフトバンクパブリッシング、2005）

Cicero, M. T. 45 BCE. *The Nature of Gods*, p. 78; 1997. (Oxford: Oxford University Press).（P. G. Walsh による序文と注釈付きの翻訳。『神々の本性について』＝『キケロー選集 11』山下太郎訳、岩波書店、2000 に所収、引用箇所は 143 ページ）

Clayton, D. D. 2007. "Hoyle's Equation." *Science*, 318, 1876.

Coleman, D. 1995. *Emotional Intelligence: Why It Can Matter More Than IQ* (New York: Bantam).（『EQ——こころの知能指数』土屋京子訳、講談社、1998）

Cooper, J., and Fazio, R. H. 1984. "A New Look at Dissonance Theory." In *Advances in Experimental Social Psychology*. Edited by L. Berkowitz (New York: Academic Press).

Cosmides, L., and Tooby, J. 1996. "Are Humans Good Intuitive Statisticians After All? Rethinking Some Conclusions from Literature on Judgment Under Uncertainty." *Cognition*, 58, 1.

Coute, D. 1978. *The Great Fear: The Anti-Communist Purge Under Truman and Eisenhower* (New York: Touchstone).

Coyne, J. A. 2009. *Why Evolution Is True* (New York: Viking).（『進化のなぜを解明する』塩原通緒訳、日経 BP 社、2010）

Coyne, J. A., and Orr, H. A. 2004. *Speciation* (Sunderland, MA: Sinauer).
Crick, F. 1988. *What Mad Pursuit: A Personal View of Scientific Discovery* (New York: Basic Books).（『熱き探究の日々――DNA二重らせん発見者の記録』中村桂子訳、ティビーエス・ブリタニカ、1989）
Curie, P., and Laborde, A. 1903. "Sur la chaleur dégagée spontanément par les sels de radium." *Comptes Rendus de l'Académie des Sciences*, 136, 673.
Dalrymple, G.B. 1991. *The Age of the Earth* (Stanford, CA: Stanford University Press).
——. 2001. "The Age of the Earth in the Twentieth Century: A Problem (Mostly) Solved." *Geological Society, London, Special Publications*, 190, 205.
Darwin, C. 1868. *The Variation of Animals and Plants Under Domestication* (London: John Murray).（『育成動植物の趨異』阿部余四男訳、岩波書店、1937）
——. 1909 [1842]. *The Foundations of the Origin of Species, A Sketch Written in 1842*. Edited by F. Darwin (Cambridge, Cambridge University Press).（『種の起原の基礎』阿部文夫訳、大日本文明協会事務所、1915）
——. 1958 [1892]. *The Autobiography of Charles Darwin and Selected Letters*. Edited by F. Darwin (New York: Dover Publications).
——. 1964 [1859]. *On the Origin of Species by Means of Natural Selection, or the Preservation of Favoured Races in the Struggle for Life* (London: John Murray). Reprinted (Cambridge, MA: Harvard University Press).（『種の起源』渡辺政隆訳、光文社、2009）
——. 1981 [1871]. *The Descent of Man, and Selection in Relation to Sex*(London: John Murray). Reprinted in facsimile with an introduction by J. T. Bonner and R. M. May (Princeton, NJ: Princeton University Press).（『人間の進化と性淘汰』＝『ダーウィン著作集（1）(2)』長谷川眞理子訳、文一総合出版、1999, 2000に所収）
——. 1998. *The Descent of Man* (Amherst, NY: Prometheus Books). Originally published in the US 1874 (New York: Crowell).（『人間の進化と性淘汰』＝『ダーウィン著作集（1）(2)』長谷川眞理子訳、文一総合出版、1999, 2000に所収）
——. 2009 [1859]. *The Annotated Origin: A Facsimile of the First Edition*

of On the Origin of Species. Annotated by J. T. Costa (Cambridge, MA: Belknap Press of Harvard University Press).

Darwin, F. 1887. *The Life and Letters of Charles Darwin* (London: John Murray).

Darwin, F, and Seward, A. C. 1903. *More Letters of Charles Darwin: A Record of His Work in a Series of Hitherto Unpublished Letters* (New York: D. Appleton), Letter 406*, p. 36. Reprint 1972 (New York: Johnson).

Darwin, G. H. 1886. "Presidential Address to Section A." *BAAS Report*, 56, 511.

——. 1903. "Radio-Activity and the Age of the Sun." *Nature*, 68, 496.

——. 1907-16. In *The Scientific Papers of Sir George Darwin*. Edited by F.J. M. Stratton and J. Jackson. 5 vols. Reprinted 2009 (Cambridge: Cambridge University Press).

Davies, P. 2011. "Out of the Ether." *New Scientist*, 19, November, 50.

Davis, A. S. 1871. "The 'North British Review' and the Origin of Species." *Nature*, December 28, 161.

Dawkins, R. 1986. *The Blind Watchmaker* (New York: W. W. Norton).（『盲目の時計職人——自然淘汰は偶然か？』日高敏隆監修、中嶋康裕・遠藤彰・遠藤知二・疋田努訳、早川書房、2004）

——. 2006. *The God Delusion* (New York: Houghton Mifflin).（『神は妄想である——宗教との決別』垂水雄二訳、早川書房、2007）

——. 2009. *The Greatest Show on Earth: The Evidence for Evolution* (New York: Free Press).（『進化の存在証明』垂水雄二訳、早川書房、2009）

de Beer, G. 1964. "Mendel, Darwin, and Fisher." *Notes and Records of the Royal Society of London,* 19(2), 192.

Dein, S. 2001. "What Really Happens When Prophecy Fails: The Case of Lubavitch." *Sociology of Religion*, 62(3), 383.

de Maillet, B. 1748. *Telliamed ou entretiens d'un philosophe indien avec un missionaire françois sur la diminution de la mer, la formation de la Terre, l'origine de l'Homme etc.*, ed. J.-A. Guer (Amsterdam: L'Honoré et Fils). Translated and edited by Carozzi 1969.

de Martino, B., Kumaran, D., Seymour, B., and Dolan, R.J. 2006. "Frames,

Biases, and Rational Decision-Making in the Human Brain." *Science*, 313, 684.

Dennett, D. C. 1995. *Darwin's Dangerous Idea: Evolution and the Meanings of Life* (New York: Simon & Schuster).(『ダーウィンの危険な思想――生命の意味と進化』山口泰司監訳、石川幹人・大崎博・久保田俊彦・斎藤孝訳、青土社、2000)

Depew, D. J., and Weber, B. H. 1995. *Darwinism Evolving: Systems Dynamics and the Genealogy of Natural Selection* (Cambridge, MA: MIT Press).

de Roode, J. 2007. "Reclaiming the Peppered Moth for Science." *New Scientist*, 8, December, 46.

de Sitter, W. 1917. "On the Relativity of Inertia: Remarks Concerning Einstein's Latest Hypothesis." *Proceedings of the Royal Academy of Amsterdam*, 19, 1217.

Des Jardins, J. 2010. *The Madame Curie Complex: The Hidden History of Women in Science* (New York: The Feminist Press).

Dine, M. 2007. *Supersymmetry and String Theory: Beyond the Standard Model* (Cambridge: Cambridge University Press).

Dobzhansky, T. 1973. "Nothing in Biology Makes Sense Except in the Light of Evolution." *American Biology Teacher*, 35, 125.

Dover, G. 2000. *Dear Mr. Darwin: Letters on the Evolution of Life and Human Nature* (Berkeley, CA: University of California Press).(『拝啓ダーウィン様――進化論の父との15通の往復書簡』渡辺政隆訳、光文社、2001)

Dunbar, D. N. F., Pixley, R. E., Wenzel, W. A., and Whaling, W. 1953. "The 7.68-MeV State in C^{12}." *Physical Review,* 92,649.

Dunitz J. D. 1991. "Linus Pauling-Born 1901, Still Going Strong." *Croatica Chemica Acta*, 64(3), I.

Dyson, F. W., Eddington, A. S., and Davidson, C. 1920. "A Determination of the Deflection of Light by the Sun's Gravitational Field, from Observations Made at the Total Eclipse of May 29, 1919." *Philosophical Transactions of the Royal Society of London*, A 220, 291.

Earman, J. 2001. "Lambda: The Constant That Refuses to Die." *Archives for History of Exact Sciences*, 55, 190.

Eddington, A. S. 1920. "The Internal Constitution of the Stars." *Observatory*, 43,341.

——. 1923. *The Mathematical Theory of Relativity* (Cambridge: Cambridge University Press).

——. 1926. *The Internal Constitution of the Stars* (Cambridge: Cambridge University Press).

——. 1930. "On the Instability of Einstein's Spherical World." *Monthly Notices of the Royal Astronomical Society*, 90, 668.

——. 1952. *The Expanding Universe* (Cambridge: Cambridge University Press).（『膨張する宇宙』村上忠敬訳註、恒星社、1936）

Einstein, A. 1917. "Cosmological Considerations on the General Theory of Relativity." English translation of "Kosmologische Betrachtungen zur allgemeinen Relativitätstheorie," *Sitzungsberichte der Preussischen Akademie der Wissenschaften (PAW)*, 142.

——. 1919. *PAW*, p.249 にある。Pais 1982, p.287 でも説明されている。

——. 1927. *The Formal Relationship of Riemann's Curvature Tensor to the Field Equilibria of Gravitation*, Mathematische Annalen, 97, 99.

——. 1931. *PAW*, p.235 にある。Pais 1982, p.288 でも説明されている。

——. 1934. "On the Method of Theoretical Physics." *Philosophy of Science*, 1 (2),163.

——. 1949. "Remarks Concerning the Essays Brought Together in this Co-operative Volume." In *Albert Einstein: Philosopher-Scientist*. Edited by P. A. Schilpp (Evanston, IL: Library of Living Philosophers).

——. 1955. *The Meaning of Relativity*, 5th ed. *Including the Relativistic Theory of the Non-Symmetric Field* (Princeton, NJ: Princeton University Press).（『相対論の意味』矢野健太郎訳、岩波書店、1958）

——. 1966. *The Meaning of Relativity*, 5th ed. *Including the Relativistic Theory of the Non-Symmetric Field* (Princeton, NJ: Princeton University Press).（『相対論の意味』矢野健太郎訳、岩波書店、1958）

——. 2005. *Relativity: The Special and General Theory*. Translated by R. W. Lawson, with introduction by R. Penrose, commentary by R. Geroch, historical essay by D. C. Cassidy (New York: Pi Press).（『特殊および一般

相対性理論について』金子務訳、白揚社、1991）

Einstein, A., and de Sitter, W. 1932. "On the Relation Between the Expansion and the Mean Density of the Universe." *Proceedings of the National Academy of Sciences,* 18(3), 213.

Elgvin, T. D., Hermansen, J. S., Fijarczyk, A., Bonnet, T., Borge, T., Saether, S. A., Voje, K. L., and Saetre, G.-P. 2011. "Hybrid Speciation in Sparrows II: A Role for Sex Chromosomes?" *Molecular Ecology,* 20(18), 3823.

Elkin, L. O. 2003. "Rosalind Franklin and the Double Helix." *Physics Today,* March, 42.

Else, L. 2011. "Nobel Psychologist Reveals the Error of Our Ways." *New Scientist* (magazine issue 2839), 222.newscientist.com/article/mg21228390.400-nobel-psychologist-reveals-the-err-of-our-ways.html を参照。

Endler, J. A. 1986. *Natural Selection in the Wild* (Princeton, NJ: Princeton University Press).

England, P., Molnar, P., and Richter, F. 2007. "John Perry's Neglected Critique of Kelvin's Age for the Earth: A Missed Opportunity in Geodynamics." *GSA Today* 17(1), 4.

Enz, C. P., and Thellung, A. 1960. "Nullpunktsenergie und Anordnung nicht vertauschbarer Faktoren im Hamiltonoperator." *Helvetica Physica Acta,* 33, 839.

Evans, L., and Smith, K. 1973. *Chess World Championship: Fischer vs. Spassky* (New York: Simon & Schuster).

Eve, A. S. 1939. *Rutherford: Being the Life and Letters of the Rt. Hon. Lord Rutherford, O. M.* (New York: Macmillan Company).

Faulkner, J. 2003. "Remembering Fred Hoyle." *Astrophysics and Space Science,* 285, 593.

Feller, S. A. 2010. "20th Century Physicists on Bank Notes." *Radiations,* 16(2), 7.

Ferris, T. 1993. "Needed: A Better Name for the Big Bang." *Sky & Telescope,* August 1993.

Festinger, L. 1957. *A Theory of Cognitive Dissonance* (Stanford, CA: Stanford

University Press).（『認知的不協和の理論——社会心理学序説』末永俊郎監訳、誠信書房、1983）

Fiorino, D. F, Coury, A., and Phillips, A. G. 1997. "Dynamic Changes in Nucleus Accumbens Dopamine Efflux During the Coolidge Effect in Male Rats." *Journal of Neuroscience*, 17(12), 4849.

Fisher, R. A. 1930. *The Genetical Theory of Natural Selection* (Oxford: Oxford University Press). A second edition was published in 1958 by Dover, New York.

Fölsing, A. 1997. *Albert Einstein: A Biography*. Translated by E. Osers (New York: Viking).

Foskett, D.J. 1953. "Wilberforce and Huxley on Evolution." *Nature*, 172, 920.

Fowler, W. A. 1958. "Nuclear Processes and Element Synthesis in Stars," in *Stellar Populations*. Edited by D. J. K. O'Connell, S. J. (Rome: Vatican Observatory).

Francoeur, E. 2001. "Molecular Models and the Articulation of Structural Constraints in Chemistry." In *Tools and Modes of Representation in Laboratory Science*. Edited by V. Klein (Dordrecht: Kluer).

Frank, A. 2011. *About Time: Cosmology and Culture at the Twilight of the Big Bang* (New York: Free Press).（『時間と宇宙のすべて』水谷淳訳、早川書房、2012）

Franklin, R. E., and Gosling, R. G. 1953a. "Molecular Configuration in Sodium Thymonucleate." *Nature*, 171, 740.

——. 1953b. "Evidence for a 2-Chain Helix in Crystalline Structure of Sodium Deoxyribonucleate." *Nature*, 172, 156.

——. 1953c. "The Structure of Sodium Thymonucleate Fibres. II: The Cylindrically Symmetrical Patterson Function." *Acta Crystallographica*, 6, 678.

Friedmann, A. 1922. "Über die Krümmung des Raumes." *Zeitschrift für Physik*, 10,377.

Galison, P. 2003. *Einstein's Clocks, Poincaré's Maps: Empires of Time* (New York: W. W. Norton).（『アインシュタインの時計　ポワンカレの地図——鋳造される時間』松浦俊輔訳、名古屋大学出版会、2015）

Gamow, G. 1942. "Concerning the Origin of Chemical Elements." *Journal of the Washington Academy of Sciences*, 32, 353.

——. 1946. "Expanding Universe and the Origin of Elements." *Physical Review*, 70, 572.

——. 1956. "The Evolutionary Universe." *Scientific American*, September, 136.

——. 1961. *The Creation of the Universe*, rev. ed. (New York: Viking).（『宇宙の創造』＝『G・ガモフ コレクション（3）』伏見康治訳、白揚社、1992に所収）

——. 1970. *My World Line: An Informal Autobiography* (New York: Viking Press).（『わが世界線』＝『G・ガモフ コレクション（3）（4）』鎮目恭夫訳、白揚社、1992に所収）

Gann, A., and Witkowski, J. 2010. "The Lost Correspondence of Francis Crick." *Nature*, 467, 419.

Gans, J., Wolinsky, M., and Dunbar, J. 2005. "Computational Improvements Reveal Great Bacterial Diversity and High Metal Toxicity in Soil." *Science*, 309, 1387.

Gess, R. W., Goates, M. I., and Rubidge, B. S. 2006. "A Lamprey from the Devonian Period of South Africa." *Nature*, 443, 981.

Glynn, J. 2012. *My Sister Rosalind Franklin* (Oxford: Oxford University Press).

Goertzel, T., and Goertzel, B. 1995. *Linus Pauling: A Life in Science and Politics* (New York: Basic Books).（『ポーリングの生涯——化学結合・平和運動・ビタミンC』石館康平訳、朝日新聞社、1999）

Gold, T. 1955. In "Proceedings at Meeting of the Royal Astronomical Society," No.886, p.106.

Goldsmith, D. 2000. *The Runaway Universe: The Race to Discover the Future of the Cosmos* (New York: Basic Books).

Gould, S. J. 2002. *The Structure of Evolutionary Theory* (Cambridge, MA: Belknap Press of Harvard University Press).

Gray, A. 1908. *Lord Kelvin: An Account of His Scientific Life and Work* (London: J. M. Dent and Company).

Greaves, W. M. H. 1948. In "Proceedings at Meeting of the Royal Astronomical Society," No. 847, p. 209.

Greene, B. 2004. *The Fabric of the Cosmos: Space, Time, and the Texture of Reality* (New York: Alfred A. Knopf).（『宇宙を織りなすもの——時間と空間の正体』青木薫訳、草思社、2009）

——.2011. *The Hidden Reality: Parallel Universes and the Deep Laws of the Cosmos* (New York: Alfred A. Knopf).（『隠れていた宇宙』竹内薫監修、大田直子訳、早川書房、2013）

Gregory, T. 2005. *Fred Hoyle's Universe* (Oxford: Oxford University Press).

Guth, A. 1997. *The Inflationary Universe* (Reading, MA: Addison-Wesley).（『なぜビッグバンは起こったか——インフレーション理論が解明した宇宙の起源』はやしはじめ・はやしまさる訳、早川書房、1999）

Haber, F. C. 1959. *The Age of the Earth: Moses to Darwin* (Baltimore: Johns Hopkins Press).

Hager, T. 1995. *Force of Nature: The Life of Linus Pauling* (New York: Simon & Schuster).

Hardin, G. 1959. *Nature and Man's Fate* (New York: Signet).

Harrison, B. W. 2001. "Early Vatican Responses to Evolutionist Theology," at www.rtforum.org/it/it93.html.

Hartl, D. L., and Clark, A. G. 2006. *Principles of Population Genetics*, 4th ed. (Sunderland, MA: Sinauer Associates).

Hawking, S. 2007. *A Stubbornly Persistent Illusion: The Essential Scientific Writings of Albert Einstein* (Philadelphia: Running Press).

Henig, R. M. 2000. *The Monk in the Garden: The Lost and Found Genius of Gregor Mendel* (Boston: Houghton Mifflin).

Hershey, A. D., and Chase, M. 1952. "Independent Functions of Viral Proteins and Nucleic Acid in Growth of Bacteriophage." *Journal of General Physiology*, 36, 39.

Hodge, J., and Radick, G., eds. 2009. *The Cambridge Companion to Darwin* (Cambridge: Cambridge University Press).

Hodge, M. J. S. 1987. "Natural Selection as a Causal, Empirical, and Probabilistic Theory." In *The Probabilistic Revolution.* Edited by I. Krüger,

G. Gigerenzer, and M. S. Morgan (Cambridge, MA: MIT Press), vol. 2, p.233.

Holmes, A. 1947. "The Age of the Earth." *Endeavor*, 6, 99.

Hooper, J. 2003. *Of Moths and Men: An Evolutionary Tale* (New York: W. W. Norton).

Hoyle, F. 1946. "The Synthesis of the Elements from Hydrogen." *Monthly Notices of the Royal Astronomical Society*, 106, 343.

——. 1948a. "A New Model for the Expanding Universe." *Monthly Notices of the Royal Astronomical Society*, 108, 372.

——. 1948b. In "Proceedings at Meeting of the Royal Astronomical Society," No.847, p.209.

——. 1954. "On Nuclear Reactions Occurring in Very Hot Stars. I. The Synthesis of Elements from Carbon to Nickel." *Astrophysical Journal Supplement*, 1, 121.

——. 1958. "The Astrophysical Implications of Element Synthesis," in *Stellar Populations*. Edited by D. J. K. O'Connell, S.J. (Rome: Vatican Observatory).

——. 1982. "Two Decades of Collaboration with Willy Fowler." In *Essays in Nuclear Astrophysics: Presented to William A. Fowler on the Occasion of His Seventieth Birthday*. Edited by C. A. Barnes, D. D. Clayton, and D. N. Schramm (Cambridge: Cambridge University Press), p. 1.

——. 1983. *The Intelligent Universe* (New York: Holt, Rinehart and Winston).

——. 1986a. *The Small World of Fred Hoyle: An Autobiography* (London: Michael Joseph).

——. 1986b. "Personal Comments on the History of Nuclear Astrophysics." *Quarterly Journal of the Royal Astronomical Society*, 27, 445.

——. 1990. "An Assessment of the Evidence Against the Steady-State Theory." In *Modern Cosmology in Retrospect*. Edited by B. Bertotti, R. Balbinot, S. Bergio, and A. Messina (Cambridge: Cambridge University Press), 223.

——. 1994. *Home Is Where the Wind Blows: Chapters from a Cosmologist's Life* (Mill Valley, CA: University Science Books).

Hoyle, F., Burbidge, G., and Narlikar, J. V. 2000. *A Different Approach to Cosmology: From a. Static Universe Through the Big Bang Towards Reality* (Cambridge: Cambridge University Press).

Hoyle, F., Dunbar, D. N. F., Wenzel, W. A., and Whaling, W. 1953. "A State in C^{12} Predicted from Astrophysical Evidence." *Physical Review,* 92, 1095.

Hoyle, F., and Tayler, R. J. 1964. "The Mystery of the Cosmic Helium Abundance." *Nature*, 203,1108.

Hoyle, F., and Wickranasinghe, C. 1993. *Our Place in the Cosmos: The Unfinished Revolution* (London: J. M. Dent).

Hubble, E. P. 1926. "Extragalactic Nebulae." *Astrophysical Journal*, 64, 321.

——. 1929a. "A Relation Between Distance and Radial Velocity Among Extra-Galactic Nebulae." *Proceedings of the National Academy of Sciences USA*, 15, 168.

——. 1929b. "A Spiral Nebula as a Stellar System, Messier 31." *Astrophysical Journal*, 69, 103.

Hull, D. L. 1973. *Darwin and His Critics: The Reception of Darwin's Theory of Evolution by the Scientific Community* (Cambridge, MA: Harvard University Press).

Hutchinson, G. E. 1959. "Homage to Santa Rosalia; Or, Why Are There So Many Kinds of Animals?" *American Naturalist,* 93 (870), 145.

Hutton, J. 1788. "Theory of the Earth, or an Investigation of the Laws Observable in the Composition, Dissolution, and Restoration of Land upon the Globe." *Royal Society of Edinburgh Transactions*, 1, 209.

Huxley, T. H. 1909 [1869]. Originally in 1869, "Geological Reform," *Quarterly Journal of the Geological Society of London*, 25, 38-53; in 1909, *Discourses, Biological and Geological Essays* (New York: Appleton), p. 335.

Infeld, L. 1949. "On the Structure of Our Universe." In *Albert Einstein: Philosopher-Scientist*. Edited by P. A. Schilpp (Evanston, IL: Library of Living Philosophers).

Isaacson, W. 2007. *Einstein: His Life and Universe* (New York: Simon & Schuster).（『アインシュタイン――その生涯と宇宙』二間瀬敏史監訳、関宗蔵・松田卓也・松浦俊輔訳、武田ランダムハウスジャパン、2011）

Jenkin, F. 1867. "Review of The Origin of Species," *North British Review*, June, vol. 46, 277.

Jensen, J. V. 1988. "Return to the Wilberforce-Huxley Debate." *British Journal for the History of Science*, 21(2), 161.

——. 1991. *Thomas Henry Huxley: Communicating for Science* (Newark, NJ: University of Delaware Press).

Joly, J. 1903. "Radium and the Geological Age of the Earth." *Nature*, 68, 526.

Judson, H. F. 1996. *The Eighth Day of Creation: Makers of the Revolution in Biology*. Expanded edition (Plainview, NY: Cold Spring Harbor Laboratory Press). Original edition 1979 (New York: Simon & Schuster). (『分子生物学の夜明け――生命の秘密に挑んだ人たち』野田春彦訳、東京化学同人、1982)

Kahneman, D. 2011. *Thinking, Fast and Slow* (New York: Farrar, Straus and Giroux). (『ファスト＆スロー――あなたの意思はどのように決まるか？』村井章子訳、早川書房、2014)

Kahneman, D., Slovic, P., and Tversky, A., eds. 1982. *Judgment Under Uncertainty: Heuristics and Biases* (Cambridge: Cambridge University Press).

Kahneman, D., and Tversky, A. 1973. "On the Psychology of Prediction." *Psychology Review*, 80, 237.

——. 1982. "On the Study of Statistical Intuition." *Cognition*, 11, 123.

Kaku, M. 2004. *Einstein's Cosmos: How Albert Einstein's Vision Transformed Our Understanding of Space and Time* (New York: W. W. Norton). (『アインシュタイン――よじれた宇宙《コスモス》の遺産』菊池誠監修、槇原凛訳、WAVE出版、2007)

Kane, G. L. 2000. *Supersymmetry: Unveiling the Ultimate Laws of Nature* (New York: Basic Books). (『スーパーシンメトリー――超対称性の世界』藤井昭彦訳、紀伊國屋書店、2001)

Kant, I. 1754. "The Question, Whether the Earth Is Ageing, Considered Physically." 最初はケーニヒスベルクの週刊紙に2回に分けて（ドイツ語で）発表された。英訳はReinhardt and Oldroyd 1982にある。

Kay, L. E. 1993. *The Molecular Vision of Life: Caltech, the Rockefeller*

Foundation, and the Rise of the New Biology (New York: Oxford University Press).

Kean, S. 2010. *The Disappearing Spoon: And Other True Tales of Madness, Love, and the History of the World from the Periodic Table of the Elements* (New York: Little, Brown and Company).（『スプーンと元素周期表』松井信彦訳、早川書房、2015）

Kelvin, Lord (Sir William Thomson). 1862. "On the Age of the Sun's Heat." *Macmillan's Magazine*, 5, 388. From reprint in *Popular Lectures and Addresses*, 1, 2nd ed., 356.

——. 1864. "On the Secular Cooling of the Earth." *Transactions of the Royal Society of Edinburgh*, 23, 167. From reprint in *Mathematical and Physical Papers*, 3, p.295, 1890.

——. 1868. "On Geological Time," グラスゴー地質学会での 1868 年 2 月 27 日の演説。*Popular Lectures and Addresses*, vol.2, p.10.

——. 1891-94. *Popular Lectures and Addresses*, 3 vols. (London: Macmillan and Co.).

——. 1895. "The Age of the Earth." *Nature*, 51, 438.

——. 1899. "The Age of the Earth as an Abode Fitted for Life." *Philosophical Magazine* (series 5), 47, 66.

——. 1904. "Contribution to the Discussion of the Nature of Emanations from Radlum." *Philosophical magazine*, series 6, 7, 220.

Kelvin, Lord (Sir William Thomson), and Murray, J. R. 1895. "On the Temperature Variation of the Thermal Conductivity of Rocks." *Nature*, 52, 182.

Keynes, M. 2002. "Mendel–Both Ignored and Forgotten." *Journal of the Royal Society of Medicine*, 95(11), 576.

King, C. 1893. "The Age of the Earth." *American Journal of Science*, 45, 1.

Kirkaldy, J. F. 1971. *Geological Time* (Edinburgh: Oliver & Boyd).

Kirshner, R. 2002. *The Extravagant Universe: Exploding Stars, Dark Energy, and the Accelerating Cosmos* (Princeton, NJ: Princeton University Press).（『狂騒する宇宙――ダークマター、ダークエネルギー、エネルギッシュな天文学者』井川俊彦訳、共立出版、2004）

Kirwan, R. 1797. "On the Primitive State of the Globe and Its Subsequent Catastrophe." *Transactions of the Royal Irish Society*, 6, 234.

Kitcher, P. 1982. *Abusing Science: The Case Against Creationism* (Cambridge, MA: MIT Press).

Kliman, R., Sheehy, B., and Schultz, J. 2008. "Genetic Drift and Effective Population Size." *Nature Education*, 1(3).

Klug, A. 1968a. "Rosalind Franklin and the Discovery of the Structure of DNA." *Nature*, 219, 808.

——. 1968b. "Rosalind Franklin and DNA." *Nature*, 219, 880.

——. 1974. "Rosalind Franklin and the Double Helix." *Nature*, 248, 787.

Kragh, H. 1996. *Cosmology and Controversy: The Historical Development of Two Theories of the Universe* (Princeton, NJ: Princeton University Press), 173-74.

——.2010. "An Anthropic Myth: Fred Hoyle's Carbon-12 Resonance Level." *Archive for History of Exact Sciences*, 64, 721.

Kragh, H., and Smith, R. W. 2003. "Who Discovered the Expanding Universe?" *History of Science*, 41, 141.

Krauss, L. M. 2012. *A Universe from Nothing: Why There Is Something Rather Than Nothing* (New York: Free Press). (『宇宙が始まる前には何があったのか？』青木薫訳、文藝春秋、2013)

Krauss, L. M., and Turner, M. S. 2004. "A Cosmic Conundrum." *Scientific American*, September 2004, 71.

Kritzman, L. D., ed., 2006. *The Columbia History of Twentieth-Century French Thought* (New York: Columbia University Press).

Kruger, J., and Dunning, D. 1999. "Unskilled and Unaware of It: How Difficulties in Recognizing One's Own Incompetence Lead to Inflated Self-Assessments." *Journal of Personality and Social Psychology*, 77(6), 1121.

Kunda, Z. 1990. "The Case for Motivated Reasoning." *Psychological Bulletin*, 108(3), 480.

Laloë, S., and Pecker J. -C. 1990. "Where Did Einstein Lament Lambda?" *Physics Today*, 43(5), 117.

Leahy, J. P. 2001. "Einstein's Greatest Blunder: The Cosmological Constant,"

at www.jb.man.oc.uk/~jpl/cosmo/blunder.html.

Lee, S. W. S., and Schwartz, N. 2010. "Washing Away Postdecisional Dissonance." *Science*, 328(5979), 709.

Lehrer J. 2009. *How We Decide* (Boston: Houghton Mifflin Harcourt).

Lemaître, G. 1927. "Un Univers homogène de masse constante et de rayon croissant, rendant compte de la vitesse radiale des nébuleuses extra-galactiques." *Annales de la Société Scientifique de Bruxelles*, A47, 49.

——. 1931a. "A Homogeneous Universe of Constant Mass and Increasing Radius Accounting for the Radial Velocity of Extra-Galactic Nebulae." *Monthly Notices of the Royal Astronomical Society*, 91, 483.

——. 1931b. "The Expanding Universe." *Monthly Notices of the Royal Astronomical Society,* 91, 490.

——. 1934. "Evolution of the Expanding Universe." *Proceedings of the National Academy of Sciences*, 20, 12.

——. 1949. "The Cosmological Constant." In *Albert Einstein: Philosopher-Scientist*. Edited by P. A. Schilpp (Evanston, IL: Library of Living Philosophers).

Levene, P. A., and Bass, L. W. 1931. *Nucleic Acids* (New York: Chemical Catalog Company).

Lightman, A. 2005. *The Discoveries: Great Breakthroughs in 20th Century Science* (New York: Pantheon Books).

Lightman, A, and Brawer, R. 1990. *Origins: The Lives and Worlds of Modern Cosmologists* (Cambridge, MA: Harvard University Press).

Linden, D. J. 2011. *The Compass of Pleasure: How Our Brains Make Fatty Foods, Orgasm, Exercise, Marijuana, Generosity, Vodka, Learning, and Gambling Feel So Good* (New York: Viking).（『快感回路——なぜ気持ちいいのかなぜやめられないのか』岩坂彰訳、河出書房新社、2012）

Lindley, D. 2004. *Degrees Kelvin: A Tale of Genius, Invention, and Tragedy* (Washington, DC: Joseph Henry Press).

Livio, M. 2000a. *The Accelerating Universe: Infinite Expansion, the Cosmological Constant, and the Beauty of the Cosmos* (New York: John Wiley & Sons).

——. 2000b. "A Different Approach to Cosmology." *Physics Today*, 53, 71.

——. 2002. *The Golden Ratio: The Story of Phi, the World's Most Astonishing Number* (New York: Broadway Books).(『黄金比はすべてを美しくするか？——最も謎めいた「比率」をめぐる数学物語』斉藤隆央訳、早川書房、2012)

——, 2011. "Lost in Translation: Mystery of the Missing Text Solved." *Nature*, 479, 171.

Livio, M., Hollowell, D., Weiss, A., and Truran, J. W. 1989. "The Anthropic Significance of the Existence of an Excited State of ^{12}C," *Nature*, 340, 281.

Livio, M., and Rees, M. J. 2005. "Anthropic Reasoning." *Science*, 309, 1022.

Lucas, J. R. 1979. "Wilberforce and Huxley: A Legendary Encounter." *Historical Journal*, 22, 313.

Lyell, C. 1830-33. *Principles of Geology Being an Attempt to Explain the Former Changes of the Earth's Surface, by Reference to Causes Now in Operation* (London: John Murray). Republished in 2009 (Cambridge: Cambridge University Press). (『ライエル地質学原理』河内洋佑訳、朝倉書店、2006, 2007)

MacCurdy, E., ed. 1939. *The Notebooks of Leonardo da Vinci* (New York: G. Braziller).

Maddox, B. 2002. *Rosalind Franklin: The Dark Lady of DNA* (London: Harper Collins). (『ダークレディと呼ばれて——二重らせん発見とロザリンド・フランクリンの真実』福岡伸一監訳、鹿田昌美訳、化学同人、2005)

Majerus, M. E. N. 1998. *Melanism: Evolution in Action* (Oxford: Oxford University Press).

Mangel, M., and Samaniego, F. 1984. "Abraham Wald's Work on Aircraft Survivability." *Journal of the American Statistical Association*, 79, 259.

Marchant, J. 1916. *Alfred Russel Wallace: Letters and Reminiscences* (London: Cassell and Company).

Marinacci, B., ed. 1995. *Linus Pauling in His Own Words* (New York: Touchstone).

Mawer, S. 2006. *Gregor Mendel: Planting the Seeds of Genetics* (New York: Harry N. Abrams).

Mayr, E. 2001. *What Evolution Is* (New York: Basic Books).

McCrea, W. H. 1971. "The Cosmical Constant." *Quarterly Journal of the Royal Astronomical Society*, 12, 140.

McGrath, C. L., and Katz, L. A. 2004. "Genome Diversity in Microbial Eukaryotes." *Trends in Ecology and Evolution*, 19(1), 32.

McPherson, A. 2003. *Introduction to Macromolecular Crystallography* (Hoboken, NJ: John Wiley & Sons).

Mendel, G. 1866 [1865]. "Versuche über Pflanzen-Hybriden" ("Experiments in Plant Hybridization"), *Verhandlungen des naturforschenden Vereines Brünn*, 4, 3.（『雑種植物の研究』岩槻邦男・須原準平訳、岩波書店、1999）

Meredith, R. W., et al. 2011. "Impacts of the Cretaceous Terrestrial Revolution and KPg Extinction on Mammal Diversification." *Science*, 334, 521.

Miller, D., ed. 1985. *Popper Selections* (Princeton: Princeton University Press).

Milne, E. A. 1933. "World-Structure and the Expansion of the Universe." *Zeitschrift für Astrophysik*, 6, 1.

Mirsky, A. E., and Pauling, L. 1936. "On the Structure of Native, Denatured, and Coagulated Proteins." *Proceedings of the National Academy of Sciences U.S.A.*, 22(7), 439.

Mitton, S. 2005. *Fred Hoyle: A Life in Science* (London: Aurum).

Moore, J. R. 1979. *The Post-Darwinian Controversies: A Study of the Protestant Struggle to Come to Terms with Darwin in Great Britain and America, 1870-1900* (Cambridge: Cambridge University Press).

Mora, C., Tittensor, D. P., Adl, S., Simpson, A. G. B., and Worm, B. 2011. "How Many Species Are There on Earth and in the Ocean?" *PLOS Biology,* 9(8): e 1001127.doi:10.137i/journal.pbio.1001127.

Morris, S. W. 1994. "Fleeming Jenkin and the Origin of Species: A Reassessment." *British Journal for the History of Science,* 27, 313.

Motte, A. Translator. 1848. *Newton's Principia, with a Life of the Author by N. W. Chittenden* (New York: Daniel Adee).

Narasimhan, T. N. 2010. "Thermal Conductivity Through the 19th Century."

Physics Today, August 2010, 36.

Nernst, W. 1916. "Über einen Versuch, von quantentheoretischen Betrachtungen zur Annahme stetiger Energieänderungen surückzukehren." *Verhandlungen der Deutschen Physikalischen Gesellschaft*, 18, 83.

Nestler, E. J., and Malenka, R. C. 2004. "The Addicted Brain." *Scientific American*, March, 78.

Neumann, C. 1896. *Allgemeine Untersuchungen über das Newton'sche Princip der Fernwirkungen, mit besonderer Rücksicht auf die elektrischen Wirkungen* (Leipzig: Teubner).

Newton, I. 1687. *Philosophiae Naturalis Principia Mathematica* (London: S. Pepys, Royal Society Press).（『自然哲学の数学的諸原理』＝『世界の名著（31）：ニュートン』河辺六男訳、中央公論社、1979 に所収）

North, J. D. 1965. *The Measure of the Universe: A History of Modern Cosmology* (Oxford: Clarendon Press).

Norton, J. D. 1999. "The Cosmological Woes of Newtonian Gravitation Theory." In *The Expanding Worlds of General Relativity: Einstein Studies*. Edited by H. Goenner, J. Renn, J. Ritter, and T. Sauer (Boston: Birkhaüser), 7, 271.

——. 2000. "Nature Is the Realisation of the Simplest Conceivable Mathematical Ideas: Einstein and the Canon of Mathematical Simplicity." *Studies in History and Philosophy of Modern Physics*, 31(2), 135.

Nudds, J. R., McMillan, N. D., Weaire, D. C., and McKenna Lawlor, S. M. P., eds. 1988. *Science in Ireland, 1800-1930: Tradition and Reform* (Dublin: privately published, Trinity College).

Nussbaumer, H., and Bieri, L. 2009. *Discovering the Expanding Universe* (Cambridge: Cambridge University Press).

——. 2011. http://arxiv.org/abs/1107.2281.

Nye, M. J. 2001. "Paper Tools and Molecular Architecture in the Chemistry of Linus Pauling." In *Tools and Modes of Representation in Laboratory Sciences*. Edited by V. Klein (Dordrecht: Kluwer).

Ochs, V. L. 2005. "Waiting for the Messiah, a Tambourine in Her Hand."

Nashim: A Journal of Jewish Women's Studies & Gender Issues, (9), 144.

Ohanian, H. C. 2008. *Einstein's Mistakes: The Human Failings of Genius* (New York: W. W. Norton & Company).

Olby, R. 1974. *The Path to the Double Helix* (London: Macmillan).（『二重らせんへの道――分子生物学の成立』長野敬ほか訳、紀伊國屋書店、1982, 1996）

Olds, J. 1956. "Pleasure Centers in the Brain." *Scientific American*, October, 105.

Olds, J., and Milner P. 1954. "Positive Reinforcement Produced by Electrical Stimulation of Septal Area and Other Regions of Rat Brain." *Journal of Comparative and Physiological Psychology*, 47, 419.

Öpik E. 1951. "Stellar Models with Variable Composition. II: Sequences of Models with Energy Generation Proportional to the Fifteenth Power of Temperature." *Proceedings of the Royal Irish Academy*, A 54, 49.

Orel, V. 1996. *Gregor Mendel: The First Geneticist*. Translated by S. Finn (New York: Oxford University Press).

Overbye D. 1998. "A Famous Einstein 'Fudge' Returns to Haunt Cosmology." *New York Times,* May 26,1998.

――. 2000. *Einstein in Love: A Scientific Romance* (New York: Viking).（『アインシュタインの恋』中島健訳、青土社、2003）

Pais, A. 1982. *Subtle Is the Lord: The Science and Life of Albert Einstein* (Oxford: Oxford University Press).（『神は老獪にして…――アインシュタインの人と学問』西島和彦監訳、金子務・岡村浩・太田忠之・中澤宣也訳、産業図書、1987）

Paley, W. 1802. *Natural Theology, or Evidence of the Existence and Attributes of the Deity, Collected from the Appearances of Nature*. 2006. Edited with an introduction and notes by M. D. Eddy and D. Knight (Oxford: Oxford University Press).

Pallen, M. 2009. *The Rough Guide to Evolution* (London: Rough Guides).

Panek, R. 2011. *The 4% Universe: Dark Matter, Dark Energy, and the Race to Discover the Rest of Reality* (Boston: Houghton Mifflin Harcourt).（『4%の宇宙――宇宙の96%を支配する"見えない物質"と"見えないエネルギ

ー"の正体に迫る』谷口義明訳、ソフトバンククリエイティブ、2011)

Parshall, K. H. 1982. "Varieties As Incipient Species: Darwin's Numerical Analyses." *Journal of the History of Biology,* 15(2), 191.

Patterson, C. 1956. "Age of Meteorites and the Earth." *Geochimica et Cosmochimica Acta*, 10(4), 230.

Pauli, W. 1958. *Theory of Relativity*. Translated by G. Field (Oxford: Pergamon Press). Reprinted 1981 (Mineola, NY: Dover).(『相対性理論』内山龍雄訳、筑摩書房、2007)

Pauling, L. 1935. "The Oxygen Equilibrium of Hemoglobin and Its Structural Interpretation." *Science*, 81, 421.

——. 1939. *The Nature of the Chemical Bond and the Structure of Molecules and Crystals* (Ithaca, NY: Cornell University Press).(『化学結合論』小泉正夫訳、共立出版、1988)

——. 1948a. "Nature of Forces Between Large Molecules of Biological Interest." *Nature*, 161, 707.

——. 1948b. "Molecular Architecture and the Processes of Life." 21st Sir Jesse Boot Foundation Lecture, Nottingham, England. 講演は1948年5月28日に行なわれた。

——. 1955. "The Stochastic Method and the Structure of Proteins." *American Scientist*, 43, 285.

——. 1996. "The Discovery of the Alpha Helix." *Chemical Intelligencer*, January, 32 (published by Dorothy Munro).

Pauling, L., and Bragg, L. 1953. "Discussion des Rapports de MM L. Pauling et L. Bragg." *Rep. Institut International de Chimie Solvay*, 111.

Pauling, L. and Corey, R. B. 1950. "Two Hydrogen-Bonded Spiral Configurations of the Polypeptide Chain." *Journal of the American Chemical Society*, 72(11), 5349.

——. 1953 "A Proposed Structure for the Nucleic Acids." *Proceedings of the National Academy of Sciences U.S.A.*, 39, 84.

Pauling, L., Corey, R. B., and Branson, H. R. 1951. "The Structure of Proteins: Two Hydrogen-Bonded Helical Configurations of the Polypeptide Chain." *Proceedings of the National Academy of Sciences U.S.A.*, 37, 205.

Pauling, L., and Coryell, C. D. 1936. "The Magnetic Properties and Structure of Hemoglobin and Carbonmonoxyhemoglobin." *Proceedings of the National Academy of Sciences*, 22, 210.

Pauling, L., and Schomaker, V. 1952a. "On a Phospho-tri-anhydride Formula for the Nucleic Acids." *Journal of the American Chemical Society*, 74, 1111.

——. 1952b. "On a Phospho-tri-anhydride Formula for the Nucleic Acids." *Journal of the American Chemical Society*, 74, 3712.

Pauling, P. 1973. "DNA－The Race That Never Was?" *New Scientist*, May 31, 558.

Peckham, M., ed. 1959. *The Origin of Species: A Variorum Text* (Philadelphia: University of Pennsylvania Press).

Peebles, P. J. E., and Ratra, B. 2003. "The Cosmological Constant and Dark Energy." *Review of Modern Physics*, 75, 559.

Perlmutter, S., et al. 1999. *Astrophysical Journal*, 517, 565.

Perry, J. 1895a. "On the Age of the Earth." *Nature*, 51, 224.

——. 1895b. "On the Age of the Earth." *Nature*, 51, 341.

——. 1895c. "The Age of the Earth." *Nature*, 51, 582.

Perutz, F. 1987. "I Wish I'd Made You Angry Earlier." *Scientist*, 1(7), 19.

Petrosian, V., Salpeter, E., and Szekeres, P. 1967. "Quasi-Stellar Objects in the Universe with Non-Zero Cosmological Constant." *Astrophysical Journal*, 147, 1222.

Philo of Alexandria 1st century CE. *Allegories of the Sacred Laws*. Cited in Toumlin and Goodfield 1965, p.58. 関連する記事は www.earlychristianwritings.com/yonge/book2.html を参照。

Pliny, the Elder 1st century CE. *The Natural History*, book 8, chapter 37. Edited by J. Bostock and H. T. Riley (London: Taylor & Francis, 1855).（『プリニウスの博物誌』中野定雄・中野里美・中野美代訳、雄山閣、2012～2013、第8巻、第37章）

Popper, K. 1976. *Unended Quest: An Intellectual Autobiography* (Glasgow: Fontana/Collins).（『果てしなき探求——知的自伝』森博訳、岩波書店、2004）

——. 1978. "Natural Selection and the Emergence of Mind." *Dialectica*, 32,

339.
——. 2006. *The Logic of Scientific Discovery* (London: Routledge). First published 1935, *Logik der Forschung* (Vienna: Verlag von Julius Springer).（『科学的発見の論理』大内義一・森博訳、恒星社厚生閣、1971、1972）
Randall, L. 2011. *Knocking on Heaven's Door: How Physics and Scientific Thinking Illuminate the Universe and the Modern World* (New York: Ecco).（『宇宙の扉をノックする』向山信治監訳、塩原通緒訳、NHK出版、2013）
RAS 1931. Royal Astronomical Society Papers 2. *Minutes of Council*, 12, 160, 165, 166.
Rees, M. 1997. *Before the Beginning: Our Universe and Others* (Reading, MA: Helix Books).
——. 2001. "Fred Hoyle." *Physics Today*, November 2001, 75.
Reich, D., Patterson, N., Kircher, M., et al. 2011. "Denisova Admixture and the First Modern Human Dispersals into Southeast Asia and Oceania." *American Journal of Human Genetics*, 89, 516.
Reinhardt, O., and Oldroyd, D. R. 1982. "Kant's Thoughts on the Ageing of the Earth." *Annals of Science*, 39, 349.
Richter, F. M. 1986. "Kelvin and the Age of the Earth." *Journal of Geology*, 94, 395.
Ridley, M. 2004a. *Evolution*, 3rd ed. (Malden, MA: Blackwell Science).
——, ed. 2004b. *Evolution*, 2nd ed. (Oxford: Oxford University Press).
Riess, A. G., et al. 1998. *Astronomical Journal*, 116, 1009.
Ronwin, E. 1951. "A Phospho-tri-anhydride Formula for the Nucleic Acids." *Journal of the American Chemical Society*, 73, 5141.
Rose, M. R. 1998. *Darwin's Spectre: Evolutionary Biology in the Modern World* (Princeton, NJ: Princeton University Press).
Rosenfeld, L. 2003. "William Prout: Early 19th Century Physician-Chemist." *Clinical Chemistry*, 49(4), 699.
Ruse, M., and Richards, R. J., eds. 2009. *The Cambridge Companion to the "Origin of Species"* (Cambridge: Cambridge University Press).
Russell, B. 1951. "The Answer to Fanaticism: Liberalism." In *the New York*

Times Magazine, December, 16, 1951.

Salisbury, R. C. 1894. President's address, *Report of the British Association for the Advancement of Science*, Oxford, p. 3.

Salpeter, E. E. 1952. "Nuclear Reactions in Stars Without Hydrogen." *Astrophysical Journal*, 115, 326.

Sayre, A. 1975. *Rosalind Franklin and DNA* (New York: W. W. Norton).（『ロザリンド・フランクリンとDNA——ぬすまれた栄光』深町真理子訳、草思社、1979）

Schilthuizen, M. 2001. *Frogs, Flies, and Dandelions: The Making of a Species* (Oxford: Oxford University Press).

Schlattl, H., Heger, A., Oberhummer, H., Rauscher, T., and Csóto, A. 2004. "Sensitivity of the C and O Production on the 3 α Rate." *Astrophysics and Space Science*, 291, 27.

Schulz, K. 2010. *Being Wrong: Adventures in the Margin of Error* (New York: HarperCollins).（『まちがっている——エラーの心理学、誤りのパラドックス』松浦俊輔訳、青土社、2012）

Sclater, A. 2003. "The Extent of Charles Darwin's Knowledge of Mendel." *Georgia Journal of Science*, 61, 134.

Seelig, C., ed. 1956. *Helle Zeit–Dunkle Zeit* (Zürich: Europa Verlag).

Segrè, G. 2011. *Ordinary Geniuses: Max Delbrück, George Gamow, and the Origins of Genomics and Big Bang Cosmology* (New York: Viking).

Serafini, A. 1989. *Linus Pauling: A Man and His Science* (New York: Paragon House).（『ライナス ポーリング——その実像と業績』加藤郁之進監訳、宝酒造、1994）

Sharlin, H. I., and Sharlin, T. 1979. *Lord Kelvin: The Dynamic Victorian* (University Park, PA: Pennsylvania State University Press).

Shaviv, G. 2009. *The Life of Stars: The Controversial Inception and Emergence of the Theory of Stellar Structure* (Heidelberg: Springer).

Shipley, B. C. 2001. "'Had Lord Kelvin a Right?': John Perry, Natural Selection and the Age of the Earth, 1894-1895." In *The Age of the Earth: From 4004 BC to AD 2002*. Edited by C. L. E. Lewis and S. J. Knell, Geological Society, London, Special Publications, 190, 91.

Sidgwick, I. 1898. "A Grandmother's Tales." *Macmillan's Magazine*, 78(1), 433.

Smith, C., and Wise, M. N. 1989. *Energy and Empire: A Biographical Study of Lord Kelvin* (Cambridge: Cambridge University Press).

Soddy, F. 1904. *Radio-Activity: An Elementary Treatise from the Standpoint of Disintegration Theory* (London: The Electrician).

——. 1906. "The Recent Controversy on Radium." *Nature*, 74, 516.

Spear, R. 2002. "The Most Important Experiment Ever Performed by an Australian Physicist." *Physicist*, 39(2), 35.

Spinoza, B. 1925. *Spinoza Opera*. Edited by C. Gebhardt (Heidelberg: Carl Winter).

Stacey, F. D. 2000. "Kelvin's Age of the Earth Paradox Revisited." *Journal of Geophysical Research*, 105 (B6), 13, 155.

Sturchio, N. C., and Purtschert, R. 2012. "Kr-81 Case Study: The Nubian Aquifer (Egypt)." In *Dating Old Groundwater: A Guide Book*. Edited by A. Suckow (Vienna: IAEA).

Susskind, L. 2006. *The Cosmic Landscape: String Theory and the Illusion of Intelligent Design* (New York: Little, Brown and Company).(『宇宙のランドスケープ――宇宙の謎にひも理論が答えを出す』林田陽子訳、日経BP社、2006)

Tait, P. G. 1869. "Geological Time." *North British Review*, July, 406.

Taylor, A. J. P. 1963. "Mistaken Lessons from the Past." *Listener*, June 6.

Thompson, S. P. 1910. *The Life of William Thomson, Baron Kelvin of Largs* (London: Macmillan and Co.). Reprinted 1976 (New York: Chelsea Publishing Company).

Thomson, J. J. 1936. *Recollections and Reflections* (London: Bell).

Tino, G. M., et al. 2007. "Atom Interferometers and Optical Atomic Clocks: New Quantum Sensors for Fundamental Physics Experiments in Space." *Nuclear Physics B* (Proceedings Supplements), 166, 159.

Toumlin, S. E., and Goodfield, J. 1965. *The Discovery of Time* (New York: Harper & Row).

Trimble, V. 2012. "Eponyms, Hubble's Law, and the Three Princes of

Parallax." *Observatory*, 132, 33.

Tyson, N. d-G. 2007. *Death by Black Hole: And Other Cosmic Quandaries* (New York: W. W. Norton).（『ブラックホールで死んでみる——タイソン博士の説き語り宇宙論』吉田三知世訳、早川書房、2017）

Tyson, N. d-G., and Goldsmith, D. 2004. *Origins: Fourteen Billion Years of Cosmic Evolution* (New York: W. W. Norton).（『宇宙 起源をめぐる 140 億年の旅』水谷淳訳、早川書房、2005）

Van den Bergh, S. 1997. In *The Extragalactic Distance Scale*. Edited by M. Livio, M. Donahue, and N. Panagia (Cambridge: Cambridge University Press), p.1.

——. 2011. http://arxiv.org/abs/1106.1195.

Van Overwalle, F, and Jordens, K. 2002. "An Adaptive Connectionist Model of Cognitive Dissonance." *Personality and Social Psychology Review*, 6(3), 204.

Van Veen, V., Krug, M. K, Schooler, J. W., and Carter, C. S. 2009. "Neural Activity Predicts Attitude Change in Cognitive Dissonance." *Nature Neuroscience*, 12(11), 1469.

Vila, R., Bell, C. D., Macniven, R., Goldman-Huertas, B., Ree, R. H., Marshall, C. R., Balient, S., Johnson, K., Benyamini, D., and Pierce, N. 2011. "Phylogeny and Palaeoecology of *Polyommatus* Blue Butterflies Show Beringia Was a Climate-Regulated Gateway to the New World." *Proceedings of the Royal Society*, series B, 278.

Vilenkin, A. 2006. *Many Worlds in One: The Search for Other Universes* (New York: Hill and Wang).（『多世界宇宙の探検——ほかの宇宙を探し求めて』林田陽子訳、日経 BP 社、2007）

von Seeliger, H. 1895. "Über das Newton'sche Gravitationsgesetz." *Astronomische Nachrichten* 137, 129.

Vorzimmer, P. 1963. "Charles Darwin and Blending Inheritance." *Isis*, 54(3), 371.

Wagoner, R. V., Fowler, W. A., and Hoyle, F. 1967. "On the Synthesis of Elements at Very High Temperatures." *Astrophysical Journal*, 148, 3.

Watson, J. D. 1951. 生物物理学者のマックス・デルブリュックへの 1951 年

12月9日の手紙。Caltech Archivesを参照。

——. 1980. *The Double Helix: A Personal Account of the Discovery of the Structure of DNA*. Edited by G. S. Stent. A Norton Critical Edition (New York: W. W. Norton).（『二重らせん——DNAの構造を発見した科学者の記録』江上不二夫・中村桂子訳、講談社、2012）

——. 2000. *A Passion for DNA: Genes, Genomes, and Society* (Oxford: Oxford University Press), 44.（『DNAへの情熱——遺伝子、ゲノム、そして社会』新庄直樹・田口マミ子・滝田郁子・宮下悦子訳、ニュートンプレス、2000）

Watson, J. D., and Crick, F. H. C. 1953a. "Molecular Structure of Nucleic Acids." *Nature*, 171, 737.

——. 1953b. "Genetical Implications of the Structure of Deoxyribonucleic Acid." *Nature*, 171, 964.

Way, M., and Nussbaumer, H. 2011. "Lemaître's Hubble Relationship." *Physics Today*, August 2011, 8.

Weart, S. 1978. "Oral History Transcript-Dr. Thomas Gold." *Source for History of Modern Astrophysics*. Niels Bohr Library & Archives (College Park, MD: American Institute of Physics), 34.

Weinberg, S. 1987. "Anthropic Bound on the Cosmological Constant." *Physical Review Letters*, 59, 2607.

——. 1989. "The Cosmological Constant Problem." *Review of Modern Physics*, 61(1), 1.

——. 1992. *Dreams of a Final Theory* (New York: Pantheon).（『究極理論への夢——自然界の最終法則を求めて』小尾信弥・加藤正昭訳、ダイヤモンド社、1994）

——. 2005. "Einstein's Mistakes." *Physics Today*, 58(11), 31.

Wells, J. 2000. *Icons of Evolution: Science or Myth?* (Washington, DC: Regency Publishing).（『進化のイコン——破綻する「進化論」教育：生物教科書の絵は本物か？』渡辺久義監訳、創造デザイン学会訳、コスモトゥーワン、2007）

Wesemael, F. 2009. "Harkins, Perrin and the Alternative Paths to the Solution of the Stellar-Energy Problem, 1915-1923," *Journal for the History of*

Astronomy, 40, No. 3, 277.

Westen, D., Blagov, P. S., Horenski, K., Kelts, C., and Hamman, S. 2006. "Neural Bases of Motivated Reasoning: An fMRI Study of Emotional Constraints on Partisan Political Judgment in the 2004 US. Presidential Election." *Journal of Cognitive Neuroscience*, 18(11), 1947.

Wilkins, M. 2003. *The Third Man of the Double Helix: The Autobiography of Maurice Wilkins* (Oxford: Oxford University Press).（『二重らせん第三の男』長野敬・丸山敬訳、岩波書店、2005）

Wilkins, M. H. F., Stokes, A. R., and Wilson, H. R. 1953. "Molecular Structure of Deoxypentase Nucleic Acids." *Nature*, 171,738.

Williams, R. C. 1952. "Electron Microscopy of Sodium Desoxyribonucleate by Use of a New Freeze-Drying Method." *Biochimica et Biophysica Acta*, 9, 237.

Wilson, D. B. 1987. *Kelvin and Stokes: A Comparative Study in Victorian Physics* (Bristol: Adam Hilger).

Wilson, E. B. 1925. *The Cell in Development and Heredity*, 3rd ed. (New York: Macmillan).（『細胞』篠遠喜人訳、内田老鶴圃、1939）

Wilson, E. 0.1992. *The Diversity of Life* (Cambridge, MA: Belknap Press).（『生命の多様性』大貫昌子・牧野俊一訳、岩波書店、2004）

Wilson, J. D. 1999. "Watson on Pauling." *Time* magazine, March 21, 1999. Online at www. time.com/time/magazine/article/0,9171,21848,00.html.

Wilson, W. 1913. *The New Freedom: A Call for the Emancipation of the Generous Energies of a People* (New York: Doubleday), chapter 2.（『The New Freedom（新自由主義）』關和知訳、勸學社、1914）

Wilson, W. E. 1903. "Radium and Solar Energy." *Nature*, 68, 222.

Wise, R. A. 1998. "Drug-Activation of Brain Reward Pathways." *Drug and Alcohol Dependence*, 51(1-2), 13.

Wolfowitz, J. 1952. "Abraham Wald 1902-1950." *Annals of Mathematical Statistics*, 23,1.

Zeldovich, Ya. B. 1967. "Cosmological Constant and Elementary Particles." *Journal of Experimental and Theoretical Physics, Letters*, 61, 316.

図版／引用クレジット

以下の資料について転載許諾をいただいたことに対し、著者および版元より深くお礼申し上げる。

●図版

図 4, 5, 6, 12, 13, 15, 19, 21, 25, 28: by Pam Jeffries.

図 18: Courtesy of the Archives, California Institute of Technology.

図 22, 23, 29, 30: By permission of the Master and Fellows of St. John's College, Cambridge.

図 32, 34, 35: Einstein, Albert; The Collected Papers of Albert Einstein. © 1987-Current Year. Hebrew University of Jerusalem and Princeton University Press. Reprinted by permission of Princeton University Press.

図 9, 20: Courtesy of Institute of Astronomy, University of Cambridge, through the assistance of Mark Hurn.

図 16: Courtesy of the author, processed by Amanda Smith, Graphics Office, Institute of Astronomy, University of Cambridge.

図 31: Courtesy of Amanda Smith, Graphics Office, Institute of Astronomy, University of Cambridge.

図 11, 17, 33: Courtesy of Pauling Collection, Oregon State University Libraries, Special Collections and Archives Research Center.

図 36: Courtesy of the Leo Baeck Institute, New York.

図 26, 37: Courtesy of the Archives Georges Lemaître, Université Catholique de Louvain, Centre de Recherche sur le Terre et le Climat G. Lemaître, Louvain-la-Neuve, Belgique.

図 24: Courtesy of the Reel Poster Gallery, London.

図 14: Reprinted by permission from Nature Publishing Group, Macmillan Publishers Ltd: *Nature*, April 25, 1953.

図 1, 2, 3, 7, 8, 10: Reproduced by kind permission of the Syndics of Cambridge University Library.

図 27: Courtesy of the Royal Astronomical Society Library, Royal

Astronomical Society Correspondence 1931.

●引用

以下のページのアインシュタインの引用。348, 361, 362, 364, 397, 400, 402: By permission of the Albert Einstein Archives, the Hebrew University of Jerusalem.

以下のページのホイルの引用。243, 267, 269, 286, 309, 318, 328, 330: By permission of the Master and Fellows of St. John's College, Cambridge. Through the assistance of Mr. Geoffrey Hoyle.

以下のページのゴールドの引用。280: By permission of the Niels Bohr Library and Archives, American Institute of Physics.

本書内の図版や引用については、著作権保持者に連絡を取るよう誠意を持って努めたが、いくつか連絡の取れなかったものがある。お心当たりのある方は、Simon & Schuster, 1230 Avenue of the Americas, New York, NY 10020までご一報を。

本書は、二〇一五年一月に早川書房より単行本
として刊行された作品を文庫化したものです。

ウォール街の物理学者

THE PHYSICS OF WALL STREET

ジェイムズ・オーウェン・ウェザーオール

高橋璃子訳

ハヤカワ文庫ＮＦ

「証券取引所だってカジノみたいなもの」確率論とギャンブルを愛する男による世界初の株価予測モデルが20世紀半ばに発見された。以降、カオス理論、複雑系、アルゴリズムなどをつかう理系〈クオンツ〉たちは金融界で切磋琢磨し莫大な利益を生むのだが……。投資必勝法に挑む天才の群像と金融史。解説／池内了

スプーンと元素周期表

The Disappearing Spoon

サム・キーン
松井信彦訳

ハヤカワ文庫ＮＦ

紅茶に溶ける金属スプーンがある？　ネオン管が光るのはなぜ？　戦闘機に最適な金属は？　万物を構成するたった一〇〇種余りの元素がもたらす不思議な自然現象。その謎解きに奔走する古今東西の科学者、科学技術の光と影など、元素周期表にまつわる人とモノの歴史を繙くポピュラー・サイエンス。　解説／左巻健男

訳者略歴　翻訳家　早稲田大学理工学部数理科学科卒　訳書にハース＆ハース『スイッチ！』，ハドフィールド『宇宙飛行士が教える地球の歩き方』，ブラウン『デザイン思考が世界を変える』，モス『MIT メディアラボ　魔法のイノベーション・パワー』（以上早川書房刊）ほか多数

HM=Hayakawa Mystery
SF=Science Fiction
JA=Japanese Author
NV=Novel
NF=Nonfiction
FT=Fantasy

〈数理を愉しむ〉シリーズ

偉大《いだい》なる失敗《しっぱい》

天才科学者たちはどう間違えたか

〈NF487〉

二〇一七年二月十日　印刷
二〇一七年二月十五日　発行

（定価はカバーに表示してあります）

著者　マリオ・リヴィオ
訳者　千《ち》葉《ば》敏《とし》生《お》
発行者　早川浩
発行所　株式会社　早川書房

郵便番号　一〇一 - 〇〇四六
東京都千代田区神田多町二ノ二
電話　〇三 - 三二五二 - 三一一一（大代表）
振替　〇〇一六〇 - 三 - 四七七九九
http://www.hayakawa-online.co.jp

乱丁・落丁本は小社制作部宛お送り下さい。送料小社負担にてお取りかえいたします。

印刷・中央精版印刷株式会社　製本・株式会社明光社
Printed and bound in Japan
ISBN978-4-15-050487-8 C0140

本書は活字が大きく読みやすい〈トールサイズ〉です。